粮食主产区

资源节约农作制研究

李玉义　逄焕成　任天志／著

中国农业科学技术出版社

图书在版编目（CIP）数据

粮食主产区资源节约农作制研究 / 李玉义，逄焕成，
任天志著 . —北京：中国农业科学技术出版社，2018.7

ISBN 978-7-5116-3380-4

Ⅰ . ①粮⋯ Ⅱ . ①李⋯ ②逄⋯ ③任⋯ Ⅲ . ① 粮食产区—耕作
制度—研究—中国 Ⅳ . ①S344

中国版本图书馆 CIP 数据核字（2017）第 285281 号

责任编辑　贺可香
责任校对　马广洋

出 版 者　中国农业科学技术出版社
　　　　　　北京市中关村南大街12号　　邮编：100081
电　　话　（010）82106638（编辑室）　（010）82109702（发行部）
　　　　　　（010）82109709（读者服务部）
传　　真　（010）82106650
网　　址　http: // www.castp.cn
经 销 者　全国各地新华书店
印 刷 者　北京富泰印刷有限责任公司
开　　本　710mm×1 000mm　1/16
印　　张　14.75
字　　数　310千字
版　　次　2018年7月第1版　　2018年7月第1次印刷
定　　价　150.00元

《粮食主产区资源节约农作制研究》
著者名单

主　著　李玉义　逢焕成　任天志

副主著　孙占祥　刘永红　王龙昌　唐海明

著　者（按姓氏笔画排序）

　　　　王　婧　王小春　王龙昌　王海霞　石汝杰　白　伟

　　　　丛　萍　冯良山　任天志　刘　洋　刘永红　汤文光

　　　　孙占祥　李　奇　李　超　李玉义　杨光立　肖小平

　　　　郑家国　郑家明　赵燮京　逢焕成　唐海明　隋　鹏

前　言

我国正面临农业资源短缺、资源综合利用水平低及传统农作技术缺乏突破，且难以满足现代农业生产需要等诸多问题，如何在确保国家粮食安全的前提下，通过构建新型的资源节约与生态安全农作制模式与技术，实现我国耕地、水、肥等农业资源的高效、集约、节约、持续利用，已成为我国农业亟待解决的重大问题。

依托于公益性行业（农业）科研专项"资源节约型农作制技术研究与示范"课题的支持，研究团队于2008—2010年，建立了现代农作制数据资源管理与评价平台，基于该平台开展了对我国主要粮食产区（东北地区、黄淮海地区、长江中下游地区、四川盆地、西南中高原区）农业资源利用状况、问题及限制因素分析，提出了粮食主产区资源节约型农作制发展潜力及开发途径；通过开展技术试验研究及对各区域现有的资源节约型农作模式资料分析，并运用资源要素优化组装原理，研究提出了各区域资源节约型农作制主导模式，为从农作制度角度实现我国农业资源的节约集约利用和确保国家粮食安全提供了重要依据。

全书共七章，各章主要撰写人员如下：

第一章　李玉义　逢焕成　任天志　王　婧

第二章　李玉义　逢焕成　任天志

第三章　孙占祥　郑家明　白　伟　冯良山　刘　洋

第四章　逢焕成　李玉义　任天志　王海霞　丛　萍　隋　鹏　李　超

第五章　肖小平　唐海明　杨光立　汤文光

第六章　刘永红　李　奇　王小春　郑家国　赵燮京

第七章　王龙昌　石汝杰

全书由李玉义、逢焕成、任天志统稿并审核定稿。

由于著者水平有限，不妥之处，敬请批评指正。

著　者

目　　录

第一章　构建资源节约型农作制的必要性

我国是世界上农业资源严重匮乏的国家之一，且资源浪费及利用效率不高与资源紧缺并存，这些资源利用问题与生态环境问题交织在一起，严重地困扰着我国农业与农村经济的持续稳定发展。如何根据中国实际国情和建设资源节约型社会的要求，改革传统资源高耗低效型农作制度，构建新型资源节约和生态安全的农作制度，实现农业资源的高效、节约、持续利用，已成为我国农业亟待解决的重大问题。

第一节　国际上资源节约型农作制的经验做法

日前世界各国和地区正在探索建立资源节约型农作制的模式与途径。概括起来主要有以下几种：美国低耗持续型模式、以色列节水高效型模式、荷兰集约高效型模式和我国台湾地区生态低碳型模式。

一、美国低耗持续型模式

针对现代工业化农业出现的生产成本上升、能耗巨大、对资源消耗持续加剧、农业生态环境受到破坏等一系列问题，美国提出发展低耗持续农业。低耗持续农业核心在于改进农作物和农作制度体系上，一方面重视传统技术应用和现代生物、生态技术的开发研究，强化种植业整体生产技术体系构建；另一方面注重农业资源维护和生态环境保护策略的制定与技术开发应用，努力减少化肥、农药、添加剂等化工产品的投入，使资源得到有序利用，土壤肥力和生态环境得到不断改善（梁建岗，2001）。美国目前已形成了区域较为完善的节地、节水、节肥型农作制度及配套技术体系。

节地方面：主要集中在作物轮作体系构建、生物覆盖以及耕作方式改进方面。美国轮作方式主要有两种（高旺盛等，2000）：一种是2年玉米大麦（套播牧草）种植3~4年牧草玉米；另一种是1~2年玉米2年大豆小麦。此外，还有小麦棉花轮种，牧草棉花轮种等多种方式；生物覆盖技术主要利用具有固氮作用的豆科作物覆盖农田，如三叶草、苜蓿等，并设计安排了各种不同的覆盖作物与小麦、玉米、棉花、马铃薯的轮作体系；耕作方面，逐步减少耕翻次数，推广少免耕技术，利用冬季农闲季节种植豆科草，在春季作物播种前施除草剂控制草的生长，然后免耕直接播种作物，使作物与豆科草间作。

节水方面：大力推进适应性种植与产业结构调整，选择抗旱能力强、经济效益高的作物，如美国西南部各州减少玉米，增加棉花种植以提高水的经济效益；在干旱地区减少休闲期，推广豆科作物轮作；开发节水灌溉技术及机械，包括激光整地及其控制灌溉技术、滴灌与渗灌技术、大型移动喷灌技术等；重视空间信息技术、计算机技术、网络技术等高新技术在农业节水领域的应用，开发节水灌溉预报程序、灌溉信息网络，构建监测网络和评估指标体系。

节肥主要体现在两方面，一是推广秸秆还田技术，将小麦、大豆、花生等作物秸秆采用机械化的秸秆粉碎还田技术、高留茬收割技术等直接归还农田，并采用大中型免耕播种机直接播种作物。这种方式可明显减少化肥用量，增加土壤有机质。目前，全美国约占70%的农田采用这种技术（高旺盛等，2000）。另一种是开发生物肥料替代化肥，以植物秸秆、树叶、下水道废弃物、畜禽粪便等为原料，经过处理开发相应的生物肥料品种，以提高肥料利用效率和土壤肥力（梁建岗，2001）。

二、以色列节水高效型模式

以色列从水资源合理利用出发，积极调整农业种植结构，减少对土地资源要求较高的粮食作物的种植，改种和增种对土地资源要求低、技术含量较高、经济效益较高的经济作物，如棉花、番茄、柑橘、花卉等，小麦等谷物的生产逐渐集中到西北部地中海沿岸的旱作农业区，而高耗水的养殖产品、饲料主要依赖进口（李铜山，2008）。

在相应配套技术体系方面，开发和应用先进的精准微灌技术，以色列已经研制出世界上最先进的喷灌、滴灌、微喷灌和微滴灌等节水灌溉技术，完全取代了传统的沟渠漫灌方式，其先进的灌溉技术使水肥的利用率高达80%以上。另外，通过最大程度地开发利用当地的各类水资源，如收集和利用天然降水，建设集水设施，最大限度地收集和贮存雨季天然降水资源，用于农业生产；加大循环水使用力度，将城市污水进行处理，主要用于农业生产。

三、荷兰集约高效型模式

荷兰农业的集约化具体表现在高效益的产业结构、高科技的农业投入、高生产力水平及高附加值的农副产品生产上。为了使有限土地得到高效利用，荷兰鼓励农民避开需要大量光照和生产销售价位低的禾谷类作物的生产，充分利用地势平坦、牧草资源丰富的优势，大力发展畜牧业、奶业和高附加值的园艺作物。并大力推行温室农业，利用温室进行农业工厂化生产，该国的蔬菜、花卉、水果等大部分农产品采用温室栽培（李铜山，2008）。温室采用无土栽培方法，室内温度、湿度、光照、施肥、用水、病虫害防治等都用计算机监控，作物产量很高。荷兰还采用温室养鱼，不仅产量高，而且节省了大量水面。

在资源节约控制技术方面，高度重视农业科研和采用先进科学技术，鼓励发展可持续的农业生产体系，控制农用化学品的使用，防止水体和土壤污染；加强厩肥的无害处理，控制氨、磷的释放量等等。并通过立法、政府计划和税收等手段强化对农业环境的保护。不仅如此，政府还通过提供补贴、政策引导，鼓励发展农民合作社和扶植一些技术服务公司，这些组织可以为农户的农业生产提供各种周到的社会化服务，在促进资源高效利用技术推广、信息流通和社会化服务等方面起到了重要的补充作用。

四、我国台湾地区生态低碳型模式

我国台湾地区开展资源节约农作制研究与推广同节能减排紧密结合在一起。近年来，先后推动"水旱田利用调整方案"和"水旱田利用调整后续计划"，办理规划性休耕及稻田轮休；推动粗放果园废园造林或转作，蔬菜部分分期休耕、转作绿肥；近年来为提高粮食作物、有机作物、绿肥作物和能源作物生产，推动"活化休耕农田措施"。在生物质替代能源发展方面，推动"能源作物产销体系计划"，鼓励农民利用休耕农地种植能源作物，打造"绿色油田"（翁志辉等，2009）。

在配套技术方面，通过开展相关项目研究，加速研究成果的技术套装整合，研发出大量在农业领域可以实际运用的资源节约利用集成技术及措施（梁建岗，2001）。例如，为实现资源节约和高效利用，台湾近年来积极推广土壤诊断技术和合理化施肥，奖励施用优质有机肥料，推广缓效性肥料、生物肥料；鼓励利用农畜废弃物制作堆肥，循环利用农业废弃物；严禁焚烧农作物秸秆，辅导农户农作物秸秆处理或加工利用技术；推广旱作节水灌溉，加强灌溉水质管理维护，等等。另外，还大力开展耐、抗旱品种和高氮素利用效率作物品种的选育。

第二节　我国建立资源节约型农作制的必要性

一、农业资源约束与利用形势日益严峻

从土地利用角度看，我国人均耕地少、土地后备资源紧缺，并处于工业化挤占耕地迅速发展时期，耕地资源对我国粮食安全的制约越来越明显。据国土资源部统计，1998—2006年我国耕地以约1 300万亩/年速度减少，9年共减少1.18亿亩（15亩=1hm²。全书同），至2007年耕地总面积为18.26亿亩，直逼18亿亩警戒线。同时，因耕地占补质量严重不平衡、有机肥投入不足、化肥使用不平衡、重用轻养等原因，部分区域耕地质量下降明显，严重影响农田稳产高产及抗灾减灾能力。另一方面，由于受比较效益的影响，很多耕地又得不到合理利用，存在极大的浪费，南方地区复种指数出现持续下降，全国冬闲田、夏闲田面积扩大。据初步统计，全国冬闲田面积近3亿亩，夏闲田面积超过5 000万亩。如何充分、高效、节约地利用好有限耕地资源是确保我国农业综合生产能力的重要基础。

从水资源利用角度看，我国水资源严重不足，人均占有量仅为2 800m³，只相当于世界平均水平的1/4。农业是我国用水最多的产业，占总用水量的70%以上，因农作制度、灌溉方式的不合理，造成水资源浪费严重、利用效率低下，在一定程度上加剧了水资源短缺矛盾。目前，我国平均灌溉水的生产效率不到1.0kg/m³，旱作农田降水利用率只有45%。根据水利部、中国工程院等部门的预测，我国农业用水必须维持零增长或负增长，才能保证我国用水安全和生态安全，缓解水资源矛盾的根本出路在于建立节水型农作制度。

在肥料利用方面，我国化肥单位面积施用已接近或超过某些发达国家的施用水平，但肥料利用率不高，氮肥当季利用率为30%~40%，在占全国农田面积17%的集约化农田上，氮肥的当季利用率不到10%，与发达国家差距明显。据农业部调查，目前我国过量施肥与施肥不足的现象并存，约各占1/3；由于大量元素与中微量元素比例失调、施肥方式不合理等原因，造成农产品产量与品质下降。同时，肥料使用中有机肥投入比例明显下降，大量的有机肥源未得有效利用。

二、农产品需求的刚性增长需要资源节约技术新突破

从需求来看，随着工业化、城镇化的发展以及人口增加和人民生活水平的提高，农产品消费需求将呈刚性增长。《国家粮食安全中长期规划纲要》提出：中国粮食自给率95%以上，到2020年粮食总产量达到5.4亿t，未来10年要增产500亿kg粮食。同时形成总量平衡、品种多样、安全可靠、营养丰富的农产品供给格局。农业资源短缺已经成为制约我国农业持续健康发展的瓶颈，新阶段的农业必须以提高资源利用效率和生产效率为主攻方向，必须要求农业技术在资源节约、集约、高效及安全利用上取得重大突破。

三、制度性技术是实现我国农业资源高效利用与节约的重要途径

近年来，我国在单项节地、节水、节肥技术研发和推广方面取得了很大进展，积累了很多高效实用技术，促进了农业资源利用效率大幅度提高。尽管在这些方面取得了重大进展，但由于资源利用结构整体上没有得到调整改善，制度性资源节约技术缺乏，区域资源紧缺矛盾没有得到根本解决。现阶段，要解决区域性资源紧缺的问题，必须宏观微观综合考虑，在农业资源利用结构、模式、技术方面取得突破，构建资源节约型农作制及配套技术体系。

第三节　我国农作区资源节约农作压力空间分布

农业资源指人们从事农业生产或农业经济活动中可以利用的各种资源，包括农业自然资源（土地、水、气候、生物资源等）和农业社会经济资源（劳动力、农业物质技术装备、肥料、农药、能源等）。近年来，人口与资源的矛盾趋于加剧，中国的资源高耗低效型农业已经不能满足需要，农业资源短缺正日益成为农业发展的瓶颈。明确各农作区域的资源特点和节约压力，可以更好地反映我国农业资源的安全利用情况，有利于针对需求找出资源节约农作制的发展重点，有利于因地制宜、有的放矢地进行区域资源节约农作制发展战略的制定和适宜节约模式的集成，为提高资源利用效率提供依据，进一步保障国家粮食安全，兼顾环境友好。鉴于农业水资源、耕地资源、农用化肥资源在我国农业生产中属于短缺、稀缺或资金投入高、环境影响大的农业资源，为明确重点，本书主要选择农业水、耕地、化肥资源为研究对象，进行区域及全国的资源节约型农作制的压力相关研究。

一、研究区域与数据来源

本研究以刘巽浩等（2005）在《中国农作制》一书中进行的中国农作制综合分区为研究区域，分10个农作区进行研究，即：东北平原山区半湿润温凉雨养一熟农林区（1区）、黄淮海平原半湿润暖温灌溉集约农作区（2区）、长江中下游及沿海平原丘陵湿润中热水田集约农作区（3区）、江南丘陵山地湿润中热水田二三熟农林区（4区）、华南湿热双季稻与热作农林区（5区）、北部低中高原半干旱凉温旱作兼放牧区（6区）、西北干旱中温绿洲灌溉农作区兼荒漠放牧区（7区）、四川盆地湿润中热麦稻二熟集约农区（8区）、西南中高原山地湿热水旱二熟粗放农林区（9区）、青藏高原干旱半干旱高寒牧区兼河谷一熟农林区（10区）。本文所用原始数据主要来源于各级统计年鉴（中华人民共和国国家统计局，2007；国家统计局农村社会经济调查司，2007；中华人民共和国农业部，2007），包括《中国统计年鉴》《中国农村统计年鉴》《中国农业年鉴》、全国各省市级统计年鉴、全国各省市级农业统计年鉴、中华人民共和国水利部《水资源公报》等。数据均为年鉴中2006年的统计数据，精度到县级。

二、资源节约农作制压力指数评价指标与方法的建立

目前，我国资源评价研究较多，多从单项资源、技术与经济学、发展学角度进行（刘巽浩等，2005；高铁生等，2006；易秀等，2007；张燕等，2001；李彦等，2007；毕夫，2010；郑重等，2010），从农作制度角度进行综合评价研究的较少。农业资源的分布和利用特点具有严格的区域性，不同的区域有不同的资源特点与节约压力，适合于不同的农作制生产。从农作制度角度进行资源节约压力评价，更能结合农业资源利用的特点，更能反映农业资源的综合管理需要，更能提出契合农业生产实际的结论，更好地进行农业资源的节约和高效利用。本研究旨在寻求一种量化评价资源节约型农作制度压力的方法和指标，为进一步深入开展资源节约农作制研究提供依据。

为明确各农作区资源节约农作制的压力，本研究提出了"资源节约农作制压力指数"这一量化评价指标。选择农业水、耕地、化肥资源为研究对象，认为各农作区资源节约农作制压力主要包括该区的节水压力、节地压力与节肥压力。以各区资源数量、生产消耗率、粮食单产水平、人口等为主要依据，初步计算了各区节水、节地与节肥压力指数，并在此基础上，进一步设立并计算了各区资源节约农作制压力指数。

（一）4个基本研究假设

由于农业资源（水、肥、地等）的区域性特征，即存在数量或质量上的显著地域差异，并具有特殊分布规律；另外，农业资源要素彼此联系紧密，需要综合研究，因此，为综合考虑区域资源特点，统一研究标准，消除干扰因素，在不失真的条件下做以下4个基本研究假设。

假设1：由于本研究初步计算各区域的平均条件以得出结论，即不考虑各农作区域内的条件差异，因此假设在平均条件下，我国各农作区内的资源和发展是均匀的，在一定时间范围内各类资源与经济发展、环境处于相对平衡状态，即认为各农作区为不同的内部条件统一的整体，其平均水平代表其区域水平。

假设2：由于我国宏观调控的需求与区域资源条件、农业生产分工的不同，我国各农作区在粮食安全保障中的生产地位不同，即粮食自给率具有一定差异，这种差异对各区域农业资源的利用具有较大影响，且这种影响是变化的，具有一定的不可控性，本研究暂不考虑这种差异，假设在平均条件下，全国范围内的粮食自给率是均衡的。

假设3：农业资源的稀缺程度不同，对农业生产的贡献也不同，因此，对不同农业资源的节约需求也有差异。本研究暂不考虑这种差异，即假设在目前生产条件下，全国对水、地、肥3种资源间的节约需求是均衡的。

假设4：关于保障食物安全的人均粮食需求量，不同学者有不同取值，本研究沿用FAO提出的粮食安全3个基本标准之一，即若要达到粮食消费上的安全，每年人均粮食应达到400kg（傅泽强等，2001）。

（二）区域节水农作压力指数

我国水资源人均占有量较低，由于经济发展需求，可用于农业的人均水资源需求量更为短缺。目前我国大多研究主要从经济角度评判水资源利用压力（高铁生等，2006；毕夫，2010；傅泽强等，2001）。本研究着重从保证区域农业水资源—粮食安全角度来探讨节水农作的重要性。

资源节约型农作制不但讲求粮食安全与环境友好，并且强调资源的高效利用。基于假设1，本研究不再区分灌溉农业与旱作农业，认为节水农作发展主要受区域农业水资源量与区域粮食作物平均水资源生产率2个指标制约，并将上述2个指标视为同等重要，即使该区域农业水资源量丰富，而其农业水资源生产率低下，亦判定为节水压力较大。

其中，区域农业水资源量主要指区域当前农业可供水量，以往研究多以区域水资源量为依据（张鑫等，2001；邹君等，2010），但各区处于不同的发展阶段，工农争水矛盾不一，农业用水比例不同。本研究着重从农业可供水量入手，讨论农业节水问题。农业可供水量越多，区域节水农作发展需求就相对越低。由于各区农业供水量超过目前水平的可能性极低，因此将各区域目前农业供水量设为最大农业供水量进行评估。区域粮食作物平均水资源生产率是衡量区域农业水资源利用水平和粮食生产水资源承载力的重要依据，能切实反映区域节水农作发展水平。粮食作物平均水资源生产率越高，说明该区节水水平相对较高，节水农作发展压力则相对越小。

在基本假设和区域内水资源利用水平均衡的前提下，人均安全粮食需求量与当地生产粮食农业水资源生产率的商即定为区域最低人均农业用水量。将区域人均农业用水量与最低人均农业用水量的比值定义为"区域节水农作压力值"，即公式（1）。该值越大，说明该区农业用水相对较多，也就是说农业水资源量越少，或者区域粮食作物平均水资源生产率越低，则节水农作压力相对越大。

$$W_i = WC_i / W_{i0} = WC_i \times W_{icr} / A \qquad (1)$$

式中，W_i为某区域节水农作压力值；WC_i为某区域人均农业用水量（m^3/人）；W_{i0}为某区域最低人均农业用水量（m^3/人），A是人均安全粮食需求量（为常数，即400kg/人）与区域粮食作物平均水资源生产率W_{icr}（kg/m^3）的商。

为反映某区域节水农作压力的程度，本研究设置"区域节水农作压力指数"进行评价，研究各区域压力值偏离最小压力值的程度与最大偏离程度的比值，其计算方法见公式（2）。该指数取值区间为[0，1]，该值越大，表示该区域节水农作压力越大，反之亦然。

$$W_{Pi} = (W_i - W_{min}) / (W_{max} - W_{min}) \qquad (2)$$

式中，W_{Pi}为某区域节水农作压力指数，W_i为某区域节水农作压力值，W_{min}为全国各农作区节水农作压力值最小值，W_{max}为全国各农作区节水农作压力值最大值。

（三）区域节地农作压力指数

耕地资源是保障我国粮食安全的最基本生产条件（李彦等，2007），但人均耕地面积较少，且分布不均匀，自然条件差。在一定区域范围内、一定食物自给率和耕地生产率条件下，区域节地压力指数主要受粮食播种面积、人口数和粮食单产水平制约。

满足每个人正常生活的食物消费所需的粮食播种面积称为"最低人均粮

食播种面积",为人均安全粮食需求量与区域当前单产水平下生产1kg粮食需要的播种面积之积。将最低人均粮食播种面积与实际人均粮食播种面积之比定义为"区域节地农作压力值",计算方法见公式（3）。该值越大，表示该区人均粮食实际播种面积越小，或者粮食单产水平越低，农业用地越紧张，节地农作的压力则越大。

$$L_i=L_{i0}/L_{Ci}=（A×L_{icr}）/L_{Ci} \qquad （3）$$

式中，L_i为某区域节地农作压力值；L_{i0}为某区域最小人均粮食播种面积（hm^2/人），为人均安全粮食需求量A（为常数，即400kg/人）与区域当前单产水平下生产1kg粮食的土地消耗率L_{icr}（hm^2/kg）之积；L_{Ci}为某区域实际人均粮食播种面积（hm^2/人）。

同样，为反映某区域节地农作压力的程度，本研究设置"区域节地农作压力指数"进行评价，见公式（4）。其取值区间为[0，1]，该值越大，说明区域节地农作压力越大，反之亦然。

$$L_{Pi}=（L_i-L_{min}）/（L_{max}-L_{min}） \qquad （4）$$

式中，L_{Pi}为某区域节地农作压力指数，L_i为某区域节地农作压力值，L_{min}为全国各农作区节地农作压力值最小值，L_{max}为全国各农作区节地农作压力值最大值。

（四）区域节肥农作压力指数

我国化肥施用量平均水平偏高，区域之间不均衡，约有1/3的农户施肥量超过作物需要量。目前我国测土配方施肥工作取得了重大进展，但区域、作物最佳施肥量还未有最终定论。本研究利用FAO相关调查资料，即在单产（小麦）超过5 000kg/hm^2的国家中，氮、磷、钾施用量分别在80~200g/hm^2、9~80g/hm^2、0~80g/hm^2（宇万太等，2009；王激清等，2005），按公顷最高施肥量360kg，即生产1kg粮食耗肥0.072kg，将此值假定为最佳作物满足肥量，以此为依据与中国目前的单产情况与耗肥水平进行比较，将区域生产1kg粮食耗肥量与最佳作物满足肥量（0.072kg）的比值作为"区域节肥压力值"，计算方法见公式（5）。同样，为反映某区域节肥农作压力的程度，设置"区域节肥农作压力指数"进行评价，见公式（6），其取值区间为[0，1]，该值越大，说明区域耗肥量越高，节肥农作压力越大，反之亦然。

$$F_i=F_{gi}/F_{i0} \qquad （5）$$
$$F_{Pi}=（F_i-F_{min}）/（F_{max}-F_{min}） \qquad （6）$$

式中，F_i为某区域节肥农作压力值；F_{gi}为某区域生产1kg粮食的耗肥量

（kg/kg）；F_{i0}为假定最佳作物满足肥量，依据FAO资料，按生产1kg粮食耗肥0.072kg计算；F_{Pi}为某区域节肥农作压力指数；F_{min}为全国各农作区节肥农作压力值最小值；F_{max}为全国各农作区节肥农作压力值最大值。

（五）区域资源节约型农作制压力指数

本研究将水、土、肥作为资源节约型农作制的主要研究内容，认为节水、节地与节肥压力共同组成了区域资源节约型农作制压力，并基于假设3，将区域节水农作压力值、区域节地农作压力值和区域节肥农作压力值的算术平均数定义为"区域资源节约型农作制压力值"，计算方法见公式（7）。同样，为反映某区域资源节约型农作制压力的程度，设置"区域资源节约型农作制压力指数"进行评价，见公式（8），其取值区间为[0，1]，该值越大，说明区域资源节约型农作制压力越大，反之亦然。

$$P_i = （W_i + L_i + F_i）/3 \tag{7}$$

$$P_{Pi} = （P_i - P_{min}）/（P_{max} - P_{min}） \tag{8}$$

式中，P_i为某区域资源节约型农作制压力值，W_i为某区域节水农作压力值，L_i为某区域节地农作压力值，F_i为某区域节肥农作压力值，P_{Pi}为某区域资源节约型农作制压力指数，P_{min}为全国各农作区资源节约型农作制压力值最小值，P_{max}为全国各农作区资源节约型农作制压力值最大值。

（六）资源节约型农作制压力指数评价标准

为更好地利用资源节约型农作制压力指数描述各区域资源节约型农作制面临的压力，本研究将各区域的压力指数进行等级划分，共分为5个等级，界点值属于高等级，分别表示压力小、较小、中、较大、大，评价标准见表1-1。

表1-1　资源节约型农作制压力指数评价标准

压力指数Pp	评价标准				
	I级（小） Class I	II级（较小） Class II	III级（中） Class III	IV级（较大） Class IV	V级（大） Class V
W_{pi}	（0，0.2）	（0.2，0.4）	（0.4，0.6）	（0.6，0.8）	（0.8，1）
L_{pi}	（0，0.2）	（0.2，0.4）	（0.4，0.6）	（0.6，0.8）	（0.8，1）
F_{pi}	（0，0.2）	（0.2，0.4）	（0.4，0.6）	（0.6，0.8）	（0.8，1）
P_{pi}	（0，0.2）	（0.2，0.4）	（0.4，0.6）	（0.6，0.8）	（0.8，1）

根据上述公式，研究计算了各农作区节水农作、节地农作、节肥农作、资源节约型农作制的压力指数，计算结果见表1-2。

三、节水农作重点区

据表1-2作我国农作区节水农作压力指数分布图（图1-1a）。由图1可知，目前我国各区域节水农作的压力总体处于中偏小的程度，绝大多数区域处于压力小与较小范围内，这与我国农业用水量的逐年递减、节水技术的大面积推广使用、粮食生产水资源生产率逐年提高分不开。我国北方地区节水农作压力大于南方地区。其中，东北区、黄淮海区、西北区、北部低中高原区4个北方区域平均压力指数为0.52，远大于其他6个区域的平均值0.11，节水农作发展压力较大，而这4个区域恰恰是我国粮食生产重点区域，因此，这4个区是我国节水农作发展的重点区域，应加大节水农作研究与发展力度，积极进行节水型种植结构调整，推广实用节水模式与技术，以保障粮食与水双重安全。这4个区域中，东北区节水农作发展压力最大，这主要是由于该区灌溉面积小，灌溉用水量大，灌溉水浪费严重，水资源利用效率低下，粮食商品率高所致。另外，由表1-2也可看出，长江中下游地区由于城市集中，经济发达，非农用水量大，工农争水矛盾突出，农业节水压力也偏大，必须加以重视，未雨绸缪，防止该区成为下一个农业水荒区。

表1-2　我国各农作区资源节约型农作制压力指数

农作区	节水农作压力指数		节地农作压力指数		节肥农作压力指数		资源节约型农作制压力指数
	W_{Pi}	等级	L_{Pi}	等级	F_{Pi}	等级	P_{Pi}
1	1.00	V	0	I	0.12	I	0.43
2	0.34	II	0.30	II	0.44	III	0.35
3	0.25	II	0.40	III	0.41	III	0.30
4	0.15	I	0.55	III	0.60	IV	0.53
5	0	I	1.00	V	0.76	IV	0.90
6	0.28	II	0.36	II	0.17	I	0.03
7	0.46	III	0.21	II	0.13	I	0.05
8	0.13	I	0.59	III	1.00	V	1.00
9	0.15	I	0.56	III	0.40	III	0.30
10	0.02	I	0.94	V	0	I	0

①东北平原山区半湿润温凉雨养一熟农林区；②黄淮海平原半湿润暖温灌溉集约农作区；③长江中下游及沿海平原丘陵湿润中热水田集约农作区；④江南丘陵山地湿润中热水田二三熟农林区；⑤华南湿热双季稻与热带农林区；⑥北部低中高原半干旱凉温旱作兼牧区；⑦西北干旱中温绿洲灌溉农作区兼荒漠放牧区；⑧四川盆地湿润中热麦稻二熟集约农区；⑨西南中高原山地湿热水旱二熟粗放农林区；⑩青藏高原干旱半干旱高寒牧区兼河谷一熟农林区

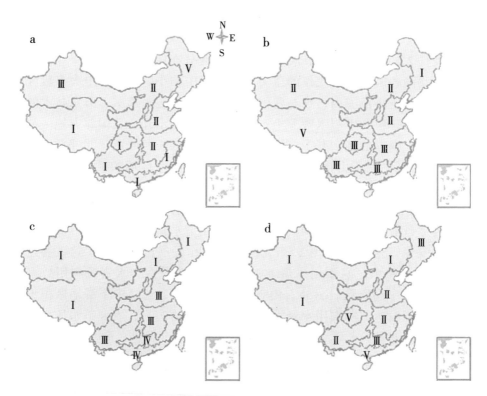

图1-1 我国农作区节水农作压力指数（a）、节地农作压力指数（b）、
节肥农作压力指数（c）和资源节约型农作制压力指数（d）分布

四、节地农作重点区

据表1-2作我国农作区节地农作压力指数分布图（图1-1b）。从我国各区域节地农作压力指数看，我国大多数区域节地农作压力处于中等程度，这种压力与粮食播种面积和单产水平密切相关。南方地区节地农作发展压力大于北方地区，长江中下游、江南区与华南区平均节地农作压力指数为0.65，西南与四川盆地平均为0.58，均远远高于北方4区的平均值0.22，这主要是由于南方普遍人口稠密，非农经济发达，农用地挤占严重，粮食播种面积逐年减少，非粮食作物发展迅速，粮食单产水平低于北方等；尤其东南沿海经济发达区域情况更为严重，节地压力很大，而西南地区由于海拔、地形地貌等原因，农用地资源较少，单产水平低，外加人口稠密，节地压力也较大。华南区是我国节地农作压力指数最大的区域，主要是由于该区城市化发展水

平高，经济发达，夏闲田较多，单产水平低等原因所致。在长江中下游、江南区、华南区、西南区与四川盆地地区进一步开发耕地资源已不现实，应着重提高耕地利用率，提高作物光温资源利用率和单产水平，重点发展多熟农业、立体农业和高效农业，以提高土地产出为主。北方4区由于地广人稀，人均耕地较多，因此，节地农作压力小于南方地区，但由于北方地区是我国重要的粮食产区，关系到我国的粮食安全，因此，不能据此对北方的节地农作发展放任自流，必须保证耕地面积，进一步扩大可耕地面积，并大力提高耕地产出率，进一步改良土地质量，改造中低产田，发展立体农业和高效农业，适度发展多熟农业，以进一步增加耕地供养能力。青藏区由于粮食播种面积极少，因此节地农作发展压力大。

五、节肥农作重点区

据表1-2作我国农作区节肥农作压力指数分布图（图1-1c）。从我国各区域节肥农作压力指数看，大多数区域节肥农作压力处于中到大的范围内，这符合我国化肥投入量大的现实。我国总体节肥农作发展压力由东南沿海区向西北内陆地区递减，这主要是由于东南沿海经济发达，农业投入水平较高，农业开发历史悠久，农业生产对化肥的依赖程度较高。四川盆地、华南区、江南区的压力指数超过全国平均水平，节肥农作压力最大，黄淮海区、长江中下游区、江南区、西南区等区节肥压力指数也较大，以上几个区是我国节肥农作发展重点区域，应着重提高化肥利用效率，结合区域情况制定最佳施肥量，并增加有机肥施用比例，适当增加绿肥种植面积，促进农作制度向高效、环境友好方向发展。西北区和东北区则应重点提升地力，保护土地粮食生产能力，提高肥料利用率。

六、资源节约型农作制重点区

综合各区域节水、节地、节肥压力，据表1-2作我国农作区资源节约型农作制压力指数分布图（图1-1d）。我国资源节约型农作制发展压力指数由大至小为四川盆地湿润中热麦稻二熟集约农区、华南湿热双季稻与热作农林区、江南丘陵山地湿润中热水田二三熟农林区、东北平原山区半湿润温凉雨养一熟农林区、黄淮海平原半湿润暖温灌溉集约农作区、长江中下游及沿海平原丘陵湿润中热水田集约农作区、西南中高原山地湿热水旱二熟粗放农林区、西北干旱中温绿洲灌溉农作区兼荒漠放牧区、北部低中高原半干旱凉温旱作兼放牧区、青藏高原干旱半干旱高寒牧区兼河谷一熟农林区。总体来看，大多数区域资源节约农作制压力中等偏小，东部地区的资源节约压力大于西部地区，主要是因为东部地区经济发达，人口稠密，节地压力与节肥压力较大。节水重点区主要集中在北方地区，节地重点区主要集中在东南地区，节肥重点区主要集中在东部地区。这为进一步研究区域资源节约型农作制提供了一定的参考。

各区域中节水、节地、节肥的压力也有不同，东北区资源节约型农作制主要压力集中在节水；黄淮海区3种资源节约压力较平均，其中节肥、节水的压力更为突出；长江中下游区节肥、节地的压力较大；江南区的节约焦点主要是节肥与节地；华南区节肥、节地压力较大；北方低中高原区相对压力较小；西北区节水压力相对较大；四川盆地节约焦点集中在节肥与节地上；西南区节地、节肥压力较大；青藏区粮食播种面积较小，不予讨论。

七、讨论和结论

资源节约农作压力指数是显示我国各农作区农业资源利用现状，明确农业资源节约压力与资源节约型农作制度发展压力的指标，具有一定的普适性，形式简单、计算快速、使用方便。通过对不同农作区的农业水、肥、地资源最小安全量与节约压力的计算，衡量各农作区主要农业资源的稀缺程度及其对该区农作制度发展产生的重要影响，力求为各农作区主要农业资源利用强度和资源节约型农作制度建设模式等的确立提供规划和调控依据。本研究指数的构建，从农作制度角度，综合考虑农业生产中必需的农业资源特点，反映了农业资源的综合利用与综合管理的需求，能更好地进行农业资源的利用评价，最终指导农业资源的节约和高效利用，并为进一步开展资源节约型农作制相关研究提供一定的基础。

必须指出的是，该研究还处于不成熟阶段，没有进行指标的细化与权重分析。资源节约型农作制压力指数是一个综合指标，本研究没有进行具体的细化，例如在讨论节水问题时未涉及灌溉农业与旱作农业，且未涉及季节性干旱问题，同时，没有考虑粮食自给率对农业资源的分配影响，也没有反映肥料资源的社会经济学属性等，这些将在以后的工作中进一步研究。另外，本研究假设在目前生产条件下，全国对水、地、肥三种资源间的节约需求是均衡的，没有考虑三种资源的权重问题。水、地、肥三种资源稀缺性有差别，对农业生产和环境安全的贡献率不同，因此，本指数仅提供一个初步的计算和结论，只具有一定的指导性和趋势描述性，将在今后的工作中进行深入研究。

　　本研究通过计算全国各农作区2006年的资源节约农作压力指数，得到以下结论：①我国北方地区节水农作压力大于南方地区。东北区、黄淮海区、西北区、北部低中高原区4个北方区域是我国节水农作发展重点区域，应加大节水农作研究与发展力度，积极进行节水型种植结构调整，推广实用节水模式与技术，以保障粮食与水双重安全。②我国南方地区节地农作发展压力大于北方地区。东南沿海经济发达区域，包括长江中下游、江南区与华南区节地压力最大，应着重提高耕地利用率，提高作物光温资源利用率和单产水平，重点发展多熟农业、立体农业和高效农业，以提高土地产出为主。同时，北方地区也应进一步提高耕地产出率，提升耕地供养能力。③我国节肥农作发展压力总体由东南沿海区向西北内陆地区递减。四川盆地、华南区、江南区节肥农作压力最大，应着重提高化肥利用效率，结合区域情况制定最佳施肥量，并增加有机肥施用比例，适当增加绿肥种植面积，促进农作制度向高效、环境友好方向发展。④我国资源节约型农作制发展压力指数由大至小为四川盆地湿润中热麦稻二熟集约农区＞华南湿热双季稻与热作农林区＞江南丘陵山地湿润中热水田二三熟农林区＞东北平原山区半湿润温凉雨养一熟农林区＞黄淮海平原半湿润暖温灌溉集约农作区＞长江中下游及沿海平原丘陵湿润中热水田集约农作区＞西南中高原山地湿热水旱二熟粗放农林区＞西北干旱中温绿洲灌溉农作区兼荒漠放牧区＞北部低中高原半干旱凉温旱作兼放牧区＞青藏高原干旱半干旱高寒牧区兼河谷一熟农林区。

参考文献

毕夫. 2010. 全球粮食安全：瓶颈与破除[J]. 对外经贸实务（1）：20-23.

傅泽强，蔡运龙，杨友孝，等. 2001. 中国粮食安全与耕地资源变化的相关分析[J]. 自然资源学报，16（4）：313-319.

高铁生，郭冬乐. 2006. 中国化肥市场改革与发展报告[M]. 北京：中国市场出版社.

高旺盛，梁志杰，崔勇. 2000. 美国可持续农作制度的主要技术途径[J]. 世界农业，11：6-7.

国家统计局农村社会经济调查司. 2007. 中国农村统计年鉴[M]. 北京：中国统计出版社.

李铜山. 2008. 国外节约型农业发展模式及其启示[J]. 世界农业，5：1-2.

李彦，贾曦，孙明，等. 2007. 我国农业资源的利用现状及可持续发展对策[J]. 安徽农业科学，35（32）：10 454-10 456.

梁建岗. 2001. 美国农作制度与可持续农业对我们的启示[J]. 山西农业科学，29（1）：

92-96.

刘巽浩，陈阜. 2005. 中国农作制[M]. 北京：中国农业出版社.

王激清，刘全清，马文奇，等. 2005. 中国养分资源利用状况及调控途径[J]. 资源科学，27（3）：47-53.

翁志辉，林海清，柯文辉，等. 2009. 台湾地区低碳农业发展策略与启示[J]. 福建农业学报，24（6）：586-591.

易秀，李现勇. 2007. 区域土壤水资源评价及其研究进展[J]. 水资源保护，23（1）：1-5.

宇万太，姜子绍，马强，等. 2009. 不同施肥制度对作物产量及土壤磷素肥力的影响[J]. 中国生态农业学报，17（5）：885-889.

张鑫，王纪科，蔡焕杰，等. 2001. 区域地下水资源承载力综合评价研究[J]. 水土保持通报，21（3）：24-27.

张燕，张洪，彭补拙. 2001. 自然资源与区域经济发展[J]. 长江流域资源与环境，10（2）：138-143.

郑重，张凤荣，朱战强. 2010. 基于生产力可持续指数的耕地利用动态分析——以新疆生产建设兵团农三师45团绿洲灌区为例[J]. 中国生态农业学报，18（1）：175-179.

中华人民共和国国家统计局. 2007. 中国统计年鉴[M]. 北京：中国统计出版社.

中华人民共和国农业部. 2007. 中国农业年鉴[M]. 北京：中国统计出版社.

邹君，胡娟，杨玉蓉. 2010. 中国粮食生产与消费中的虚拟水平衡动态变化研究[J]. 中国生态农业学报，18（1）：185-188.

第二章 资源节约型农作制理论基础

第一节 资源节约型农作制的内涵与特征

一、资源节约型农作制概念

究竟"资源节约型农作制度"指的是什么，尚没有一个公认的说法或定义。笔者暂且定义为：资源节约型农作制度是指能够实现资源节省利用和集约利用的农作制度。即在农业生产中，立足于通过合理布局、优化生产结构、改革种植模式、完善相应配套技术体系等措施，对有限的农业资源进行科学合理的节约和集约利用，改变资源的"浪费"与"粗放"利用状态，提高农业资源利用效率，实现资源的真正节约和效益的增加。

从上述概念可以看出，这里所说的"节约"，主要指相对意义上的"节约"，也就是要遵守"尽量以最少的投入争取最大的产出"的经济学原则，努力做到充分、循环利用各种自然与人工资源，减少浪费，减少不必要的超量投入。不能将"节约"理解为绝对意义上的"节约"，不能复古，不是要将现代农业回归到几千年以前的那种低投入状态（刘巽浩，2010）。

二、资源节约型农作制的基本特征

（一）集约利用资源是基础

资源节约型农作制强调集约利用各种资源。农业资源分为可再生和不可再生两种。对可再生资源（如光、热、气等）强调要尽量反复、多层、高效利用，目的在于提高光能利用率、水分利用率、能量投入的产出率（刘巽浩，2010）。途径包括充分利用时间和空间，因地制宜地调整结构、种养结合、复套间作、立体开发、地膜利用和生物技术，力求变低产为高产、低效为高效、劣质为优质。对少量、稀缺、不可再生资源（如磷、钾、钙等）强调集约节约利用（刘巽浩，2010），在不违背农业生产的前提下，力争以较低的系统资源代价或投入成本，获得适度合理的较高收益。

（二）技术是实现资源真正节约的重要保障

资源是可以替代的，通过发挥技术的替代潜力，可以实现以人工资源部分代替自然资源，大幅度缓解自然资源紧缺对农业增长的约束。如通过科技投入、技术改造与技术革新，提高耕地质量应对耕地的日益减少；大幅度提高水肥利用效率缓解水肥资源的严重短缺；促进作物秸秆、畜禽排泄物等废弃物综合循环利用减少资源不必要浪费；通过优化农业产业结构和产品结构，改进资源利用方式，持续提高资源产出率和农业综合生产力，等等。

（三）以不降低农田生态系统的可持续发展为基本要求

建设资源节约型农作制度最终目的是实现增产增收增效，提高资源产出率和农业整体效益。资源节约不能以降低农田生态系统生产力和可持续发展能力为代价，因此，在农作系统增加能量与物质投入是必需的，这也是促进农业系统可持续发展的基础（刘巽浩，2010）。投入包括物质性的硬投入（良种、肥料、水利、农机、资金、基本建设等）和非物质性的软投入（科技、人才、政策、管理等）。通过协调资源组合与合理利用，使硬投入与软投入相协调，从而持续提高资源产出率和农业综合生产力。

（四）以追求较高的投入产出比作为资源节约的合理评价目标

追求高产、高效一直是农业生产毋庸置疑的目标，倘若高产高效是以资源高投入和环境破坏为代价，这显然与建立资源节约型农作制度的目标背道而驰。资源节约应力求在同等条件下少投入资源获得同样的产出，或同样投入资源获得更高的产出。因此，考虑投入、产出比的高效益，追求适当的作物产量应作为资源节约型农作制度的重要评价目标。

第二节　资源节约型农作制的理论基础

资源节约型农作制的理论基础主要包括以下六个方面：能量加速散逸原理、物质非闭合流动与循环原理、生态位与生物互补原理、系统工程与整体效应原理、农业区位及地域分异原理和农业可持续发展原理。

一、能量加速散逸原理

太阳能几乎是自然生态系统中一切功的基本能源。在人工的农作系统中，除了太阳能外，还有人工投入的辅助能（良种、肥料、农药、机械、电、人畜力等）。无论自然生态系统或人工农作系统，能量的流动都要遵守热力学第二定律即能量散逸定律。指的是在非孤立系统中，热量只能从高温物体传给低温物体，一部分潜能（自由能）在系统内储存起来仍可继续传递与做功，另一部分能（无效能）则不能继续传递与做功，而是以热的形式散失于系统之外，直到两者温度相等为止，这种自发过程是不可逆的。

无论自然生态系统或人工农作系统都是非孤立系统（图2-1、图2-2）（Odum，1971；刘巽浩等，2005）。能量在转换过程中，大量能量以呼吸散热和粪尿废弃物等无效能的形式排于系统外，而保留在系统内的自由能逐步减少。人工农作系统能流具有能量加速散逸的特征，其表现主要是能流的双通道型。即在农作系统中，输入的能量不但有自然界的太阳光而且有人工输入的辅助能量（良种、肥料、灌水、饲料、农药、机械、电等），输出的能量不仅有生物的自然散逸（热、废物），更重要的是人为地从系统中将植物动物产品大量取走（图2-2）（刘巽浩，2005），因而保留在系统内的能量就越来越少。热力学第二定律还告诉我们，若要继续做功或要提高系统的功能就必须输入新的能量与物质，促使农业资源的有机组合，而且产出越多，要求人工辅助能量投入越多。

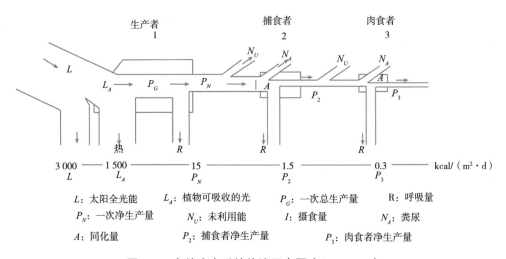

图2-1　自然生态系统能流示意图（Odum EP）

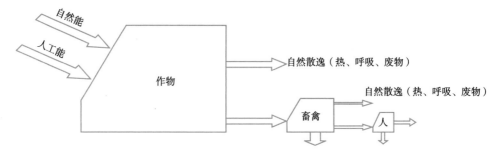

图2-2　人工农作系统能流的双通道型（刘巽浩等）

二、物质非闭合流动与循环原理

　　物质是能量的载体，作为农业资源的物质包括不可再生和可再生两种。不可再生的沉淀元素（如磷钾钙等）在自然生态系统的生物小循环中，从大气、水域或土壤中，通过植物吸收进入食物链，然后转移给草食动物、肉食动物，它们死亡后被微生物分解转化后回到无机环境中去。这些释放到环境中的物质以后又再次被植物吸收利用，重新进入食物链，如此反复循环下去，这个过程是循环型的；在人工农作系统中，大量自然或人工的氮磷钾营养元素被移出系统之外，造成元素循环的衰减或中断，物质流动已不是循环型而是一种非闭合流动型（图2-3）（刘巽浩等，2005）。人类对这种不可再生资源的战略是要强调集约节约利用。一些可再生自然元素（光热气降水等）一般是年复一年周而复始的自我循环，它们多数是不可储元素，如果不将它们纳入农作系统之中，它们就会自然地消失。对这种可再生资源的战略是要强调尽量、反复、高效利用。

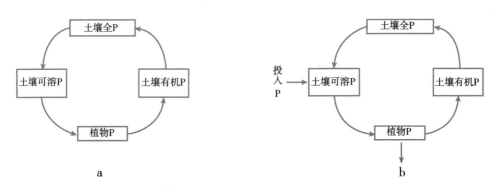

图2-3　自然生态系统a与农作系统b磷素流动

三、生态位与生物互补原理

生态位（Niche）是指生物在完成其正常生活周期时所表现出来的对环境综合适应的特征，是一个生物在物种和生态系统中的功能与地位，生态位与生物对资源的利用及生物群落中的种间竞争现象密切关联。生态位的理论表明：在同一生境中，不存在两个生态位完全相同的物种，不同或相似物种必须进行某种空间、时间、营养或年龄等生态位的分异和分离。才可能减少直接竞争，使物种之间趋向于相互补充；由多个物种组成的群落比单一物种的群落能更有效地利用环境资源，维持较高的生产力，并且有较高的稳定性。在农业生产中，人类从分布、形态、行为、年龄、营养、时间、空间等多方面对农业生物的物种组成进行合理的组配，以获得高的生态位效能，充分提高资源利用率和农业生态系统生产力。随着生态学概念不断深化，已从单纯的自然生态系统转移到社会—经济—自然复合生态系统，生态位概念也进一步拓展，不再局限于单纯的种植业系统或养殖业系统，甚至拓展到整个农业经济系统（白金明，2005）。

农作系统中的多种生物种群在其长期进化过程中，形成对自然环境条件特有的适应性，生物种与种之间有着相互依存和相互制约的关系，且这一关系是极其复杂的。一方面，可以利用各种生物及农作系统中的各种相生关系，组建合理高效的复合系统，在有限的空间、时间内容纳更多的物种，生产更多的产品，对资源充分利用及维持系统的稳定性，如我国普遍采用的立体种植、混合养殖、轮作，以及利用蜜蜂与虫媒授粉作物等。另一方面，可以利用各种生物种群的相克关系，有效控制病、虫、草害，目前正兴起的生物防治病虫害及杂草，以及生物杀虫剂、杀菌剂、生物除草剂等生物农药技术已展示出广阔的发展前景。

四、系统工程与整体效应原理

按照系统论及系统工程原理，任何一个系统都是由若干有密切联系的亚系统构成的，通过对整个系统的结构进行优化设计，利用系统各组分之间的相互作用及反馈机制进行调控，可以使系统的整体功能大于各亚系统功能之和。农作系统是由生物及环境组成的复杂网络系统，由许许多多不同层次的子系统构成，系统的层次间也存在密切联系，这种联系是通过物质循环、能量转换、价值转移和信息传递来实现的，合理的结构将能提高系统整体功能和效率，提高整个农作系统的生产力及其稳定性（白金明，2005）。

农作系统的整体效应原理，就是充分考虑到系统内外的相互作用关系、系统整体运行规律及整体效应，运用系统工程方法，全面规划，合理组织农业生产，通过对系统进行优化设计与调控，使总体功能得到最大发挥。实现农作系统物种之间的协调共存、生物与环境之间的协调适应、农作系统结构与功能的协调发展以及不同过程的协调，建立起一个良性循环机制，使系统生产力和资源环境持续保持增值与更新，满足人类社会的长远需求，达到生态与经济两个系统的良性循环。

五、农业区位及地域分异原理

由于地形地势、气候、土地、社会经济、人文等要素的相似与差异，区域存在着聚合与分离的现象，而农业生产是自然和人工环境与各类农业生物组成统一体，其地域分异特征显著。农业地域分异规律包括自然地理、人文地理、生物地理的差异，造成了农业生产及生态经济类型差异性；尽管随着社会经济持续发展，农业从传统性、自给性、粗放性向现代性、商品性、集约性方向发展的规律是相同的，但农业的地域性、多样性仍将长期存在。我国幅员辽阔，自然与社会经济条件格外复杂，发展资源节约型农作制必须使物种和品种因地制宜，彼此之间结构合理，相互协调。依据地区环境，构建有特色的资源节约型农作制模式。要考虑地区全部资源的合理利用，对人力资源、土地资源、生物资源和其他自然资源等，按照自然生态规律和经济规律，进行全面规划，统筹兼顾，因地制宜，并不断优化其结构，充分提高太阳能和水的利用率，实现系统内的物质良性循环，使经济效益、生态效益和社会效益同步提高（白金明，2008）。

六、农业可持续发展原理

可持续发展的本质涵义就是要当代人的发展不应危及后代人的发展能力和机会，实现资源最佳效率和公平配置，实现人与自然的和谐及协同进化。自20世纪80年代可持续农业兴起以来，世界各国在理论和实践上的探索不断深入，尽管理解和做法各有不同，但总的发展目标是相同的，既保障农业的资源环境持续、经济持续和社会持续等。资源环境持续性主要指合理利用资源并使其永续利用，同时防止环境退化，尤其要保障农业非再生资源的可持续利用，包括化肥、农药、机械、水电等资源。经济持续性主要指经营农业生产的经济效益及其产品在市场上竞争能力保持良好和稳定，这直接影响到生产是否能维持和发展下去，尤其在以市场经济为主体的情况下，一种生产模式和某项技术措施能否推行和持久，主要看其经济效益如何，产品在国内外市场有无竞争能力，经济可行性是决定其持续性的关键因素。社会持续性指农业生产与国民经济总体发展协调，农产品能满足人民生活水平提高的需求，既要保证产品供应充足，保持农产品市场的繁荣和稳定，尤其是粮食和肉蛋产品的有效供给，又要保证产品优质、价格合理，能满足不同消费层次对优质农产品的需求，满足社会经济总体发展的需求。社会持续性直接影响着社会稳定和人民安居乐业的大局。

农业可持续的三个目标是相辅相成的，三者不可分割。即在合理利用资源和保护生态环境的基础上，努力增加产出，满足人类不断增长的物质需求，同时促进农村经济发展，提高农民收入和社会文明。偏废任何一个方面，把持续性仅仅理解为生态环境上的持续性是片面的和脱离实际的（白金明，2008）。

第三节　我国资源节约型农作制构建框架与重点领域

一、资源节约型农作制构建框架

基于对资源节约农作制度内涵和基本特征的理解，构建我国资源节约农作制应立足于宏观与微观两方面（图2-4）。在宏观方面，通过研究不同区域农业资源基本特征、利用现状与存在问题，分析水、肥、地等资源节约农作制开发潜力与途径，并开展区域农业生产结构优化研究，制定符合水、肥、地等资源生态条件的农业生产布局，构建区域水、肥、地等资源节约型农作制；在微观方面，通过技术优化和生产要素组合，开展不同区域水、肥、地等资源节约型农作制技术组装以及资源节约型农作制模式优选，最终构建出一系列适合不同类型区域的农业资源高效利用模式。

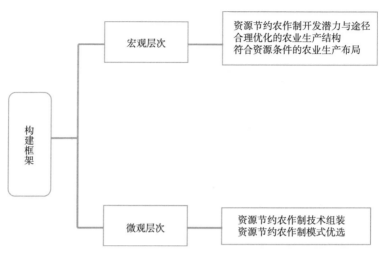

图2-4 资源节约农作制构建框架

二、资源节约型农作制构建的重点领域

（一）节水型农作制的构建

1. 节水种植结构与布局优化研究

通过对不同区域气候—水资源—土壤墒情—作物种植结构状况的分析，明确不同作物需水、耗水及水分利用规律，制定基于区域水资源可持续利用的节水型作物优化布局与结构调整方案。

2. 节水种植模式研究

以提高农田周年水分生产率为目标，针对不同区域种植制度特点，研究作物间套种植优化搭配技术、作物水分供需平衡技术、上下茬作物水分共享补偿技术、覆盖保墒与保护性耕作节水技术。通过上述技术的集成研究，筛选出重点农区节水种植模式。节水种植模式建设的重点区域是黄淮海平原、长江中下游平原和西北地区。

3. 节水优化灌溉模式研究

重点开展区域土壤墒情动态监测、作物缺水信息诊断等方面的研究，建立主要作物土壤水分动态、作物蒸腾蒸发量、水分利用效率等参数库，研究主要作物非充分灌溉条件下的需耗水特征以及不同产量目标下的非充分灌溉模式。节水灌溉制度建设的重点区域是黄淮海平原、东北平原和西北灌区。

（二）节肥型农作制度的构建

1. 重点农区合理施肥制度研究

以提高农田周年肥料生产率与肥料利用率为目标，针对不同区域种植制度特点，研究有机无机肥优化施用技术、养分均衡供给施肥技术和作物养分供需平衡技术。通过多种施肥技术的集成，建立重点农区合理施肥制度。合理施肥制度建设的重点区域是黄淮海平原、长江中下游平原和东北平原。

2. 节肥型耕种技术研究

将少免耕、覆盖耕作技术与作物优化种植技术进行集成与配套，实现减少地力消耗，减少化肥用量与能耗，有效降低作物生产的生态代价的目的。节肥型耕种技术建设的重点区域是黄淮海平原、长江中下游平原、东北平原、华南、西南地区。

3. 地力提升节肥技术研究

以提升地力为目标，通过研发和集成秸秆快速腐熟还田技术、合理轮作换茬技术与地力培肥技术，增加土壤有机质与蓄肥保肥能力，提高耕地综合生产潜力。地力提升节地农作建设的重点区域是东北平原黑土区及西北黄土高原旱作区。

（三）节地型农作制的构建

1. 集约高产型节地农作制研究

以国家优势农产品生产基地为重点区域，以保障粮棉油生产安全和提高耕地单产水平为主攻目标，以集约种植实用配套技术优化集成带动制度创新，实现优势农产品生产基地的高产节地。集约高产型节地农作制建设的重点区域是东北平原、黄淮海平原、长江中下游平原地区及西北灌区，主要作物是玉米、小麦、水稻、大豆、棉花等。

2. 多熟高效型节地农作制研究

以集约多熟农区为重点区域，以提高农田综合效益与协调粮、经、饲等作物争地矛盾为目标，通过多熟种植模式的筛选与优化、作物高产高效配套栽培技术集成，从时间与空间上充分利用光、温、水、土、生等资源，最大限度地提高土地利用率。多熟高效型节地农作制建设的重点区域是黄淮海平原、长江中下游经济发达区、华南及西南等耕地资源紧缺地区，主要作物是玉米、小麦、水稻、大豆及蔬菜、瓜果、药材等。

3. 区域农用地结构调整与布局优化研究

以区域土地资源合理利用与资源效率最大化为目标，根据区域资源特点及农业发展需求，运用生态适应性与比较优势原理，通过农业生产结构调整和土地利用布局优化，提高土地资源的利用效率与经济效益（图2-5）。

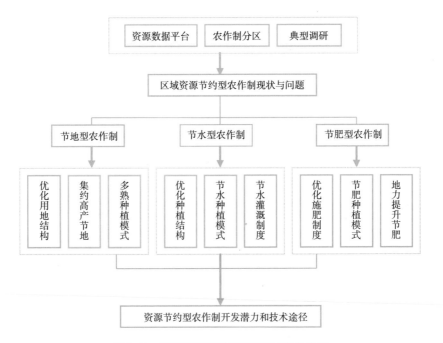

图2-5　资源节约型农作制研究技术路线

参考文献

白金明. 2008. 我国循环农业理论与发展模式研究[D]. 北京：中国农业科学院.

刘巽浩. 2010. 扩汇节支促循环推进集约持续农业[J]. 农业现代化研究，31（1）：65-68.

刘巽浩，高旺盛，陈阜，等. 2005. 农作学[M]. 北京：中国农业大学出版社.

Odum E P.1971. Fundamentals of Ecology [M]. Philadelphia，London：Toronto W. B. Saunders.

第三章　东北地区培肥节水型农作制

巩固农业的基础地位、发挥粮食主产区的区位优势，是振兴东北老工业基地重要条件，是保证国家粮食安全的战略要求。面对地力衰退、农业用水短缺等制约东北粮食生产的主要问题，培肥、节水、增产、增效是东北农业生产长期坚持的战略方针（黄初龙等，2008），以提高资源综合利用效率为核心，以构建培肥节水型制度性技术为突破口，积极倡导集约型内涵式发展，不断提升东北农业综合生产能力。

近年来，东北地区在培肥与节水技术模式研究与应用方面取得一定进展，为农业资源高效利用提供了有力的技术支持，但相对比较，区域性的培肥节水技术尚未提升至制度层面，主导技术模式示范推广滞后（李焕珍等，1996），因此，需要在分析本区农业资源利用现状的基础上，构建和完善区域培肥节水型农作制度及配套技术模式，实现农业资源的有效保护、合理配置和高效利用，促进东北地区农业生产的可持续发展。

第一节　东北地区农业资源利用现状与问题

东北的行政区包括辽宁、吉林、黑龙江三省和内蒙古自治区（以下简称内蒙古）东四盟部分地区，总土地面积约为124万km^2，约占国土总面积的13%。东北地区气候温和，平原广阔，资源丰富，土地肥沃，农田机械化与规模化水平较高，是我国最重要的粮食生产基地（陈印军，2009），在资源节约方面有很大潜力，在未来保障国家粮食安全方面占有重要的战略地位。

一、东北地区农业资源利用现状

（一）气候资源条件利用现状

东北地区气候条件多样，地域间差异明显，形成了东北地区不同的区域气候条件。东北地区东、北、西三面环山，平原中开，南面临海，山地、平原、海域兼有，具有区位优势，属温带大陆性季风气候，跨暖温带、中温带和寒温带，夏季温暖多雨。东北地区气候资源丰富，光照比较充足，热雨同期，长日照的特点适于多种作物一季生长。

东北地区太阳辐射具有明显的季节性与地区性变化特征，夏季最大，春秋次之，冬季最少。黑龙江省年辐射总量为98~120kcal/m²，年日照时数一般在2 400~3 000h，光合有效辐射为52~55kcal/m²，吉林省和辽宁省两省年太阳辐射分别为：110~130kcal/m²和116~146kcal/m²，年日照数分别为2 200~3 000h、2 100~2 600h。东北地区气温地域间差异明显。黑龙江省全省年平均气温从北向东南为−5~5℃，极端最低气温（1月）可达−52.3℃，极端最高气温（7月）达41.6℃。吉林省年平均气温2~6.5℃，1月气温最低平均为−21℃~−18℃，7月气温最高平均为20~25℃。辽宁省全年平均气温为7~11℃，最高气温30℃，最低气温−30℃。东北地区南北各地积温差异较大，影响作物布局。≥10℃积温在黑龙江省南部最高，为2 400~2 800℃，北部漠河最低，为1 400~1 600℃；吉林省集安岭南各地均高于3 000℃，长白地区最低仅为1 900℃；辽宁省大部分地区均为3 200~3 600℃；内蒙古自治区东四盟地区≥10℃活动积温大部分地区为1 800~3 000℃。

东北地区除东西两侧外其他地区年降水量为350~1 200mm，大部分地区为450~850mm，整体趋势为自东向西逐渐递减。黑龙江省、吉林省多年平均降水量分别为531.4mm、609mm。辽宁省是东北地区降水量相对较多的省份，年降水量为600~1 100mm，东部山地丘陵区年降水量在1 100mm以上，西部山地丘陵区与内蒙古高原相连，年降水量在400mm左右。内蒙古自治区东四盟地区年降水量最少，仅为450mm，具体分布如表3-1所示。

表3-1 东北地区年降水量时空分配　　　　（单位：mm，%）

地区	年降水量	年降水量		年降水量在不同季节分配比例			
		东部	西部	3—5月	6—8月	9—11月	12月至翌年2月
黑龙江省	532	650	450	12.9	65.4	19.4	2.6
吉林省	609	780	420	11.6	69.6	17.5	2.4
辽宁省	775	1 100	500	13.7	64.8	18.9	3.5
内蒙古东四盟	450	500	400	11.8	69.7	16.4	2.1

由于受到地形、干旱、季风气候影响，区域旱涝灾害频发，春旱严重，资料表明松嫩平原1949—1999年旱涝灾害发生频率达到78%，全区50%

左右的耕地受旱涝灾害影响，严重春旱发生概率西部为90%，中东部可达80%~90%。内蒙古自治区东四盟与辽吉交界的农牧交错带，几乎"十年九旱"，2003年发生20世纪90年代以来最为严重的春旱，东北三省农田受灾面积达到556.7km²，粮食减产730万t（孙占祥等，2008）。

（二）土地资源条件利用现状

东北地区有富饶的土地资源，也是我国后备土地资源较丰富的区域，粮食总产量提高相当一部分是靠扩大耕地面积获得的（刘兴土等，1998）。东北地区总土地面积约为124万km²，占全国国土总面积的12.97%，据2003年的调查结果全区农用地为10 529.26万hm²，占全区土地面积的84.5%。灌溉地共593.8万hm²，旱地1 912.72万hm²，分别占耕地总面积的23.7%、76.3%。黑龙江省耕地面积为1 174万hm²；吉林耕地面积为553.98万hm²，其中旱地476.82万hm²；辽宁省耕地面积为534万hm²，旱地面积为426.7万hm²。全区人均耕地2.88亩，相当于全国平均水平的21倍，如按农业人口计算，人均占有耕地面积10亩以上，东北地区耕地面积扩大了3.8倍，其中黑龙江和内蒙古自治区东四盟地区增加较多。

东北地区地势地貌多变，土壤类型也比较丰富，具体类型、分布区域与特点如表3-2所示。

表3-2　东北地区主要土壤类型及其分布

土壤类型	主要分布区域	主要特点
黑土	黑吉两省的松嫩平原及其附近漫岗地带	土层厚，腐殖质含量高，土壤水分偏高
黑钙土	大兴安岭西坡直至甘南、龙江一带、内蒙古自治区东四盟北部地区	腐殖质含量较高，同时含有少量碳酸盐，pH值为7.5~8.0
草甸土	非地带性土壤，大小河流域及山间盆地均有分布	腐殖质含量也较高
褐土、栗钙土	辽宁省西部山地区域	温度偏高，矿化强，易淋溶，pH值为7.5~8.5
棕壤、暗棕壤	本区东部一带，黑龙江省、吉林省东部为暗棕壤，辽宁省东部为棕壤	石灰质含量低、偏酸性
风沙土	黑龙江省甘南、泰来，吉林省西部白城，辽西阜新、彰武、康平北部，内蒙古自治区东四盟绝大部分	土壤贫瘠，有机质含量低
棕色森林土	大小兴安岭、张广才岭、老爷岭、长白山一带	森林覆盖，尚未开垦
白浆土	黑龙江省的牡丹江、合江地区，吉林省延边地区	有机质和养分少，较贫瘠

（续表）

土壤类型	主要分布区域	主要特点
盐碱土	辽宁省的盘锦、营口两市沿海一带，黑、吉、辽的西部的低地	分海滨盐碱土和内陆盐碱土

　　黑土是东北地区重要的土壤资源，主要分布在黑龙江和吉林两省。据土壤普查资料统计，黑土区总面积约为1 100万hm²，占东北地区总面积的8.9%，其中耕地约815.65万hm²，占东北地区耕地总面积的32.54%，黑土自然肥力高，表层腐殖质含量为5%~6%，土壤表层有机质达到3%~5%。目前，东北地区黑土层每年减少0.4~0.5cm，地力已呈下降趋势。

　　（三）水资源条件利用现状

　　东北地区水资源总量不足，人均水资源量偏少。东北地区多年平均降水量为6 431.5亿m³（换算成降水量为515mm），多年平均水资源总量为1 989.8亿m³，地表水资源量为1 704亿m³，地下水资源量为681亿m³，地下水资源可开采量为298亿m³，按2007年人口和耕地面积计算，黑龙江省人均占有水资源量2 161m³，接近全国平均水平，而亩均占有水量则为460m³，远低于全国亩均水量1 430m³。吉林省多年平均水资源总量为399亿m³，全省人均水资源量为1 446m³，每亩平均水资源量为477m³。1980—2004年东北地区用水总量由376亿m³增长到559亿m³，于2000年达到最大值598亿m³，年均增长率为2.71%，其中农业用水量从263.9亿m³增长到420.6亿m³，农业用水占总用水量比重趋于0.72，在四省中，内蒙古自治区东四盟和黑龙江省年均增长率分别高达3.48%和2.5%，辽宁的增长率最小为0.73%（表3-3）。按照1993年国际人口行动在《持续水—人口和可更新水的供给前景》中确定的标准，东北地区为用水紧张地区，辽宁为缺水地区。

表3-3　东北地区农业用水量变化　　　　（单位：m³，%）

地区	农业用水量							占总用水量比例				
	1980	1985	1990	1995	2000	2004	年均递增	1980	1985	1990	1995	2000
黑龙江	107.4	97.5	137.3	145.2	196.8	194.2	2.50	0.79	0.72	0.72	0.69	0.72
吉林	52.9	56.2	77.7	76.3	81.1	70.7	1.22	0.73	0.72	0.72	0.71	0.69
辽宁	77.4	74.2	87.8	90.1	88.2	92.2	0.73	0.68	0.68	0.68	0.63	0.64
东四盟	26.2	27.9	39.6	47.4	62.9	93.4	3.48	0.50	0.87	0.87	0.87	0.87
东北地区	263.9	255.8	342.4	359.0	429.0	420.5	1.93	0.71	0.72	0.73	0.7	0.72

东北地区水资源时空分布差异明显。就降水而言，东北地区年降水量一般在600mm以下，5—9月降水量占全年降水量的80%以上。各地最多年降水量可为最少年的2~3倍，其中松嫩平原西部少雨干旱地区可相差4.0~4.5倍，春旱十分严重。据统计，自新中国成立以来的40年里，春旱共发生了28次；降水量空间呈现出"北丰南欠、东多西少""边缘多、腹地少"的特征，70%~80%的降水集中点多年平均降水量由东南1 000mm以上向西北递减到400mm以下（张郁等，2005）。就流域而言，黑龙江流域水资源量为1 004.74亿m³，人均水资源量1 660m³；而辽河流域水资源量为414.21亿m³，人均水资源量仅为738m³。从行政分区而言，黑龙江省、吉林省、辽宁省的水资源量分别为596.71亿m³、316.90m³、258.31亿m³。而近十年由于气候变化和人类活动影响，经流资源量下降超过3 900亿m³，水资源波动性非常明显。

农田灌溉用水是农业用水中比重最大的一项，尽管东北地区是以雨养农业为主的生产区，但是农业灌溉发展较慢，加上水利设施老化，供水能力低下，耕地灌溉率仅为21%，远低于46%的全国灌溉率。以2000年为例，东北地区耕地农业灌溉用水量为122.3m³/亩，其中辽宁省最高，为142.2m³/亩，但低于全国平均水平269.8m³/亩。灌溉面积达584.6万hm²，约占耕地面积的27%左右。同时，节水技术推广缓慢，农田用水效率不高、用水严重浪费的现象十分普遍（石玉林等，2007）。多年来，东北地区农业生产用水的利用率为19%，在全国处于中下水平。农业用水量占用水总量的比重为70.3%左右，灌溉用水利用率仅为42%左右，人均农业灌溉用水为378.71m³/人，高于全国平均水平（346.3m³/人），内蒙古东四盟（市）更高（552.15m³/人），加剧了流域水资源的紧张状况。

二、东北地区农业资源利用存在的问题

东北地区作为我国重要的商品粮生产基地，粮食生产的优势原本依托于丰富的自然资源禀赋，由于自然和人为造成的水土资源匹配不协调，在国家对东北粮食需求刚性要求下，使东北粮食生产受制于资源承载压力增大，东北粮食生产还存在许多制约因素。

（一）受农业资源约束且浪费严重

东北地区耕地流失严重。长期以来习惯于广种薄收，部分山区农田存在一定的抛荒弃种现象。近年来由于非农建设用地增加，东北耕地面积持续

减少，由1995年的2 636.78万hm²减少到2003年的2 507.04万hm²，平均年减少耕地面积16.22万hm²，年减少0.62%，2004年耕地面积虽然在统计上为申报粮食主产县，虚扩了10万余亩，但实际面积却是逐年减少的，黑龙江省1980—2000年全省累计耕地面积减少200万hm²，而辽宁省人均耕地由1952年的0.25hm²减少到1996年的0.1hm²（石玉林，2007）。

近年，东北发展水田277.7万hm²，年用水量达到240亿~320亿m³，用水严重浪费，用水效率普遍偏低，农业生产用水的利用率为19%，在全国处于中下水平。农业用水量占用水总量的比重为70.3%左右，灌溉用水利用率仅为42%左右，人均农业灌溉用水为378.71m³/人，高于全国平均水平（346.3m³/人），内蒙古东四盟（市）更高（552.15m³/人），加剧了水资源的紧张状况。

东北地区的化肥利用率、降水利用率停留在30~40%水平上，发达国家已达70%左右。目前，黑龙江省的平均化肥利用率仅为35%，比全国平均水平低5个百分点，比世界农业发达国家低10%，稻田肥料氮素损失率高达50%，旱地氮素损失率达到30%~40%。辽宁省土壤全氮含量亦呈下降趋势，与有机质的变化规律相一致，由1979年的1.02g/kg下降至0.95g/kg，下降6.86%，年递减0.47%。其中水稻土相对下降8.33%，旱地土壤相对下降10.42%~14.61%。东北秸秆资源浪费普遍，黑龙江省只有根茬还田，秸秆基本不还田，玉米、水稻、大豆、小麦的秸秆资源大部分均用于燃料（李焕珍等，1996；曾木祥等，2002）。由于耕作习惯和秸秆还田机械推广力度小，致使农民在秋后和春耕前大面积的焚烧秸秆或将植物秸秆堆放于地头，造成了有机资源的严重浪费，同时对环境也造成了严重的污染。

（二）水土流失严重，农田地力下降

东北地区水土资源粗放利用，导致区域农业生态环境退化，局部地区恶化。东北三省土壤侵蚀面积约有18万km²，占土地总面积的22.7%。其中水蚀面积为154 047km²，以东中部地区为主，主要表现在坡耕地上；风蚀面积为25 518km²，以西部地区为主，主要表现在岗平地上。辽西北、赤峰南部、松嫩平原、中东部山区为主的严重水蚀区，辽宁西北部、吉林西部和科尔沁为主的强烈风蚀区。松嫩平原仅黑龙江省部分耕地严重水土流失面积达200万hm²，耕地年土地侵蚀强度7mm，每年随水土流失损失氮磷2.1~4.2kg，钾4.05亿~8.1亿kg。目前，东北黑土区水土流失面积已达27.59万km²，占黑土区总面积的27.1%。50年间东北地区沙化面积扩大了1.2倍，年均扩展57km²。

长期风蚀、雨蚀与过度不当开发（小型农机耕深不够），造成东北多数农区耕层变浅、耕地地力退化，严重制约着农业生产力提高。每年4—5月正值干旱大风期，表土不同程度地被风刮走，耕层变薄加重，耕层变浅，保水保肥能力下降。据沈阳农业大学对东北玉米主产区36个县（市）的土壤耕层调查表明，该区域的土壤耕作层逐年变浅，耕层厚度平均为12~14cm，其中黑龙江的调查区域最高，耕层平均为14.3cm，吉林、内蒙古东四盟的调查区域耕层平均为13.2cm，辽宁省平均耕层最浅为12.2cm，其中最浅仅为7.0cm左右（图3-1）。

图3-1　东北地区土壤耕层深度分布（cm）（2008年9月）

土壤有机质下降，黑土有机质下降明显，地力普遍衰退。通过调查测算，东北部分黑土区有机质含量由新中国初期的7%~11%下降到3%左右，松嫩平原每年随水土流失损失氮磷2.1~4.2kg，钾4.05亿~8.1亿kg，土壤有机质已有开垦初期的5%~10%，下降到现在的2%~3%。辽宁农科院研究结果表明，经过连续4年地力耗竭，三种土壤（辽南潮棕壤、辽北棕黄土、辽中平原草甸土）有机质下降0.09%~1.35%。东北西部科尔沁沙地50年来土壤有机质比第二次土壤普查时下降了25.4%。由于重用轻养、利用不当造成黑土区有机质的含量和质量下降更为明显。普遍变现为黑土层年减少可达0.4~0.5cm，黑土层由开垦初期的60~70cm减少到20~30cm。据1958年黑龙江省第1次土壤普查资料，黑土有机质含量在4%~6%，高的达到8%以上。据1990年完成的黑龙江省第2次土壤普查资料，黑土有机质含量为3%~5%，水土流失严重的地方已经下降到2%以下，黑龙江克山县黑土的有机质含量已由过去的7%~8%下降到4%~5%，全氮含量由0.4%~0.6%下降到0.25%~0.3%，而且还有继续下降的趋势。连续多年不施肥，土壤基础肥力的无限耗竭不仅表现在土壤有机质的消耗，而且反映出有机质变劣（颜丽等，2004）。

东北中部地区为粮食主产区和高产区，肥料施用量低于全国平均水平。多数地区不施用有机肥或投入不足，造成有机质含量下降，土壤理化性质变差，土壤持续生产能力衰退，粮田平均每亩有机肥用量不足1 000kg。而在化肥的投入方面，东北地区普遍存在利用率低，氮磷钾配合施用低，化肥平均用量（有效成分）只有185kg/hm²，低于全国350kg/hm²，其中，氮肥的利用率为30%左右，磷肥的利用率仅10%~20%。注重化肥与有机肥配合施用，提高土壤有机质含量，增强农业发展后劲及抗逆能力。据在吉林德惠9年的定位监测，每公顷施30t优质农肥加氮磷化肥比单施化肥区增产8%~15.2%。

（三）水资源利用率不高，开发利用效率偏低

东北三省水资源总量为1 529亿m³，占全国水资源总量的5%左右，平均水资源量为9 399m³/hm²，相当于全国平均量的31.7%，并且时空分布不均，并且存在东北三省中辽宁缺水最为严重，全省耕地水资源量仅为7 200m³/hm²，为东北三省平均数的76.6%。

据相关统计资料表明，2003年东北地区综合耗水率为57%，总耗水量为311.77亿m³，其中三江平原水资源利用率不到10%，松嫩平原也只有20%~50%。东北地区农业节水灌溉技术措施推广缓慢，由于跑、冒、渗、漏和大水漫灌，有60%~70%的农用水未被有效利用，而灌溉耗水量最大，占总耗水量的71.3%，农田灌溉水利用效率不足30%，是我国灌溉率较低地区，长期以来农业灌溉用水主要依靠开采地下水，造成地下水位持续下降。农业服务的中小型地表水调控设施不完备，调配能力不强，导致农业用水效率普遍偏低。东北西部干旱地区人均水资源量只相当于全国人均水平的1/4，降水波动大，蒸发量大，丰枯年粮食总产量变率高达45%以上，水分限制粮食生产的稳定性，由于旱作节水农业技术认识与推广不足，导致水资源利用效率偏低。

第二节　东北地区粮食生产现状与潜力

东北地区作为全国最为重要的商品粮基地，粮食生产发展较快，规模化、商品化程度较高，是我国重要的商品粮和饲料粮生产基地。

一、东北地区粮食生产现状

（一）以粮食生产为基础产业和优势产业

东北地区粮食主产区主要分布在松嫩、三江、辽河三大平原地区，具有发展农业商品基地的良好基础条件，粮食播种面积占耕地面积的80%以上，粮食常年产量6 000万~7 000万t，占到全国粮食总产量的15%左右，粮食综合生产能力达到6 500万t，其中黑龙江省为3 000万t，吉林省为2 000万t，辽宁省为1 500万t，每年为国家提供商品粮达330亿~340亿kg，占全国商品粮的1/3左右。粮食生产作为东北的基础产业，在我国粮食安全保障体系中占有重要战略地位。

东北地区粮食产量不断提高，区际商品粮生产占重要地位。2008年东北地区（不含内蒙古东四盟）的粮食产量达到892.5亿kg，比2007年增加67.1kg，占全国粮食总产量的16.9%，其中黑龙江、吉林、辽宁粮食产量分别达到422.5亿kg、284亿kg、186亿kg，区内粮食人均占有量为673.4kg，分别较全国人均占有量的340kg、黄淮海地区的370kg和长江中下游地区的340kg高250kg。全区粮食区际商品率40.6%，黑龙江、吉林则分别达51%和55.1%，若包括提供区内商品粮，吉林、黑龙江的粮食商品率高达70%以上，国有农场达85%。粮食生产大县、大户、专业户越来越多，区内粮食生产大县的农户总收入70%来自于粮食收入，2005—2007年黑龙江省农民的人均纯收入6 671元中有65.3%（4 353元）来自粮食收入。东北地区第一产业增加值占到地区生产总值的13%，而粮食生产又占到第一产业的70%左右，粮食生产已成为东北地区的优势产业（陈印军，2009）。

（二）种植结构单一，抗灾能力低下

东北粮食种植主要以玉米为主，其次是水稻和大豆，玉米、水稻、大豆产量分别占东北粮食总产量的55.5%、28.6%和9.1%（表3-4），水稻播种面积占总播种面积的17.71%，产量占东北三省粮食总产的28.93%，仅次于玉米，高于大豆，单产居各类粮食作物之首。黑龙江省水稻、玉米、大豆的播种面积都呈现出不同程度的增长，三种作物2007年播种面积分别为225.3万hm²、388.4万hm²、380.9万hm²，比1980年分别增长为204.3万hm²、200.0万hm²、217.9万hm²，增幅依次为972.9%、106.2%、133.7%。吉林省2008年大豆播种面积为781.52万/667m³，比2007年增长17.12%，占粮食作物播种面积的11.98%；玉米播种面积为4 289.55万/667m³，比2007年增长0.2%，占粮

食作物播种面积的65.77%。水稻播种面积预计为994.79万/亩，比2007年下降1%，占粮食作物播种面积的15.25%。辽宁省水稻与玉米种植面积占谷物种植面积的比重达到了92.3%。其中：水稻种植面积预计在988万亩左右，与2008年持平；玉米种植面积预计增长4.3%，全省将增加122万/亩以上，种植面积在2 949万/亩左右。此外，辽宁随着杂粮加工产业的发展壮大，对谷子、高粱、绿豆等的需求量不断扩大，种植效益大幅提高，受此影响，谷子种植面积增加9万亩，预计将达到123万亩；高粱种植面积增加26万亩，预计将达到135万亩。

表3-4　东北粮食产量构成情况　　　　　　　　　　（单位：万t，%）

地区	粮食产量	粮食产量构成					
		水稻	玉米	大豆	高粱	谷子	其他
全国	49 436.9	37.0	29.5	3.0	0.4	0.3	2.2
东北	7 654.0	28.6	55.5	9.1	1.5	0.4	1.6

注：2005—2007年三年平均值为基数计算而得（陈印军）

东北粮食生产抗灾能力差，造成年际产量大幅度波动变化。干旱、洪涝及低温冻害是影响东北三省粮食生产的主要灾害，一般性灾害造成粮食减产可达500多万t，灌溉条件的滞后加剧了旱灾减产，目前东北地区有效灌溉面积仅占耕地面积的1/5左右，远低于全国平均水平。黑龙江省的谷物产量在二十世纪八九十年代多次波动，玉米单产降幅达到600kg/hm^2；吉林省在连旱的2002年、2003年成灾面积分别达到151万hm^{2}和173万hm^2；辽宁省1978—2002年粮豆成灾面积超过100万hm^2，成灾面积中绝大部分减产都在三成以上。

（三）机械化生产程度较高

东北地区耕地平坦连片，人均耕地经营规模较大，适合大规模机械化作业生产，是我国农业机械化程度最高的地区，农业机械对粮食增产效果也最为明显。1998年黑龙江省农民家庭人均经营耕地面积就已达到0.55hm^2，远远高于全国的0.137hm^2。与其他省份相比大型农机较多，在灭茬、整地、播种（水稻为插秧）、耥地、机收等主要作业面积较大，机械化程度水平高（表3-5）。农业机械总动力从2000年的4 493.76万kw增长到2006年的7 161.31万kW，增长59.36%。其中，黑龙江省农业机械总动力最高，其次为辽宁、吉林和内蒙古东四盟地区，黑龙江农垦系统的机械化程度已经超过了90%。黑龙江、吉林、辽宁大中型拖拉机及配套机具数量在全国排序分别为3、8、9

和2、7、9（高连兴等，2001）。

2006年辽宁、吉林、黑龙江和内蒙古东四盟地区农业机械总动力较2000年分别增长了48.93%、75.32%、59.29%、59.17%，平均年增长率为8.15%、12.54%、9.88%、9.86%。吉林增幅最快，其次为黑龙江、内蒙古东部地区和辽宁。但在东北一般农业区，机械化程度在50%左右，由于粮食种植劳动力成本上升，今后一段时期，农业机械化的程度会得到较快提高。近年来，东北地区部分农村在自愿的基础上，组成了很多机械化的农业合作社，购置大型农机具，进行机械化耕作生产，实现农机规模化作业。

表3-5　东北三省机耕、机播、机收等主要作业机械化水平（1998）

（单位：万hm²，%）

地区	机耕面积	机耕水平	机播面积	机播水平	机插水稻	机收面积	机收水平
黑龙江	832.39	9.07	647.37	7.04	51.40	10.313	3.88
吉林	199.66	5.04	236.59	5.83	30.50	6.40	0.16
辽宁	318.07	9.4	183.75	5.06	5.35	20.56	0.57
全国	6 005.29	63.1	3 835.84	3.47	94.17	2 342.54	1.51

二、东北粮食生产未来需求

（一）调整种植结构，注重基地布局

根据东北农业资源禀赋和国家相关方针政策，对东北地区粮食生产结构调整思路为：稳定提高大豆、玉米产量，重点发展水稻，适度恢复杂粮作物种植面积。按因地制宜、发挥优势、突出特色、提高效益的原则，适当减少普通玉米品种种植面积，增加专用型玉米种植面积；坚持发展非转基因高油大豆，提高品种和标准化水平；加速发展优质粳稻生产，扩大优势稻种覆盖面积；利用杂粮耐寒耐瘠薄的特点，加快杂粮作物品种和技术更新，积极拓展国内外市场。

专用玉米优势区应主要集中在松嫩平原黑土区域和内蒙古的西辽河平原；高油大豆可在三江平原、松嫩平原、内蒙古东四盟和吉林中部、辽河平原地区；优质水稻基地主要分布在三江平原、吉林中东部、辽东中南地区、嫩江流域地区；杂粮作物则主要布局在东北西部，逐步形成标准化、产业化杂粮生产基地。优化种植结构，调整基地布局，逐步形成区域化、专业化、规模化的粮食产业带，满足东北粮食生产未来需求。

（二）发挥水稻区域优势，提高粳稻综合生产力

北方粳稻品种质量高于南方籼稻，而北方尤其是东北地区的生态条件更有利于粳稻生产，东北粳稻历来以高产优质著称。目前，北方粳稻种植面积大约为8 000万亩，其中东北稻区约4 500万亩，占北方的55%，占全国的10.2%。近年来，粳稻价格持续走高，稻农种稻积极性高涨，东北水稻种植面积将进一步扩大。2002年东北三省总产量达169.7亿kg，占全国的9.7%。东北地区提高水稻单产和扩大面积潜力都较大，目前水稻高产田平均单产可达到9 000kg/hm²，而超级稻品种可达10 500~12 000kg/hm²，当前水稻产量可平均提高1 200kg/hm²，均衡生产是增加东北水稻产量的发展方向。

根据东北三省水稻专家估计，未来三省水稻面积应能扩展到5 500万~6 000万亩（其中辽宁约1 100万亩，吉林1 200万亩，黑龙江约3 500万亩）。根据东北地区现有水资源的条件，主要是布局在三江平原与松嫩平原，三江平原通过旱改水技术措施可增加约1 000万亩水稻面积，松嫩平原采取水稻节水种植技术后，还能扩大上百万亩的稻田。东北地区通过培育并推广新的抗逆、优质、节水型超级稻品种，还可进一步提高品种的生产潜力，近年一些超级稻品种（沈农265、沈农606）在辽宁和吉林种植面积已达到100万亩，大面积亩产已达到700kg，在未来几年，东北水稻平均单产将提高到525kg/亩。提高粳稻的综合生产能力，通过积极引导和发展水稻标准化、产业化生产，可形成东北农业新兴产业，培育重点龙头农业企业，既可以保证农业经济效益，又可保障国家粮食安全。

三、东北地区粮食增产潜力

东北地区粮食增产潜力关键在于提高单产，扩大耕地面积也有一定潜力，但增加播种面积的可能很小。根据相关气象等资料，依据光温生产潜力计算方法，东北地区主要粮食作物水稻、玉米、大豆光温生产潜力分别约为1 200kg/亩、1 650kg/亩、700kg/亩。按照近10年来的主要粮食作物统计单产，水稻、玉米、大豆单产分别约为380kg/亩、450kg/亩、110kg/亩，仅占到光温生产潜力的20%~30%，从目前粮食高产纪录来看（表3-6），水稻、玉米、大豆单产分别达到800kg/亩、1 000kg/亩、300kg/亩，达到光温生产潜力的50%~70%。根据相关预测，2030年水稻、玉米、大豆单产较目前水平将有较大提高（表3-7）。

表3-6　东北地区主要粮食作物实际产量与高产纪录　（单位：kg/亩）

省（自治区）	水稻	玉米	大豆
黑龙江	392	331	119
吉林	465	421	149
辽宁	485	373	106
内蒙古东四盟（市）	365	304	64
高产纪录	800	1 000	300

表3-7　2030年东北地区主要粮食作物单产预测　（单位：kg/亩）

年份	水稻	玉米	大豆	粮食
2030	654	595	162	470

　　通过合理开发利用后备土地资源、优化水土资源配置，以及加强社会、经济、技术等政策调控，东北将可能成为我国粮食增产潜力最大的地区之一，而干旱缺水与农田肥力的影响最为直接。参照国家有关部门的预测，结合分析荒地的生产潜力、适宜性、和改造利用的难易程度，对荒地的宜农的适宜性进行统计评价，全区宜农荒地计206.1万hm²。2030年耕地面积将达到35 319万亩，播种面积31 849万亩，有效灌溉面积达到11 811万亩，其中水田6 364万亩，农田灌溉需水量为495亿m³。从东北地区农业发展目标以及粮食需求分析，未来东北地区农田灌溉面积将有所增加，农业用水量将增加，目前本地区农业用水效率较低，农业节水潜力较大，通过节水技术水平的不断提高，有可能抵消因新发展灌溉面积增加的需水量。东北地区的化肥施用量低于全国平均水平。如按1996年本区平均施肥量为201kg/hm²，较全国平均施肥量低46.6%，一定范围内粮食总产随着化肥施用量的增加而增加。因此，本区增加化肥投入仍处于报酬递增阶段，每千克纯化肥平均增产粮食数按近10年统计，黑龙江、吉林、辽宁分别为4.3kg、4.1kg和4.0kg。依此推算，如果2030年增加化肥投入量259.4万t，东北可增产粮食约107.8亿kg。参照国家有关部门与科研单位的预测数据，据有关研究预测，若按人均需求粮食400kg测算，到2030年可满足1.67亿~1.85亿人的需求，即东北地区提供的商品粮可满足我国未来50%新增人口的需求。

第三节 东北地区培肥节水型农作制途径

针对东北地区地力退化与农业用水紧缺的问题，围绕农业资源节约与持续高效利用，加快实现从传统的粗放型农业向现代集约高效农业转变，重点构建东北新型资源节约型农作制度，最大限度提高资源利用效率，全面协调农业生产与资源承载的关系，走"资源节约型"的内涵式发展道路，这是发挥东北地区粮食增产潜力的根本途径。

一、东北地区地力培育型农作制途径

东北地区地力培育应在研究保持和增加土壤肥力技术措施的基础上，注重构建地力培育型制度性技术，应重点突出以下几方面内容：筛选培肥性作物品种，注重绿肥与作物轮作、间套作的培肥地力的效果，构建地力培育型种植制度；通过多种耕作技术的集成，有效调节土壤物理结构，建立持续地力保育耕作制度；地力提升技术研究，集成秸秆还田与根茬利用技术，增加土壤有机质与蓄肥能力，提高耕地综合生产能力。

（一）构建绿肥种植制度

土壤肥力下降是粮食增产的主要限制因素，种植绿肥可以有效提高土壤肥力。绿肥是一种完全的优质生物肥料源，以其特有的生物富集性、生物覆盖性、生物适应性，在供应养分、改良土壤等方面发挥重要的作用（李庆祥等，1981）。在种植绿肥前应要按不同作物的需肥特点，合理安排好绿肥的品种结构，如接种根瘤菌、施用生物磷钾肥等；如在黑龙江省的休闲地和肥力瘠薄的地块（特别是在农牧结合地区结合采草、放牧，实行粮草轮作，更为适宜），种植草木樨等绿肥，根茬翻压后作可增产粮食30%~50%，后作增产幅度大，在草木樨（或草木樨根茬）翻压同时，施入一定量的氮肥，以降低草木樨生物降解时的C/N。

在东北耕地、有机肥资源比较紧张的情况下，种植大豆可有效地培肥地力，这是因为大豆的根系比较深广且与根瘤菌共生，而根瘤菌具有生物固氮功能，加之生物量较小，对土壤养分消耗较少，因此大豆茬口对后作来讲是"肥口"，但对于其自身连作会产生"自毒"效应，"连作障碍"引起的减产幅度可达11%~35%。黑龙江省是我国大豆主要种植区，2009年大豆种植面积达7 294万亩，在黑龙江省东部和北部大豆种植区，针对当地雨热特点，实施麦—麦—豆轮作制度，可明显改善大豆的重迎茬问题（杨起等，2002），

虽然最近几年受小麦面积减少的影响，但每年仍然可保证300万亩左右的应用面积。

在黑龙江和吉林黑土区实施玉米—草木樨间作可增加土壤养分含量，有效地提高土壤地力水平。玉米—草木樨间种轮作三年后（1986—1988年）土壤有机质贮量在2∶1和4∶2间种区分别较清种区增加0.178%和0.197%。2∶1型间种轮作三年后，土壤速效氮、速效磷、速效钾含量分别净增21.8mg/kg、20.5mg/kg、24.8mg/kg；4∶2型间种轮作三年后，土壤速效氮、速效磷、速效钾含量分别净增15.1mg/kg、5.0mg/kg、21.9mg/kg。玉米和草木樨间种轮作使土壤速效养分和全量养分都有所增加，从而改善土壤营养状况，增加土壤肥力，玉米—草木樨间种轮作模式是培肥地力的良好措施（李春景等，1987）。

（二）建立地力培育型耕作制度

耕整土地是调节土壤结构、培肥地力的根本措施，是高产土壤的重要条件。选择合适的耕作措施，能够改善土壤耕层和地面状况，增加土壤透气透水性，提高耕层内微生物活动能力，增加有机质含量，协调土壤的水肥气热矛盾，促进有机质和养料转化，持续提高作物产量。东北适宜地区采取深松、旋耕、少免耕等耕作技术，并与其他技术措施（轮作、秸秆还田等）相结合，是东北地区培肥地力、促进农业可持续发展的重要保障。

深松可使土体破碎、松散并形成小土团，打破犁底层，但应适当配合使用农家肥，使有机胶体和无机胶体结合才可形成稳固、松散、多孔的团粒结构。深松0~30cm区较对照区土壤容重可下降0.11g/m³，总孔隙度增加2.95%，三相比中气态增加6.91%，液态减少3.64%。近年，随着耕作技术的不断发展和完善，又出现了以深松为主体的间隔深松技术。

旋耕整地土壤疏松，根茬可被旋耕机打碎混入土中直接还田，提高土壤有机质含量，利于土壤培肥。据黑龙江省胜利村调查结果，每平方米内7~10cm大土块数，耕翻地和旋耕地分别为8~11个和2~2.5个；10cm以上大土块耕翻地为5~6个，旋耕地则没有。旋耕可降低土壤容重，使耕层上部疏松，下部紧实，通气性好，加强了土壤与空气的气体交换过程，提高地温；旋耕整地一次作业即可达到播种状态，保肥效果好。在黑龙江省宁姜乡光明村调查，0~20cm土壤容重，旋耕比耕翻减少0.06~0.08g/cm³，而在18~22cm土层中两者容重相同，5月旋耕比耕翻0~5cm土层地温平均增加0.7~1.0℃，8~12cm土层平均增加0.2~0.8℃。不同类型土壤进行旋耕后，作物产量均有提升。而在碳酸盐黑钙土上，旋耕比耕翻玉米增产956kg/hm²，旋耕大豆平均增产302kg/hm², 在黄沙土上旋耕玉米平均增产905kg/hm², 大豆旋耕比耕翻平均增产248kg/hm²。

在东北生态脆弱地区, 由于翻耕使土壤有机质裸露, 采用少免耕措施可减少土壤有机质的损失。免耕是不翻动表土, 并全年在土壤表面留下足以保护土壤的作物残茬的耕作方式不耕不耙, 以化学除草代替机械除草, 其主要技术内容包括残茬覆盖、免耕播种、化学除草、改追肥为基肥。在公主岭黑土区, 采用免耕技术20年的玉米产量为9 015kg/hm², 比连耕20年的产量8 649.4kg/hm²增产4.23%~4.29%, 增产极显著。20年中: 有16年是增产的, 增幅为0.64%~13.94%, 占试验年数的80%; 减产的4年, 减产幅度为1.64%~4.58%。

(三) 适当采用秸秆还田技术

农田土壤有机质每年都在矿化释放养分, 需要每年有新鲜有机质补充以保证有机质和地力的平衡, 秸秆还田是补充有机质、增加土壤肥力的一项重要手段。美国、日本等农业发达国家都在秸秆还田技术上做了大量工作, 美国把秸秆还田当作一项基本农作制度, 定期实施秸秆还田; 日本把秸秆还田作为农业生产中的法律去执行。秸秆中含有大量的有机质和矿质养分, 可改良土壤物理结构, 增加土壤微生物数量, 直接增加土壤养分含量, 促进作物增产, 是节本增效、培肥地力的良好方式, 在东北适宜地区采取秸秆还田技术是保持和提高土壤肥力的战略性技术措施。

土壤水分、容重、孔隙度及土壤结构状况等物理性状是决定土壤水肥气热四大肥力因素能否相互协调, 以满足作物正常生长发育需要的重要因素。辽宁省农业科学院连续三年的试验结果表明: 在0.25~0.05mm粒级的微团聚体数量上, 施用根茬、秸秆的均高于对照, 增加秸秆的还田量后, 土壤微团聚体数量增幅明显。根茬、秸秆还田还在改善土壤结构、降低容重、增加孔隙度尤其是增加通气孔隙度方面具有较明显的作用。黑龙江连续两年玉米根茬全部灭茬留地较全部刨出的田间持水量增加3.9%, 土壤容重降低0.13g/cm³。根茬还田增加了土壤0.25~2mm团粒结构的数量, 提高土壤增肥和保肥性能。

玉米根茬还田是秸秆还田的主要形式, 同时配合施用适当化肥, 可增加土壤有机质等养分的含量。在辽北地区棕黄土上表现尤为突出, 连续四年根茬与化肥配施, 土壤有机质提高6.85%。吉林省、黑龙江省黑土区连续秸秆还田3年后, 耕层土壤有机质2001年比1999年提高了0.47%, 速效和全效养分均有所提高(颜丽等, 2004)。玉米根茬还田对土壤全量和速效养分都有不同程度的增加，从长远角度来看，对土壤培肥具有重要意义。

与单施化肥的相比，秸秆还田的玉米在经济系数、产量性状上均有不同程度增加，不同还田形式效果差异不大。吉林省农业科学院研究表明，高茬还田、粉碎还田、覆盖还田的经济系数、单产等指标均高于对照，其中高茬还田提高了11.2%，粉碎还田提高了11.0%，覆盖还田提高了13.1%。黑龙江省农业科学院研究表明玉米机械灭茬还田有明显的增产作用，由于玉米根茬全部留地和灭茬机对土壤的耕作较刨除根茬有明显的优势，在施肥、栽培技术与作物品种完全相同条件下可增产9.6%~11.8%。秸秆还田这是一项简便易行的培肥增产技术措施。

（四）科学施用有机肥料

稳定东北地区的粮食生产必须建立在耕地肥力持续发展的基础上，而增施有机肥是培肥土壤，提高地力的一项有效措施。科学施用有机肥料（俗称农家肥）改良土壤理化性质，增加土壤孔隙度、增大土壤库容、直接增加土壤有机质含量、土壤微生物种群及酶活性，增强土壤蓄水、保肥能力、增强作物抗逆性、提高作物产量起到重要作用。

施用有机肥，促进土壤结构体形成，土壤表面有机胶体增加，大大提高了土壤的吸附表面，促使土壤颗粒胶结起来，形成稳定的团聚体，增强了土壤的缓冲能力，提高了土壤的保水、保肥性能，维持和提高了地力。秸秆腐解产物可抑制病原孢子发芽，提高作物抗病性能。辽宁省农业科学院在棕黄土和草甸土上的试验表明，玉米秸秆、牛粪、猪粪、草木樨在旱地上经一年后的腐解残留率分别为33.0%、31.0%、19%~28%、20%。残留物中氮有利于土壤库的氮储备，其有效氮一般高于土壤氮。各种有机物料对土壤库中碳、氮的贡献远大于化肥氮。施入半腐熟秸秆培肥后，0~20cm土壤中有机质平均每年积累0.9g/kg，20~40cm土壤中积累0.23克/kg，比施用化肥培肥的分别增高280.3%和70.2%，氮、磷、钾积累值也较高，许多长期定位试验结果也对有机肥增加土壤库容及通量提供了有力的证据。

施用有机肥料（作物秸秆、猪厩肥）对作物产量影响很大，在等氮、磷养分投入的情况下，施用氮、磷化肥虽可获得较高的生物产量，但是籽粒产量却较有机肥的低8%~15%，这充分说明施用有机肥不仅可以提高作物产量，而且可以使作物对土壤养分的利用更趋合理、经济。施用有机肥料对玉米产量的影响（6年平均）：不施肥产量177.5kg/亩，施用氮、磷化肥的产量446.0kg/亩，猪粪＋氮、磷化肥的产量464.0kg/亩，秸秆＋氮、磷化肥的产量460.0kg/亩。辽宁省农业科学院经多年试验表明，施用农家肥的地块耕层土壤容重比不施农肥地块的降低0.03~0.1g/cm^3，孔隙度增加0.1%~3.7%，有机质增加5~6g/kg，玉米产量增加10.3%以上。在辽西地区玉米生产中，有机肥应结合秋整地施入，用量一般为30~45t/hm^2。

二、东北地区节水型农作制途径

东北地区节水型农作制度应最大限度提高水分利用效率，坚持开源节流相结合，注重构建节水型制度性技术，重点突出以下几方面内容：节水型种植制度研究，选择耐旱节水的作物品种，明确不同作物水分利用规律，研究优化作物节水型布局与种植结构；建立合理节水型耕作制度，通过多种耕作技术的集成，有效调节土壤物理结构，提高农田蓄水、储水能力；水分利用效率提升技术研究，集成覆盖保墒、微集水等技术模式，减少无效蒸发，提高作物水分利用效率，最大限度提高土地生产力；土壤水分化学调控技术研究；节水灌溉技术包括非充分灌溉技术等。

（一）优化节水种植结构

东北地区水资源制约因素使粮食持续增产的难度加大，农业水资源供需矛盾日益凸显，给农业的发展及种植结构调整对水资源供给提出较高要求，构建符合当地水资源条件相适应的种植结构和制度成为缓解本区水资源短缺的重要途径。根据不同作物、不同品种作物需水特点，按照降水、地表、地下水资源时空分布特征，选择作物需水与降水耦合度好、水分利用效率高的作物品种与类型，调整与优化节水种植结构，探索与制定节水种植制度，进行作物物种间、品种间水资源配置，最大限度发挥区域资源优势，实现农业水资源高效、持续利用（逢焕成等，2008）。

耐旱节水品种对适应干旱气候，提高有限降水利用效率作用尤为明显，有限的耐旱节水品种限制了水资源的高效利用和粮食生产潜力。由于干旱地区农业设施与农业技术落后，作物品种更新缓慢，在东北半干旱地区应通过筛选水分利用效率高的耐旱作物品种，来优化节水种植结构。对于优良耐旱高产品种的选用，是挖掘水分生产潜力的关键措施，品种的选择是优化节水种植结构的基础。

针对各节水农业类型区特点，因地制宜，通过选择耗水量低的作物和品种，减少农业生产总需水量；选择适当的种植制度，在作物整个生长季节中，依靠区域可用的水资源，能够获取更多的粮食。建立不同农业类型区优先发展适合当地的农业节水模式。如三江、松嫩和辽河中下游平原区的水田节水高效种植模式，东部低山丘陵区的集雨节灌高效种植模式，西部风沙干旱区的节水高效种植模式等类型。

　　从东北农业种植制度看，水分利用效率低的水稻主要分布于辽宁、黑龙江两省，中等水分利用效率的大豆主要分布在黑龙江省，水分利用效率较高的玉米主要种植于吉林省。目前农业生产条件下，东北地区水资源相对充足的地区大部分分布于国界线附近的山区，中西部平原地区缺水明显，特别是耕地扩大潜力较大的东北西部地区。在一些依靠深层地下水灌溉的严重缺水地区，如辽河中下游平原部分地区，仍大量种植高耗水、低产值的农作物，高耗水作物所占比重大，耐旱作物种植比例低，高耗水型作物结构与区域水资源支持力度不匹配。东北地区水资源可持续能力最弱和较弱的地区分布在东北区西部和辽南地区；一般的地区分布在黑龙江、吉林东部、松嫩平原和辽中地区，一般区位于吉林东南部山区、辽宁东部低山丘陵区、黑龙江中东部地区，包括：丹东、抚顺、本溪、通辽、四平、牡丹江、伊春等。由此认为区域在作物布局中应将高耗水量、高效益的蔬菜、水稻、水果等作物布置在水资源可持续能力最强或较强的地区种植；水资源可持续能力最弱或较弱地区适宜种植花生、谷子、杂粮（绿豆、小豆等）、仁用杏、花生、玉米等水分利用效率高、耐旱性较强、与降水耦合度好的作物及品种，限制种植水稻、蔬菜等高耗水量作物；水资源可持续能力一般的地区适宜种植玉米等水分利用效率较高的作物；适当种植水稻、蔬菜等高耗水量作物。西部发展耐旱作物，推广林粮复合生态种植模式；东部宜适度发展灌溉面积，提高粮食产量，同时，东部山区发展梯田种植水稻，还可防止水田流失，从而提高全区水资源对农业高产稳产的支撑能力。随着东北农业用水资源稀缺程度的提高，应逐步建立并完善东北节水种植结构，实现农业水资源的可持续利用和开发，为保障国家粮食安全提供有利支撑。

　　（二）采用蓄水保墒耕作技术

　　东北地区冬春初夏干旱发生频率高，降水量相对集中的地区，易形成地表径流，加重土壤水蚀，采取有效耕作技术措施，把有限的降水资源最大限度的保蓄存储起来，是提高水资源利用率的有效措施。蓄水保墒使土壤能够蓄纳天然降水（蓄水），并抑制土壤水分蒸发（保墒），使蓄存于土壤中的水分能更多地用于作物的生长。研究表明，分层深松可以减少深松作业对作物根系的损伤，有利于根系充分吸收水分，还有利于平衡土壤水分。蓄水保墒耕作主要技术内容包括深耕保墒、耙糖保墒、镇压提墒、中耕保墒、深耕、深种和深锄等。同时，集成合理轮作、科学施肥等配套技术措施达到节水增产的效果。

其中深松技术既可以作为秋季和伏前作物收获后的主要耕作措施，也可以用春播前的耕地、休闲地松土、中耕蓄水等。深松可以打破犁底层，增加土壤孔隙度和渗透强度，利于减轻土壤径流，较多地吸纳、蓄存伏雨和秋冬雨雪，增加土壤的有效蓄水量，对作物后期灌浆极为有利；深松增加土壤含水量，随耕层加深逐渐递增，深松利于水分下渗；深松还可改善作物根系生长条件，根系粗壮、下扎较深、分布优化，有利于吸收深层土壤的水分和养分，提高抗旱抗倒伏能力。根据吉林省西部干旱特点，洮南市1997年秋季深松的0~50cm耕层平均含水量增加0.15%~3.16%，30~50cm耕层含水量增加2%~4%，特别在春秋两季含水量增加明显；而降水发生后，未深松的20~30cm耕层含水量较0~20cm耕层明显减少，而深松的基本一样或略高，表明深松利于水分下渗，深松平作蓄水效果更明显。在东北西部的通辽地区采用振动松土技术，在降水强度较大的条件下，0~60cm土壤含水率在雨后有较大幅度的提高，而未使用该项技术的对照水平梯田和坡田0~60cm土壤含水率分别提高4.6%和4.1%，振动松土技术全面疏松了耕作层，增加了土壤的孔隙度，提高了土壤的蓄水能力。东北地区适时采用深松等蓄水保墒技术可贮盈补缺，缓解降水与作物需水的矛盾，在一定程度上保证干旱地区水分供应条件提高降水资源利用效率，有效保证作物产量。

（三）充分利用农田微集水技术

降水是东北西部地区农田水分的主要来源，微集水技术减少地表径流，弥补农田水分不足，把较大范围上的降水汇集到小面积农田，它适用于缺乏径流源或远离产流区的旱平地和缓坡旱地，基本原理是为避免降水在集水区就地入渗，通过在田间修筑沟垄，垄面覆膜，实现降水由垄面（集水区）向沟内（种植区）的汇集，集水区和种植区的宽窄可依照作物需水特性及降水等因素而定，微集水技术改善了作物水分供应状况，是充分利用降水资源提高水分利用效率的有效途径。

不同地区，农田微集水技术因集水时间、覆盖措施、技术组合措施等不同表现出不同形式。东北西部半干旱的阜新地区，主要依靠天然降水，如何收集和提高有限降水利用效率具有重要意义，采用二元覆盖微集水技术模式的土壤含水量明显高于传统未集水技术模式，在玉米整个生育中，垄上覆膜沟内覆膜、垄上覆膜沟内覆草、垄上覆膜沟内种植平均土壤含水量分别比传统模式提高2.38%、1.71%和1.43%，微集水种植玉米产量及水分利用效率达到显著水平，尤以垄上覆膜沟内覆膜和垄上覆膜沟内覆草增产幅度大。在不同降水年型，微集雨种植水分利用效率提高幅度不同，在丰水年份水分利用效率提高幅度要小些，垄上覆膜沟内覆草、垄上覆膜沟内覆膜和垄上覆膜沟内种植分别比传统种植模式提高28.53%、22.86%和14.96%。在干旱年份或平水年份，水分利用效率提高幅度较大，该技术模式在辽西地区大面积示范推广，成效显著。

（四）选择利用覆盖技术

东北地区旱田土壤水分的主要来源是降水，降水渗入土壤的水分由于无效蒸发而白白损失，降低了水分利用效率，覆盖技术是提高水资源利用效率的一项重要技术。由于覆盖方式不同，包括秸秆覆盖、地膜覆盖、根茬覆盖等不同形式，利用地膜、秸秆等覆盖物有效控制无效蒸发，提高水分利用效率，促进作物增产，已成为东北旱区确保粮食安全的重要技术。地膜覆盖一方面可形成高效集水面，使降水从有地膜覆盖的集水区向未覆盖的渗水区汇集，向土壤深层入渗；另一方面地表覆盖后形成一层不透水的物理间隔，切断土壤蒸发面与大气之间的水分交换通道，土壤水分蒸发受阻，不断蒸发的水汽遇地膜后凝结并附着在地膜下表面，后回落到土壤并入渗。地膜覆盖减少了土壤水分的变化波动，维持了土壤相对较高的水分状况，已成为东北地区一项重大的保水、节水、增温、增产的实用技术。

地膜覆盖按覆盖位置主要采用行间与行上覆膜，按覆盖时间可主要采用秋覆膜与春覆膜，覆膜处理增产的主要原因是增加玉米穗重。其中东北地区以行间覆膜处理为最佳，不同覆膜方式对土壤水分的利用效率不同，以行间覆膜处理水分利用效率为最高，为31.68kg/mm·hm^2，说明行间覆膜在增加产量的同时，也提高了土壤水分的利用效率。另外行上覆膜处理需放苗，而行间覆膜具推广应用价值，尤其适合在东北地区推广。

在辽宁西部半干旱的阜新、朝阳地区，季节降水分布不均，春季降水保证率偏低，因春旱常不能适时播种或缺苗严重，对于秋季降水较多的年型，易造成土壤水分大量无效蒸发损失，采用秋覆膜后，可将大量降水保蓄在土壤之中，防止跑墒，提高翌年春季播前土壤含水量，研究表明，春播前耕层5cm、10cm、15cm、20cm土壤含水量，秋后覆膜比对照分别提高158%、68%、76%、44%。秋后覆膜能够加快出苗并提高出苗率，播种后第10d和第15d的出苗率覆膜处理比未覆膜的对照分别高出51.7%和39.8%，相对于传统种植方法，秋后覆膜玉米产量可提高13.4%，可达11 730kg/hm^2，水分利用效率达到2.1kg/m^3，较对照提高1.5kg/m^3，节水抗旱效果显著。

（五）施用合适的保水剂

保水剂是节水农业生产一项重要的辅助技术。保水剂可增强土壤吸水能力，降低水分无效蒸发，增强作物抗旱能力，而且使用方便，技术易于掌握，综合经济效益较高。多年来的实践表明，保水剂对土壤、作物的水分消耗具有良好的化学调控作用，保水剂溶胀比大，吸水、保水能力强，释水性好，供水期长，可作为种子包衣剂或地表直接使用，既可作为单项关键技术应用，又可与其他节水技术集成配套，显著提高作物出苗率，促进作物生长发育，促进作物稳产增产，合理使用保水剂是提高农田水分利用效率的重要途径之一。

保水剂普遍应用在东北西部干旱地区，在内蒙古兴安盟地区的试验研究表明，苗期施用保水剂可保证出苗率，施用博亚保水拌种粉、伊森抗旱王和长安沃特保水剂玉米出苗率分别达到94.4%、94.6%、94.2%，比对照分别提高1.0%、1.2%、0.8%，同时，保水剂对玉米均表现出明显的增产效果，增产率在7%~10%，水分生产效率有一定提高，比对照提高0.09kg/mm。保水剂对玉米的出苗、营养生长、产量以及水分生产效率均产生明显影响，可以作为抗旱保苗技术选用关键技术。保水剂具有用量少、价格低、操作简便的特点，结合当地气候、土壤、作物等条件，选择适宜的保水剂是提高水分利用效率、提高作物稳产能力的有效途径。

（六）采取节水灌溉技术

东北地区旱田比例大，大部分旱地由于水资源亏缺而造成产量不稳定，充分利用天然降水满足作物对水的需求的前提下，优化调配开发利用各种可利用于灌溉的水资源，减少田间输水过程中损失和田间灌水过程中的损失浪费，是提高水资源的利用效率的重要途径之一。节水灌溉技术农业措施主要按田块各部位土壤土层不同和作物生育期不同的生理需求而变量灌水的田间灌溉制度，灌溉方式主要有喷灌、畦灌、滴灌、微灌、沟灌、大型机组灌溉等（逄焕成等，2008）。

东北地区易发生"卡脖旱"和"秋吊"，采用传统的灌溉难度大，投入成本高，在不同地区、采取不同节水灌溉技术，在保证粮食产量的同时实现水资源的高效利用。吉林省旱田区以发展喷灌、滴灌、管道输水灌溉、坐水种等节水灌溉工程技术措施为主，水田一般以灌区节水改造，推广渠道防渗等工程措施为主，据统计吉林省现有有效灌溉面积2 393万亩（占耕地面积的32.5%），目前节水灌溉技术辐射面积已达到850万亩。黑龙江水稻区采用控灌技术，控灌促使水稻根系发达扎得深，养分吸收充足，植株节间长度短，水稻抗倒伏，从2003年开始推广水稻节水控制灌溉技术，每公顷增产节支922元，年经济效益2 063万元。辽宁2008年节水灌溉面积622.24万亩中，渠道防渗173.36万亩，管道输水174.60万亩，喷灌233.92万亩，微灌40.01万亩，灌溉用水有效利用系数由2005年的0.5提高到0.53。内蒙古通辽地区正常年景下（即作物生育期降水300mm），采用膜下滴灌技术，灌水量60mm，比采用常规技术玉米全生育期灌水量240mm减少了3/4的用水量，水分利用效率较长畦灌有一定提高，其水分利用率和单位面积产量的差异非常显著。实施节水灌溉技术后，灌溉用水量大大减少而水资源的利用率大大提高，是实现资源集约化和农业可持续利用的重要途径。

第四节　东北地区培肥节水型农作主导模式及潜力

选择适宜的培肥节水型种植模式及配套技术体系，大力推进适应性种植是发展培肥节水农作制度的基础。

一、东北地区地力培育型农作主导模式及潜力

（一）培肥地力间套作、轮作主导模式

1. 玉米—大豆间种轮作模式

玉米—大豆间作种植模式是玉米和大豆在同一块田地上成行或成带（多行）间隔种植，次年轮作倒茬。次年轮作倒茬。玉米既可以发挥边行优势增加玉米产量，大豆又可以增加土壤养分培肥地力（图3-2）。

图3-2　玉米—大豆田间种植

玉米大豆间作中玉米可适当缩小行、株距，增大密度，一般间作行比为2：2：2：4，以充分利用间作形成的良好的通风透光环境条件，发挥玉米边行的增产潜力；大豆则要适当缩小行距，增大株距，减少密度，以改善大豆田间通风透光的条件，使大豆植株个体获得较好的营养面积，一般玉米行距45cm，株距30~45cm；大豆行距40cm，株距20cm；大豆每亩约1.3万株，玉米每亩留苗4 000株。玉米选择收敛耐密品种，大豆选择耐阴品种。

2. 粮—草轮作

此模式为周期最短的粮草轮作制，通常是在东北干旱和半干旱、产量较低的地块上实行，改土肥田的效果最好。

草木樨在早春顶凌播种或冬前寄籽播种，犁播行距50cm，机械播种行距30cm和采用行距7.5cm或15cm密植栽培。地上部作为饲料用，于下轻霜后割草，根茬翻压，第二年种粮食或油料作物，如谷子、高粱、玉米和向日葵等。如作为绿肥用，可于当年9月末翻压，第二年种粮油作物。在种草地块土壤肥力略好一点，种一年草木樨后连续种两年粮食作物。轮作周期中，草木樨占地时间相对少，绿肥作物经济效益发挥更充分一些。

3. 玉米—草木樨间种

玉米和草木樨二比一间种，行距50~60cm，早春播种草木樨，适期种玉米。玉米株距适当缩小到30~33cm，以保证与清种玉米相当的株数。草木樨生长到6月下旬，割草压青，结合玉米中耕作追肥，每亩压青量350~500kg。玉米变成偏大垄，比对照增产10%~20%（李春景等，1987）。

4. 草木樨混种玉米

在当年生的草木樨垄上，间隔133~167cm，刨埯抓口肥播一株玉米，5月上旬播种，不影响草木樨正常生长。玉米每亩保苗800~1 000株，产量达200kg，超过清种谷子的产量。此模式，也可以混种向日葵。

5. 谷子—草木樨套作、二年生草木樨压青复种玉米

此模式是在谷子最后一次趟地时（6月下旬），在垄沟里播种草木樨。因为谷子生长不太繁茂，郁闭不严，当年秋天草木樨生长高度30cm，第二年能正常返青，且不影响谷子产量，这样草木樨就少占一年地。

二年生草木樨返青后，于6月上旬现蕾初期，用拖拉机翻压到土壤中，每亩压青量7 500kg左右，随即播种早熟玉米，亩产300多千克，此模式也可以复种其他早熟粮食作物，如高粱、谷子和黍子等。

6. 果草间种

果树行间种草木樨或沙打旺，通常多在幼龄果园采用，如果绿肥生长茂盛，一年可以割草两次，第一次割草应高留茬（15~20cm），让其再生，这样可以提高产草量。割下的草用于果树压青肥田之用。

7. 潜力分析

东北玉米—大豆间作主导模式经济效益高，在玉米比平播不减产或增产的前提下，每亩可增收大豆100多千克。比单作玉米每亩增收11.9~18元，比单作大豆增收17.4~23.5元。玉米/大豆间作模式具有良好的生态效益，共生互利、用地养地相结合。大豆具有根瘤固氮能力，其破裂根瘤、残枝落叶、分泌物遗留于土壤，有益于间作玉米生长，还可以培肥地力。玉米大豆间作模式增加土地面积，发展大豆生产，解决两大作物争地矛盾，起到互补作用，为提升粮食综合生产能力，增加农民收入，寻找到了新的增长点。便于机械化作业，收获产品易于销售，可连年交替轮作种植。

（二）秸秆还田技术主导模式

秸秆还田技术模式是把玉米秸秆粉碎，通过深翻、耙压等机械作业，将秸秆粉碎后直接还田，是增加土壤有机质、培肥地力、减少环境污染、提高作物产量的一项重要技术模式（图3-3）。

图3-3　农田秸秆还田作业

1. 玉米根茬还田技术

玉米秋季收获后，留茬高度15~20cm，次年春季用四轮拖拉机配套旋耕机灭茬并旋耕土壤，将根茬破碎翻入10~15cm土壤中。一般根茬还田量1 500kg/hm²。一般情况在根茬还田前2年，由于有机物还田量不高，效果并不显著，如果连续多年根茬还田作物增产幅度较大，玉米增产7.8%~29.0%。这种根茬还田方法是东北秸秆还田的主要形式。

2. 玉米高留茬直接还田技术

在秋季收割玉米时，留茬高度达到30~40cm，这种做法在辽宁西部可以防止春季风蚀，对土壤起到保护性作用。第二年春季播种前，用机械旋耕机灭茬并旋耕土壤，将根茬破碎埋入10~15cm土层中，或留茬免耕原垄播种，待雨季到来时，根茬自然腐烂还田。一般根茬还田量3 000kg/hm²。由于有机物还田量较高，效果也显著。特别在辽宁西部地区风沙较大，为了防止风蚀达到保护耕作的目的，正在积极推广高留茬还田技术。

3. 玉米秸秆全量直接还田技术

在集约化程度较高的地区，利用大型联合收割机或秸秆粉碎机，在收获玉米的同时或玉米收获后，将鲜玉米秸秆粉碎至3~4cm，而后用拖拉机把已经粉碎的玉米秸秆翻入土壤中，玉米秸秆埋入量大约9 000kg/hm²，增产幅度在12.48%~40.28%。这种秸秆全量还田方法的好处是玉米秸秆还田量大，对地力恢复作用大，但是降水量少的干旱地区不宜推广，在春旱时影响玉米的出苗率。

4. 玉米留茬免耕还田技术

玉米秋季收获后，留茬高度15~20cm，第二年春季在原垄两个玉米茬之间刨埯种植玉米，播种后喷洒除草剂封闭，不破坏原垄，防止土壤水分散失，这种方法适用于干旱地区，玉米增产12.0%。

5. 玉米留茬秸秆覆盖还田技术

秋季玉米收获时，留茬高度30cm，垄间整个秸秆覆盖，春季机械灭茬与播种同时进行，播后田间秸秆覆盖率为30%~70%，喷洒除草剂封闭，玉米拔节前实行免耕，在玉米拔节期结合追肥进行趟地培土，此时的玉米秸秆已经部分腐烂。这种方法在干旱地区应用，可以起到防止春季土壤风蚀、夏季土壤水分蒸发的作用。

6. 潜力分析

秸秆还田使土壤有效水分增加、肥力提高等都是促进玉米增产的因素，据不完全统计，采用秸秆还田技术玉米比常规种植平均增产4%~6%。秸秆还田可有效地补充和积累土壤有机物质，直接增加土壤有机质和有效养分，促进土壤微生物活动，改善土壤团粒结构，而且免耕技术减少了对土壤的扰动，阻滞了养分挥发和肥沃表土及表土养分被雨水径流带走。统计表明：土壤有机质含量年增加0.03%~0.06%，速效氮、速效钾提高0.8%~1.2%。连年秸秆覆盖还田，土壤有机质增加显著。秸秆还田机械化，免去了夏耕、耙等作业。有效地提高劳动生产率，具有明显的蓄水、节水和培肥地力的作用。

二、东北地区节水型农作主导模式及潜力

（一）土壤深松节水耕作模式

土壤深松节水耕作模式是指使用深松机，松碎耕作层以下5~15cm的犁底层，使松土层的厚度加深。由于未扰乱地表耕作层，所以减少了土壤水分的蒸发损失，增强降雨的渗入量，加快了降雨的渗入，提高了水分的利用率，使耕层构造虚实并存，虚处有利于透水贮墒和通气，实处有利于保墒提墒和扎根，进而协调土壤中的矿质化和腐殖化过程（图3-4）。

图3-4　土壤深松作业

1. 深松节水耕作关键技术

（1）模式一：秋天收获玉米穗→直接深松→冬季休闲→施肥、播种→杂草控制→常规田间管理→收割；模式二：秋天收获玉米穗→冬季休闲→施肥、播种→苗期深松→杂草控制→常规田间管理→收割。

（2）深松深度要适宜，一般秋后深松深度为30cm左右，苗期深松深度为30~35cm。

（3）深松机具的选择，应根据土壤、作物、气候等条件的不同，选用不同的深松机。

2. 深松节水耕作技术注意事项

（1）土壤含水量为15%~22%时适宜进行深松，深松的深度应视耕作层的厚度而定。一般深松整地为30~40cm，且深度要一致。

（2）耕翻作业宜在前茬作物收获后立即进行或在当地雨季开始之前进行。同时，深耕深松是重负荷作业，一般都用大中型拖拉机配套相关的农机具进行。耕作的适宜深度要根据当地的土质、耕层、耕翻期间的天气和种植作物等条件选择。原耕层浅的土地宜逐渐加深耕层，勿将心土层的生土翻入耕层。如翻耕后持续干旱，又无水源补偿，则耕深宜适当浅些，盐碱地也忌一次犁得过深，以免加重耕层土壤的盐化。

（3）深耕深松要在土壤的适耕期内进行，深耕的周期一般是每隔2~3年深耕1次。

（4）由于土层加厚，土壤养分缺乏，深松应配施有机肥。

3. 潜力分析

深松有利于保墒蓄水并促进作物根系生长，为作物生长创造了良好的土壤条件，可以提高单位土地面积上的产量。据测定，深松地块比常规耕翻地块玉米产量增加8%~15%。深松是对土壤局部耕作加工，可以减少对土壤结构的破坏，对土壤的局部松动，使土壤呈现虚实两部分，虚部与实部的空隙度差异使土壤中的水、热出现横向水中移动，从而改善耕层水热养分的分布状态，可以协调微生物与作物根系需要好气、厌气环境条件的矛盾，较好地解决了耕层水热养分的供需矛盾，达到用地养地相结合，有利于农业的持续稳定发展。机械深松作用与其他作业相比较，其阻力小，工作效率高，作业成本低。深松机由于其独特的工作部件结构特性，使其工作阻力显著小于铧式犁耕翻，降低幅度达1/3。由此带来工作效率更高，作业成本降低。据统计，一般地块每亩耗油仅达0.7~0.8L，作业成本6~8元/亩，工作效率因机型不同每天可达20~30hm²。

（二）农田微集水节水种植模式

农田微集水节水种植模式是一种田间集水农业技术，适用于缺乏径流源或远离产流区的旱平地或缓坡旱地。基本原理是通过在田间修筑沟垄，沟垄相间排列，垄面覆膜，实现降水由垄面（集水区）向沟内（种植区）的汇集，以改善作物的水分状况，实现雨量增值，提高水分利用效率（图3-5）。按集水时间的不同，可分为休闲期集水保墒和作物生育期集水保墒技术；按种植模式的不同，可分为微集水单作和间作套种技术；按覆盖方式的不同可分为一元覆盖微集水种植技术（垄覆膜，沟不覆膜）和二元覆盖微集水种植技术（垄覆膜，沟覆膜或秸秆）。田间微集水技术结合覆盖有效地利用了垄膜的集水和沟覆盖的蓄水保墒功能，改变了降雨的时空分布，使降雨和肥料集中在种植沟内，提高降水和肥料的利用效率。

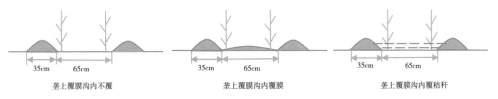

图3-5　农田微集水模式示意图

1. 农田微集水关键技术

（1）品种选择　微集水种植由于改善了作物水分状况，因此可以选择一些高产中熟或中晚熟品种。垄上覆膜沟内覆膜栽培模式有利于玉米生长发育，改善土壤理化性状，应选择比一般栽培玉米品种生育期长7~15d，叶片数多1~2片的优良杂交种，如辽9464、东单8和铁单10等。垄覆膜沟不覆膜栽培和垄上覆膜沟内覆秸秆栽培可选用的优质玉米品种有沈试29、辽单565、辽单26、登海9号、本玉13、铁单12、东单60号、东单13号等。

（2）耕作种植技术　用铧式犁起垄，人工修筑沟垄，使垄面呈圆弧形，沟内平坦，用于播种，用白色或黑色塑料薄膜贴紧垄面并延伸到种植沟两侧10~13cm，作物种植在膜侧。每100cm为一个单元，其中沟宽65cm，垄宽35cm，垄高20~25cm，垄上覆膜，沟内种植两行玉米，行距40cm。垄膜及沟膜采用幅宽60cm的地膜。晚熟品种生育期长，植株高大，茎叶繁茂，单株生产力高，单株需要较大的营养面积，应稀一些；肥地宜密，薄地宜稀；水分充足宜密，水分不足宜稀，微集水种植由于改善了沟间作物水分状况，因此可以适当密植，一般密度为3 300~3 800株/亩。

2. 农田微集水注意事项

（1）玉米垄膜沟种微集水高产种植模式在平地上的条带按耕作方向划分，坡地上的条带按等高线划分，集水区和种植区的宽窄依作物需水特性及降水等因素而定。

（2）膜垄起垄之后，用锹拍实并修理成永久埂，使之能够一次起垄多年不变。

（3）播种时采用当地种春小麦的小铧式犁紧贴膜侧开沟播种，同时行距不要小于40cm，以利于趟地追肥。

（4）垄上覆膜沟覆秸秆栽培在玉米拔节初期，趟地追肥之后进行覆盖，覆盖量以6 000kg/hm²左右，覆盖的秸秆可用玉米秸或麦秸，玉米秸铡成5~10cm长，均匀覆盖不露地面。

（5）垄膜沟膜栽培模式由于沟内覆盖地膜，因此播种前整地要求做到平整细碎，以保证膜紧不坏。垄上覆膜要抻紧，膜侧用土压实。垄膜最好采用黑色地膜，这样可有效防止杂草的滋生。铺膜后每隔3m左右压一条土带，垄膜沟膜栽培模式要求土地平坦，播前土壤墒情不影响出苗。

（6）采用播后覆膜，出苗后及时放苗，应掌握放绿不放黄，放壮不放弱，晴天避中午，阴天突击放，大风降温都不放的原则。放苗后及时用土封严膜孔，防止走风漏气和滋生杂草。

3. 潜力分析

在阜新地区2007年试验结果表明垄上覆膜沟内覆草产量比对照增产32.60%，垄上覆膜沟内覆膜比对照增产24.35%，垄上覆膜沟内不覆种植比对照增产22.33%。垄膜沟不覆、垄膜沟膜和垄膜沟覆秸秆每公顷可节水122~309m³，水分利用效率都超过了2kg/m³，水分利用效率比传统种植提高0.49~0.66kg/m³。垄上覆膜沟内覆秸秆翻耕后，把秸秆埋入土壤耕层，可有效补充土壤的有机质，对培肥地力有一定好处，且土壤微生物活性增强，土壤中蚯蚓数量明显高于未覆盖区。垄膜沟种技术可以改善土壤的理化性质，土壤容重减小，孔隙度增加。

微集水种植起垄覆膜增加的人工可与传统种植相比减少的播种量及中耕次数相抵消或略有增加，且由于人工费每年都在发生变化，农民自己种植不计算人工，因此在效益比较中不考虑增加的用工量，其成本增加仅为地膜投资和除草剂两项。垄上覆膜沟内不覆种植地膜费用450元/hm²左右，垄上覆膜沟内覆膜地膜费用为900元/hm²左右，除草剂费用为70元/hm²左右。垄上覆膜沟内覆秸秆地膜费用为450元/hm²左右，秸秆费用不计。玉米平均收购价格按1.5元/kg计，因此从2007年试验结果分析，垄上覆膜沟内不覆膜种植效益较传统种植增收3 408元/hm²，垄上覆膜沟内覆膜效益较传统种植增收3 311元/hm²，垄上覆膜沟内覆秸秆效益较传统种植增收5 182元/hm²。

垄上覆膜沟内覆秸秆栽培有效利用了作物秸秆，从源头上控制了秸秆焚烧。田间微集水技术具有技术简单，农民易于掌握，工程量少，投资少，见效快，便于推广等特点。

（三）玉米保护性耕作技术模式

玉米根茬较大，并且不能在一个冬休闲期腐烂，这对次年的种植影响较大，尤其是轮作改种其他窄行作物时影响更大。传统种植多次搅动土壤，土壤水分散失严重，机械进地次数多，能耗大，土壤被压实。为了改变这一现状，在近年研究和实践中，摸索出一系列适用东北地区（尤其是旱区）的保护性耕作技术主导模式，包括倒秆覆盖技术、少耕留高茬覆盖技术、少耕碎秆覆盖技术、深耕碎秆覆盖技术、秋覆膜技术。

1. 倒秆覆盖技术

（1）倒秆覆盖技术流程　秋天收获玉米穗→压倒秸秆覆盖地面→冬季休闲→免耕、施肥、播种→杂草控制→常规田间管理→收割。

（2）倒秆覆盖关键技术　玉米秸秆处理技术：玉米收获后应趁茎秆水分含量较高、韧度较好时，用机械或人工将秸秆顺播种方向压倒铺放在行间，也可将上半部鲜度好的秸秆运出田外，用于青饲或青贮等，剩余部分留田覆盖。

播种施肥配套技术：采用免耕施肥播种机一次完成玉米的播种和施肥作业，肥料与种子间有5cm以上的土壤分隔层，选用颗粒肥，长效与速效肥要兼顾。在春季地温较低或无霜期较短的地区，为了使种行能够多吸收阳光，播种前应尽量将种行上的秸秆分到两侧。

除草剂施用技术：在播玉米播种后出苗前及时（最好在出苗前三天）喷施除草剂，地面潮湿效果才好。用40%阿特拉津胶悬剂3 000~3 750ml/hm^{2}和43%拉索乳油22 50~3 750ml/hm^2，或用50%乙草胺乳油2 250~3 750ml/hm^2，或用乙阿合剂（阿特拉津和乙草胺混合剂）2 250~3 000ml/hm^2，或用90%禾耐斯1 275~1 425ml/hm^2，对水750kg均匀喷洒在土壤表面，对于多年先续根性杂草较严重的地块，作物收获后趁杂草尚未干枯时喷洒"农达"除草剂。

（3）倒秆覆盖注意事项

首先，玉米春播前，可根据实际情况决定是否进行秸秆处理或地表作业，如不影响下茬实施免耕播种，则建议不需要进行秸秆处理。

其次，由于留在地里的倒秆秸秆长、量大，会对次年播种和施底肥产生影响，一定程度影响机械化操作，所以对农机具选择有较高要求，另外，部分病虫害可能在覆盖秸秆中过冬为害翌年农业生产。

最后，整株秸秆与地里根茬相连接，不易被大风刮走，适宜东北冷凉风沙地区。

2. 少耕留高茬覆盖技术要点

（1）少耕留高茬覆盖技术流程　根据作业所采用不同方法和机具系统，少耕留高茬覆盖技术又可分为以下4种模式。

模式一：收割时留高茬→冬季休闲→破茬免耕施肥播种→化学除草（辅之以苗间机械除草）→田间管理→收割。该模式适宜于东北风沙旱区。

模式二：收割时留高茬→冬季休闲→春季灭茬→施肥播种→化学除草→苗期深松、起垄→田间管理→收割。此模式适宜春季墒情好的平作起垄地区。

模式三：收割时留高茬→秋季深松灭茬分层施肥起垄仿形镇压→冬季休闲→免耕播种→化学除草→田间管理→收割。该模式适宜冬季风蚀较少，土壤墒情较好的地区。

模式四：收割时留高茬→冬季休闲→贴茬免耕播种→化学除草→田间管理→收割。此模式适宜于风沙干旱、半干旱地区。

（2）少耕留高茬覆盖关键技术　深松共性关键技术：深松是少耕留高茬覆盖模式中的关键性技术之一，尤其对于干旱、半干旱地区深松的蓄水作用明显。深松时要注意依据深松机具和时间合理选用深松方式。

种床深松：一是要满足分层施肥深度的要求，应深于肥下5~8cm；二是要打破犁底层3~5cm，种床深松深度一般为18~25cm，在干旱和坡岗地上最好在秋季进行。

垄沟深松：在出苗后提早进行，春季较旱，可与趟地同时进行，前松后趟。根据土壤类型定松土的深浅，黑土以垄沟下25cm为宜，草甸土、盐碱土在动力允许的情况下可适当深些，深松到30cm为好。

模式一关键技术：第一年作物收割后留茬越冬（留茬高度20~30cm），可起到防风积雪保土作用，第二年在原垄上直接开沟播种，侧深施底肥，播种后合垄覆土、镇压，待苗出齐后，适时中耕。

模式二关键技术：秋季作物收割后，不进行灭茬、整地，待翌年春季先灭茬，为播种创造良好的种床，随即进行施肥、播种和镇压；苗期进行中耕、起垄。

模式三关键技术：作物收割后立即整地，用整地机（1LH—280型）一次完成深松、灭茬、深施底肥、仿形镇压等作业。使土壤中水、肥、气、热各环境因素得以协调,可明显地提高肥效。仿形镇压可与整地同时进行,镇压后土壤表层形成一个坚实层,可以防止冬春耕地表土风蚀,同时使土壤结构形成下虚上实,利于保墒和翌年播种;在此基础上配之以精量播种技术,增产效果较好。

模式四关键技术:作物收获后留高茬,播种时在原播种行中间进行免耕播种,按此模式耕作3~4年后要进行一次全面的土壤深松。

共性关键技术。模式一、模式二应注意隔年进行一次土壤深松,可以是全部深松,也可以是局部的带状深松,即只深松垄台或只深松垄沟,使土壤结构形成虚实并存的状态,以保证作物生长供需水平衡。模式三中形成的坚实层可以防止冬春耕地表土风蚀,按此模式耕作3~4年后需进行一次全面深松。如播种时地表有干土层,则应实行深开沟、浅覆土,保证种子种在湿土上。应至少保证留在地表的茬高为10~15cm,以保证30%的覆盖率。

3. 少耕碎秆覆盖技术

(1)少耕碎秆覆盖技术流程 收割→秸秆粉碎还田→少耕(深松或耙地或浅旋)→冬季休闲→免(少)耕播种→杂草控制→田间管理→收割。

(2)少耕碎秆覆盖关键技术

①收割粉碎配套技术:采用人工或联合收割机进行玉米摘穗收割,联合收割机收割,可配带秸秆粉碎装置,一次完成玉米摘穗收割和秸秆粉碎,减少一次作业,减轻耕层土壤压实,降低作业成本。

②秸秆粉碎覆盖技术:玉米收割时未同时粉碎秸秆的,应及时进行玉米秸秆粉碎作业。要求粉碎后的碎秸秆长度不大于10cm,秸秆粉碎率大于90%,粉碎后的秸秆应均匀抛撒覆盖地表,根茬高度小于20cm。

③表土处理技术:为防止大风将秸秆刮走或集堆而影响覆盖效果及播种,在秸秆粉碎后可通过圆盘耙耙地等作业进行处理,将部分秸秆与土壤混合。

④少耕技术:当5cm地温稳定在8℃以上、土壤含水量达到12%以上时,为播种适宜期。春季干旱时应抢墒早播或坐水播种,水分较大宜散墒晚播。一般采用精量免耕播种机械进行精播。实施垄上等距穴播,穴粒数为1~3粒,株距30~38cm;播后覆土4~5cm,镇压强度一般不小于0.5kg/cm^2,干旱时要加重镇压强度。

(3)少耕碎秆覆盖注意事项 应用的主要条件是农机配套,要求有玉米秸秆切碎机、旋耕机、浅松机等。其次是要求农艺配套,特别是解决好春季播种的质量。由于大量秸秆还田,在肥料施用上要提高底肥中氮肥的数量。

要尽可能多地把秸秆保留在地表，在进行整地、播种、除草等作业时要尽可能减少对覆盖的破坏。长秸秆或秸秆覆盖量过多，易被风刮走或在田间集堆，可能造成播种机堵塞，进而影响播种机作业和精量播种，秸秆堆积或地表不平，又影响播种质量。采取耙地或浅旋作业可使对秸秆进行粉碎、撒匀、平地等作业。

需做到分层施肥，特别是播种施肥一机作业时，要求种肥与种子间有3~5cm土壤分隔，施用的底肥距离种子8~10cm。种肥与底肥施量的比例为1：2。底肥最好在秋季起垄时施入土壤，若在春季施底肥可在播种同时进行联合作业。应间隔2~3年进行一次全面深松作业。

逐渐建立并完善土地耕种、玉米秸秆收割粉碎还田、表土处理、免耕播种等作业方面起较完善的农机配套服务体系。

4. 深耕碎秆覆盖技术

（1）深耕碎秆覆盖技术流程　秋天收获→秸秆粉碎→深耕耙地→冬休闲→春季免耕施肥播种（表土作业）→杂草控制→田间管理→收割。

（2）深耕碎秆覆盖关键技术

①秸秆粉碎覆盖与深松结合配套技术：在收获后立即采用秸秆粉碎机进行秸秆粉碎，秸秆粉碎的质量要求与秸秆覆盖量的多少与所采用的免耕播种机的通过能力有关（一般情况下，秸秆粉碎长度不大于10cm）。粉碎后碎秆均匀地覆盖于地表，并随即进行深松。深松时，由于地表有秸秆覆盖，长秸秆会影响深松机的通过性能，建议选用高地隙的单柱式双梁深松机。深松后出现的沟垄可增加地表的粗糙度，有利于保土，故在休闲期无需进行平地等作业。

②播前表土作业处理技术：春播前，考察地表状况，如地表不平，秸秆较多或成堆，则应进行浅松、弹齿耙耙地等作业。如地表状况较平整、秸秆量适中，则可直接播种。

（3）深耕碎秆覆盖注意事项

①春季温度较低的地区，可以通过增加耙地或浅耕作业提高地温；②深松应选择在秸秆粉碎后、入冬前进行，深松后能否多吸纳降水，主要取决于冬季降雨（雪）的多少，在冬季降水较少及冬季风较大的地区，该模式不适宜；③此模式保护覆盖保水效果较强，但粉碎后的秸秆易被风刮走或在田间集堆；④此模式是通过机械秸秆粉碎覆盖与深松同步完成，减少对耕层土壤的扰动次数，但深松作业机具消耗动力大，须配用大马力拖拉机做牵引动力，同时深松带在田间形成较高的土垄，影响正常播种作业（图3-6）。

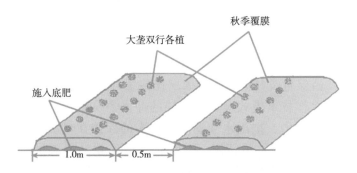

图3-6　玉米秋覆膜种植技术示意图

5. 秋覆膜技术

秋覆膜可以实现春墒秋保、秋水春用，进行农田水资源的跨年度调控，抵御春旱，增加地温，从而有效地提高作物产量。

（1）秋覆膜技术过程　秋季作物收获后，地表封冻前进行灭茬，一次施足基肥（磷酸二铵和三元复合肥各225kg/hm²，在覆膜的两垄之间深施缓释尿素450kg/hm²），喷施除草剂后覆盖地膜，并使地膜尽可能与土壤紧密接触，春季膜上采用机械或人工打孔播种，免追肥，免中耕。另可根据情况在灭茬后，采用开沟机在覆膜的两垄之间开25cm左右的沟，埋入15t/hm²秸秆后再进行覆膜。

（2）秋覆膜关键技术　秋覆膜、一次侧施肥、大垄双行种植、施用缓释肥、化学除草、秸秆还田等（部分技术同前）。

（3）秋覆膜注意事项　东北的干旱地区，当晚秋（10月15—25日）5~10cm土层的土壤含水量标准达到表3-8的条件范围时，可采用秋覆膜技术。

表3-8　玉米秋季覆盖的适宜土壤含水量　　　　　　　　（单位：%）

质地	≤0.01mm颗粒	土壤含水量
沙土	7.7	9.2~10.4
粉壤土	25.0	13.8~15.5
壤土	50.8	15.3~17.3
黏土	67.8	18.8~21.2

6. 潜力分析

对于旱区农业，土壤水分和肥力是影响产量的两个最重要因素。地表覆盖秸秆及残茬使土壤有效水分增加、肥力提高等都是促进玉米增产的因素，据各保护性耕作示范县统计，保护性耕作玉米免耕播种比常规播种平均增产7%左右。此技术模式减少作业工序，降低作业成本，仅计算农机作业费、水电费、肥料费、植保费及其他必须投入，比传统方式降低成本25.6~39.8元。

采用保护性耕作技术模式缓解了雨滴的冲击力及阻滞径流，并保持较高的入渗能力和持水能力，把雨水和灌溉水更多的保持在耕层内。人工模拟降雨试验表明，在50mm降水量情况下，保护性耕作累计径流量比传统耕翻减少60%左右，增加有效水分17%。增强了土壤蓄水功能，提高了玉米对水分的利用率。秸秆还田还可有效地补充和积累土壤有机物质，直接增加土壤有机质和有效养分，促进土壤微生物活动，改善土壤团粒结构，而且免耕技术与覆盖层减少了对土壤的扰动，阻滞了养分挥发和肥沃表土及表土养分被雨水径流带走。统计表明：土壤有机质含量年增加0.03%~0.06%，速效氮、速效钾提高0.8%~1.2%。连年秸秆覆盖还田，土壤有机质递增。

实行玉米保护性耕作，免耕与秸秆覆盖技术从源头上有效控制了农田大风扬沙、大气污染、影响民航与公路交通等社会公害问题。同时，还实现秸秆还田机械化，免去了夏耕、耙等作业，有效地提高劳动生产率。保护性耕作具有明显的蓄水、节水作用，水浇地可减少浇浇水次数1~2次。东北地区发展和推广玉米保护性耕作技术，不仅是一项实现蓄水保墒、节本增效、促进农业可持续发展的战略举措，而且对抑制土壤风蚀，改善当地生态环境具有十分重要的意义。

参考文献

陈印军. 2009. 中国粮食生产区域布局优化研究[M]. 北京：中国农业科学技术出版社.

高连兴，刘凤丽，吕子湖. 2001. 东北农业机械化特点及其对种植业纯收益的贡献率[J]. 农业工程学报，17（6）：56-59.

黄初龙，邓伟. 2008. 农业水资源可持续利用评价指标体系构建与应用[M]. 北京：化学工业出版社.

李春景，田惠梅. 1987. 草木樨与玉米间作栽培利用的研究[J]. 黑龙江农业科学（1）：25-30.

李焕珍，张忠源，杨伟奇，等. 1996. 玉米秸秆直接还田培肥效果的研究[J]. 土壤通报，27（5）：213-215.

李庆祥，林向春，吕土光. 1981. 关于发展绿肥生产几个问题的探讨[J]. 黑龙江农业科学（5）：58-62.

刘兴土，佟连军，武志杰，等. 1998. 东北地区粮食生产潜力的分析与预测[J].地理科学，18（6）：501-509.

逢焕成，李玉义，王婧. 2008. 中国北方地区节水种植模式[M]. 北京：中国农业科学技术出版社.

石玉林. 2007. 东北地区有关水土资源配置、生态与环境保护和可持续发展的若干战略问题研究[M]. 北京：科学出版社.

孙占祥，刘武仁，来永才. 2010. 东北农作制[M]. 北京：中国农业出版社.

孙占祥. 2008. 东北风沙半干旱区旱地农业综合发展研究[M]. 北京：中国农业出版社.

颜丽，宋杨，贺靖，等. 2004. 玉米秸秆还田时间和还田方式对土壤肥力和作物产量的影响[J]. 土壤通报，35（2）：143-148.

杨起，王林娟. 2002. 重迎茬大豆低产原因及对策[J]. 黑龙江农业科学（5）：24-26.

曾木祥，王蓉芳，彭世琪，等. 2002. 我国主要农区秸秆还田试验总结[J]. 土壤通报，33（5）：36-38.

张郁，邓伟，杨建峰. 2005. 东北地区的水资源问题、供需台式及对策研究[J]. 经济地理（25）：565-568.

第四章 黄淮海平原节水节肥型农作制

黄淮海平原区是我国农业生产中面临各种效益冲突的典型地区，有限的水、肥、耕地资源能否可持续利用直接关系到该区乃至全国农业的可持续发展。发展资源节约型农作制技术是实现我国以及该区农业资源高效利用和保证粮食安全的重要途径。因此，从资源合理高效利用和可持续发展角度考虑，探索构建资源节约、高效利用的种植制度与配套技术体系显得十分必要。

第一节 黄淮海平原农业资源利用现状与问题

黄淮海平原位于我国东部，东濒渤海、黄海，西倚太行山、桐柏山，北以长城为界，南至淮河。包括黄河、淮河、海河流域中下游的京、津、冀、鲁、豫大部、苏北、皖北、黄河支流的汾渭盆地。南阳盆地从水系上已属于长江流域，但气候、农业、作物种植制度均与黄淮海平原相同，故划归本区。土地总面积6 145万hm²，占全国的6.4%，垦殖率达41.2%，是全国各区中最高的。共有636个县，是我国主要农区之一。该区主要是平原，即我国最大的黄淮海平原以及南阳盆地、汾渭谷地，也有部分山区丘陵，即山东丘陵和豫西丘陵山地。本区总人口35 325万，占全国总人口的27.12%。耕地面积2 532.99万hm²，占全国总量的25.61%；农作物总播种面积3 778.83万hm²，占全国总量的24.96%；复种指数为149.18%。农业总产值128 288 133万元，占全国总量的30.87%。本区是一个纯农区，是我国著名的冬小麦带、夏玉米带，又是重要的棉花带。2007年冀鲁豫苏皖5省小麦面积占全国比重达到65.4%，产量占75.5%，与2003年相比分别提高3.0%和4.7%，玉米面积占全国比重达到32.26%，产量占33.60%。《全国新增1 000亿斤粮食生产能力规划（2009—2020年）》中该区担负225亿kg粮食生产的任务。

一、黄淮海平原农业资源利用现状

(一)农业气候资源利用现状

农业气候资源影响农业生产，其光、热、水等要素为农业生产所利用的物质或能量提供保障（邓先瑞，1995），各要素的数量及其分配状况在一定程度上决定了一个地区的农业生产类型、农业生产率和农业生产潜力（杜鹏等，1998；杨建莹等，2010）。黄淮海平原作为中国的第二大平原它位于黄河下游，地势低平且多在海拔50m以下，是典型的冲积平原，主要由黄河、淮河、海河、滦河冲积而成。黄淮海平原属于暖温带半湿润气候，热量充足，季节分明。

1. 光照资源

日照时数表征的是一天日照时间的长短，它与人类的生产活动、动植物的生长发育密切相关，是主要气象要素之一，对于合理进行农业生产布局有着重要作用。黄淮海地区日照时数总体分布为北高南低，随着纬度的增加，日照时数逐渐增长；同时，年日照时数也随着海拔高度的相对增高而增加。华北的北部地区，包括河北北部、山西及北京的部分地区，日照时数较高，在2 600h以上；中部的山西南部、河北南部以及山东等地日照时数大部分在2 300~2 600h；而南部的河南、安徽北部及江苏北部地区的日照时数最低，平均年日照时数<2 300h，其中河南及安徽的小部分地区年日照时数不足2 000h（杨建莹等，2010）。

2. 热量资源

热量是影响农作物生长发育重要的气象因素之一，与农作物生长发育有着密切的关系，通常以平均温度和≥10℃积温作为衡量热量资源的重要指标。该地区年平均气温总体分布为南部高于北部，东部高于西部。同一海拔高度上，气温随着纬度的增加逐渐降低；同一纬度，气温随着海拔的增加逐渐降低。华北大部分地区，包括京、津及河北南部、山东、河南、江苏北部、安徽北部年平均气温在12℃以上，西北部的山西及河北北部地区年平均气温在10℃以下，小部分地区年均温不足6℃（杨建莹等，2010）。

3. 降水资源

水分是作物生长、发育的一个重要的环境因子，它与光、热资源配合的适宜程度决定了农业气候资源优劣和农业生产条件的好坏。从年降水量空间分布来看，黄淮海地区年降水量总体分布为由东南到西北递减趋势。南部地区包括河南、山东、安徽北部和江苏北部，年降水量在600mm以上，最高可达1 200mm；北部地区包括山西、河北、北京、天津，年降水量在600mm以下。但黄淮海地区各季节降水不均匀，主要降水集中在夏季。春季降水量大部分地区在100mm以下，南部少量地区春季降水量可达150mm，呈由南向北递减趋势；夏季降水量最大，在200~400mm，南部地区可达400mm以上，由南向北递减趋势明显；秋季降水量大部分地区在240~280mm，冬季大部分地区在120mm以下，由南向北递减，是降水量最少的季节（杨建莹等，2010）。

（二）农业水资源利用现状

本区以灌溉农业、一年两熟为主，在全国属于高投入、高产出、高效益农作区。从黄淮海地区的年平均降水量来看，能够维持雨养型农业。但是，黄淮海平原的降水主要受太平洋季风的强弱和雨区进退的影响，地区上分布不均匀，季节间和年际间变化更是剧烈（姜文来等，2007）。作为重要的农业生产基地，该区存在水资源不足，水土资源组合不佳的问题，这些问题正日益成为限制该区农业生产发展和制约作物正常生长的主要障碍因素（刘昌明等，1996，1997），黄淮海成为中国水资源承载能力与经济社会发展最不适应的地区（刘昌明等，2001）。

水资源利用状况表现如下：黄淮海农作区水资源总量1 299.26亿m³，人均水资源量368m³/人，地均水资源量5 072m³/hm²，远低于国际通行的人均1 000m³紧缺标准和500m³极度紧缺标准，属于资源性严重缺水地区。本区气候温和，属半湿润暖温带。降水由北向南增多，黄河以北500~600mm，60%~70%集中于夏季，春旱夏涝。黄淮平原700~900mm，雨水分布较均匀，但常发生伏旱。本区灌溉面积1 635.80万hm²，占全国总量的34.30%，耕地灌溉率63.86%。农业水土资源匹配系数为0.35，低于全国平均水平。总用水量为913.90亿m³，农业用水量为630.98亿m³，农业用水比例69.04%。农业水资源压力指数为1.21。

（三）农业耕地资源利用现状

耕地是人类赖以生存和发展的基础，也是一个国家富强稳定的基本保证。由于耕地经营经济收入远不能体现耕地资源应有的价值，我国农业生产经济收入的低效性，农民缺乏粮食生产的积极性，耕地资源数量减少速度迅速，严重影响我国粮食安全和区域社会稳定，导致全国耕地面积退减，耕地质量下降。

根据水利条件和利用方向的不同，黄淮海平原耕地类型包括灌溉水田、望天田、水浇地、旱地、菜地5类。根据土地数据统计结果，2000年、2008年黄淮海平原均主要以水浇地、旱地数量居多，合占耕地总面积的90%以上，灌溉水田其次，所占比例均为8%以上，菜地和旱地数量较少，1%左右（表4-1）（洪舒蔓等，2014）。从全国耕地质量等别调查与评定来看，黄淮海平原耕地主要以中等地、低等地为主，平均质量等别为8~11等（国土资源部农用地质量与监控重点实验室，2014）。

黄淮海平原地区耕地面积占全国的1/6，耕地数量及垦殖率均居全国各一级农区首位。2000年全国人均耕地占有量为0.101hm²/人，黄淮海各地区都小于全国平均水平，尤其是北京（0.038hm²/人）、河南（0.052hm²/人）人均耕地面积少表现突出。近20年来耕地面积呈减少趋势，年均减少7.89×104hm²。耕地中中低产田占全区耕地面积的84.5%（吴凯等，2001），大面积中低产田的存在是制约该平原农业发展的重要因素，也是影响农民收入增加以及农村经济发展的重要原因（曹志宏等，2009）。

表4-1　黄淮海平原耕地数量及耕地类型数量统计

耕地分类	2000年		2008年	
	面积（10⁴hm²）	所占比例（%）	面积（10⁴hm²）	所占比例（%）
灌溉水田	160.84	8.41	158.08	8.44
水浇地	934.03	48.86	928.40	49.57
菜地	28.32	1.48	25.57	1.37
望天田	1.38	0.07	1.36	0.07
旱地	787.00	41.17	759.67	40.56
总计	1 911.57	—	1 873.08	—

（四）农业肥料资源利用现状

粮食的增产离不开施肥，自2002年以来作为目前世界上肥料（化肥）用量最多的国家，2005年中国化肥表观消费量已经达到5 538万t（张卫峰，2007），消费总量占全球35%（Heffer P等，2006），全国单位播种面积化肥施用量已超过350kg/hm²，约为世界平均水平的2倍（李长生等，2006）。2006年，黄淮海区、长江中下游区、东北区和华南沿海区肥料施用量较高，分别占全国肥料施用总量的34%、19%、11%和9%。

由于科学施肥理论与节肥型农作技术未取得重大突破，农户化肥用量越来越大而肥料效率不断下降。尤其是经济较发达的集约化农业区，大田作物氮肥施用量已达到450~600kg（N）/hm²（张福锁等，2009），但是氮肥的当季利用率平均只有30%左右（伍宏业等，1999）。化肥用量不断增长的状况在带来资源紧张、效益下降的同时，也因过量施肥导致了土壤中养分的大量累积，增加了营养物质向环境中排放的风险。根据测算，黄淮海区、长江中下游区、西北干旱绿洲区、华南沿海区和东北区单季施肥量较高；华南沿海区、黄淮海区、长江中下游区、四川盆地区周年施肥量较高（图4-1）。

与传统粮食作物不同，黄淮海区正在迅速发展的部分经济作物化肥施用水平明显在向高水平发展。其中蔬菜（大棚蔬菜）、果树等作物上氮、磷、钾3种化肥的施用处于中高水平的农户比例显著高于中低水平农户比例。而且也远高于其他作物，这几种作物已经成为化肥消费需求最高的作物群体。但同时可以看到也有很多特种经济作物平均施肥量已达到很高的水平。因此，在注重大田作物施肥技术研究和应用推广的同时，目前应重视果树、蔬菜等经济作物节肥农作制技术研究和应用推广（图4-2、图4-3）。

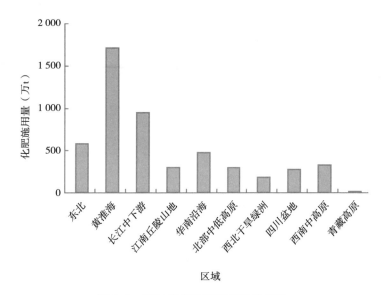

图4-1　不同农作制度区肥料施用量

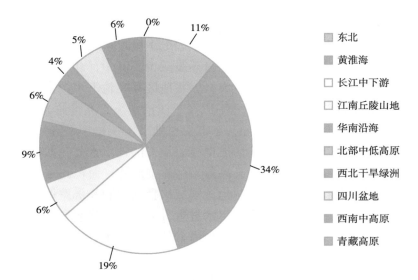

图4-2　不同农作制度区肥料施用量比例

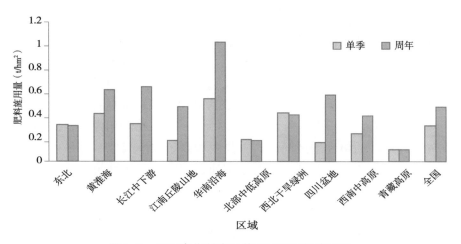

图4-3　不同农作制度区单位面积肥料施用量

二、黄淮海平原农业资源利用存在的问题

（一）水资源利用存在问题

1. 来水量减少，地下水资源出现超采，水资源供需不断加剧

作为我国粮食主产区的黄淮海平原水资源供需矛盾尖锐，压力巨大。

黄淮海流域水资源总量仅占全国的7.6%，人均为453m³，为全国人均水平1/5，是中国水资源承载能力与经济社会发展最不适应的地区（刘昌明等，2001）。过去50年以来，该区过境水量逐步减少，其中河北省的过境水已经入不敷出。由于工农业用水需求量大，一些地区存在地下水严重超采问题，地下水位逐年下降，据统计，河北平原深、浅层地下水累计超采996亿m³，中南部浅层地下水每年下降1~3m，东部深层地下水位每年下降3~7m。由于地下水严重超采，部分井灌区已形成世界上最大的地下水复合漏斗区，著名的冀、枣、衡、沧漏斗与北京、天津漏斗已连接成片，面积高达5万km²。掠夺式的水资源开发利用模式严重制约该区域粮食安全和经济发展。并且该区由于人口增加，城市的扩张，非农用水量也日益增加，气候环境变化及作物熟制改变，农业用水量加大。由于各种因素的胁迫作用，该地区的水资源成为其农业发展的最大障碍。

2. 节水技术发展不平衡，灌溉效率仍然偏低

一方面水资源不足严重制约着该地区农田灌溉面积的进一步扩大和现有灌溉面积的灌溉保证程度的提高，另一方面水资源利用过程中又存在很大的浪费，农业灌溉水的有效利用率较低。黄淮海地区农业灌溉面积为0.23×10⁸hm²，占全国的42%（龚宇，2007），而节水灌溉面积只占耕地面积的26.21%，最低的河南只占15.35%（姜文来等，2007）。目前，该区渠灌区渠系水利用系数只有0.5~0.6，井灌区灌溉水利用率仅60%左右，水分利用效率为1kg/m³左右，而发达国家灌溉水利用率为80%，水分利用效率达2.32kg/m³。解决黄淮海地区的粮食增产问题，首先要做到节水。因地制宜采用综合措施是实现节约灌溉用水的关键，如北京市通过扩大春玉米种植、增加高产值经济作物、再生水农业利用、雨洪收集利用、发展微喷灌等，发展节水农业；山东恒台县通过拦蓄洪水、引用季节性河水补充地下水资源，深浅井结合开发地下水，低压管道输水、田间软管灌溉，标准畦灌，深耕蓄水，秸秆还田，土壤有机培肥，实施有效的补贴政策，使灌溉水利用系数达到0.8，水分利用效率达到1.8kg/m³。采取适宜的技术模式，黄淮海地区粮食增产仍有很大潜力。

3. 在建立与水资源相适应的农业结构方面缺乏突破

农业生产中种植业占绝对优势，林、牧业薄弱，种植业以冬小麦、夏玉米粮食作物为主，而水资源在时间分布上具有明显的季节性，全年降水的60%~80%集中在6—9月。而农业生产特别是冬小麦生长最需水的季节是3—5月，两者极不匹配，长期以来农业生产极不稳定，同时造成地下水过度开

采。因此，合理调整农业布局，以农为主，农林牧结合，因地制宜发展节水农作制，应根据水资源和生产水平等因素进行种植制度优化，并采用不同的农、水措施进行优化组合，以达到节水增产的目的。

（二）肥料资源利用存在问题

1. "吨半田" 籽粒累加肥料利用率同比降低，平均不到农民高产田的50%

"吨半田" 肥料投入的大幅度增加，必然导致部分肥料的浪费，进而导致了 "吨半田" 肥料累加利用效率和肥料生产率同比大幅度降低。试验点数据表明，"吨半田" 氮肥籽粒累加利用率为0.33、磷肥籽粒累加利用率为0.22、钾肥籽粒累加利用率为0.11，"吨半田" 肥料利用率明显低于其他产量类型农田，三种肥料累加利用效率平均为农民高产田的41.13%、2006年山东省平均的58.12%。其中氮肥利用率相当于高产试验田的91.67%、农民高产田的60.13%、2006年山东省平均的89.19%、1994年 "吨半田" 的82.50%和1990年 "吨粮田" 的67.35%；磷肥利用率相当于高产试验田的91.67%、农民高产田的25.58%、2006年山东省平均的44.00%、1994年 "吨半田" 的44.00%和1990年 "吨粮田" 的29.33%；钾肥利用率仅相当于高产试验田的91.67%、农民高产田的31.43%、2006年山东省平均的33.33%、早期 "吨粮田" 的27.50%和早期 "吨半田" 的44.00%（表4-2）。

表4-2 山东 "吨半田" 肥料利用效率 （kg/hm², kg/kg）

	农民高产田	高产试验田	"吨半田"	2006年平均	1990年 "吨粮田"	1994年 "吨半田"
产量	19 423.5	23 150.7	24 188.74	12 622.5	17 811	22 770
N产出	248.62	296.33	309.62	161.57	227.98	291.46
N投入	453.00	826.50	939	440.45	469.5	733.5
N产出/投入	0.55	0.36	0.33	0.37	0.49	0.40
产量/N投入	62.86	28.01	25.76	28.66	37.94	31.04
P产出	116.54	138.9	145.13	75.74	106.87	136.62
P投入	135	570	660	152.3	142.73	272.25
P产出/投入	0.86	0.24	0.22	0.50	0.75	0.50
产量/P投入	143.88	40.62	36.65	82.88	124.79	83.64

（续表）

	农民 高产田	高产 试验田	"吨半田"	2006年 平均	1990年 "吨粮田"	1994年 "吨半田"
K产出	77.69	92.60	96.75	50.49	71.24	91.08
K投入	225	750	862.5	153.8	178.41	364.50
K产出/ 投入	0.35	0.12	0.11	0.33	0.40	0.25
产量/K 投入	86.33	30.87	28.04	82.07	99.83	62.47

资料来源：根据河山东省莱州市和龙口市高产点材料整理

2. "吨半田"肥料的生产效率降低，投入每千克纯养分仅能生产粮食13.18kg

"吨半田"肥料利用效率降低导致了肥料生产效率降低，总体来看，"吨半田"每投入1kg纯养分能生产粮食13.18kg，而高产试验田、农民高产田、2006年河南省平均、1990年"吨粮田"和1997年"吨半田"分别能生产粮食19.07kg、22.58kg、21.18kg、17.30kg和21.06kg。"吨半田"每投入1kg氮肥可生产粮食27.73kg、磷肥可生产粮食51.44kg、钾肥可生产粮食49.07kg，而2006年河南省冬小麦—夏玉米平均投入1kg氮肥可生产粮食34.83kg、磷肥可生产粮食88.21kg、钾肥可生产粮食139.44kg，同期农民高产田投入1kg氮肥可生产粮食47.45kg、磷肥可生产粮食89.58kg、钾肥可生产粮食82.95kg，"吨半田"的肥料利用效率和和同期其他产量类型农田相比明显降低。

3. 施肥量过大带来一系列环境问题

有人研究在华北平原冬小麦/夏玉米轮作体系中，传统施氮肥条件下，当季作物对化肥氮的吸收率为25%，0~100cm土壤残留率为25%~45%，一个轮作周期的吸收率为28%，损失率为40.4%，两个轮作周期的吸收率为33.6%，损失率为49.8%（潘家荣，2001）。损失的氮肥以各种形式排放到环境中，产生一系列环境问题，如地下水硝酸盐含量超标、水体富营养化、温室气体的排放等，也给当地居民的生活生产带来不良后果，其严重影响地区发展的社会、经济以及生态效益。

第二节　黄淮海平原粮食生产现状与潜力

一、黄淮海平原粮食生产现状

进入20世纪90年代，我国告别了粮食短缺，粮食生产的区域格局也发生了重大的变化，南方的粮食生产地位在逐渐下降，而北方的地位在稳步上升，粮食生产重心由南方向北方转移。1978—2008年，我国粮食总量增加了22 394.4万t（表4-3），平均年增量为746.48万t，其中北方粮食增加了15 265.6万t，占总增加量的72.25%，年均增加508.9万t；相对于北方区，南方区的粮食增速缓慢，尤其是1999年以后南方粮食滑坡，30年内南方粮食增加了5 862.4万t，占总增量的27.75%，年均增加195.4万t，年均增加量仅为北方区的38.4%。

表4-3　1978—2008年全国各地区粮食年产量变化（万t）

年份	华北区	东北区	东南区	西南区	西北区
1978	7 567	3 509	12 919	5 838	1 888
1980	7 461	3 544	12 995	6 190	1 852
1985	9 612	3 606	15 943	6 524	2 225
1990	11 546	5 854	17 385	7 600	2 740
1995	12 890	6 008	17 352	8 312	2 587
1996	14 019	7 033	17 896	8 588	3 238
1997	13 260	6 226	18 597	8 785	3 025
1998	14 298	7 343	17 576	8 988	3 435
1999	13 895	7 029	18 118	9 151	3 093
2000	12 854	5 324	16 567	9 092	2 922
2001	12 512	6 000	15 855	8 384	2 904
2002	12 490	6 666	15 310	8 464	3 057
2003	11 890	6 270	13 788	8 427	2 916
2004	13 020	7 365	15 528	8 625	3 053
2005	13 971	7 927	15 729	8 854	3 194
2006	14 958	8 225	15 866	8 158	3 265
2007	15 303	8 255	15 824	8 253	3 189
2008	15 965	8 925	16 160	8 460	3 340

改革开放后30年内，我国粮食总体上在不断增加。1999年前我国粮食年产量迅速增加，其中北方粮食增加最快，从1978年的12 964.7万t增加到1999年的24 016.3万t，增加了85.24%，年均增加356.5万t；南方粮食年产量从1978年的18 756.7万t增加到1999年的27 268.7万t，增加了45.38%，年均增加266.0万t。1999年后我国南、北方粮食年产量均有在缓慢下滑，其中以南方减少量最多，4年内减少了5 053.9万t，占全国减少量的63.22%，年均减少5.26%；北方粮食年产量减少了2 940.2万t，占全国减少量的36.78%，年均减少2.70%。2003年后南、北方粮食年产量均开始回升，其中北方回升速度最快，到2005年已超过下滑前任一年的水平；南方回升速度慢，目前南方粮食年产量徘徊在1990年前的水平。到2008年我国北方粮食年产量增加到28 230.3万t，南方粮食年产量为24 619.1万t。

从五大区粮食年产量变化情况来看，粮食年产量增加最多的是华北区，从1978年的7 567.5万t增加到2008年的15 965.5万t，增加了110.98%，年均增加279.9万t；其次是东北区、东南区和西南区，分别增加了5 415.9万t、3 240.4万t和2 622.0万t，年均分别增加180.5万、108.0万t和87.4万t；粮食增加量最少的是西北区，30年内增加了76.9%，年均增加48.4万t。

二、黄淮海平原粮食未来需求

黄淮海平原作为我国粮食主产区之一，粮食高产问题历来受到关注，并被寄予厚望，在国家2020年新增500亿kg粮食生产能力规划中，黄淮海北部缺水地区承担了约1/3的增产任务。近十年，在粮食作物中，冬小麦播种面积占全国的36%~40%，产量约占全国的50%；棉花播种面积占全国播种面积的32%~42%，产量约占全国的40%；夏玉米播种面积占全国的27%~29%，产量约占全国粮食总量的30%；大豆播种面积占全国播种面积的18%~19.4%（姜文来等，2007），粮食总产量占全国总量的35.4%（屈宝香等，2003），可见该区在全国农业生产中的作用。近年来，尽管黄淮海地区农业发展存在下滑的趋势，但在全国农业的重要地位没有动摇，它是保障我国未来食物安全的主要区域。在当前与未来中国食物安全问题形势严峻的情况下，黄淮海平原维系区域粮食安全的作用不可忽视，尤其是保障冬小麦和夏玉米等粮食作物的供给上。

维持或提高作物产量，减少生产风险，降低对自然资源的消耗和对土壤、水质的破坏，实现经济、生态和环境效益的结合同样是可持续农业追求的目标（FAO，1993）。黄淮海平原是我国农业生产中面临的各种效益冲突的典型地区，该区水土资源的可持续利用直接关系到全区乃至全国农业的可持续发展以及增长态势。要保障粮食安全、提高农业整体效益、促进农业可持续发展关键问题在于能否建立起资源节约型的农业结构。而发展资源节约型农作制技术是实现我国以及该区农业资源高效利用和保证粮食安全的重要途径。为此，本研究着重在该区探讨研究节水、节肥、节地等资源节约和高效利用的农作制模式，构建区域资源节约型农作制模式与配套技术体系。集约、高效、节约地利用有限的农业资源，缓解人口持续增加而造成的人均资源日趋短缺的矛盾，达到提高效率、降低成本、降低环境风险，促进经济、社会和生态效益协调发展，最终保证农业的可持续发展。

三、黄淮海平原粮食增产潜力

自国家联产承包的政策红利释放，随着当时全国人口激增，国家的粮食增产问题一度进入瓶颈期。考虑到黄淮海地区500个县，一个县增加5 000万kg，就是250亿kg。2003年到2010年，我国的粮食产量已经连续7年增产，年增长率接近3.3%。时任中央农村工作领导小组副组长的陈锡文在肯定成绩的同时，也指出粮食连续增长的时间越长，可能离减产的拐点也就越近。事实上，我国区域粮食单产水平差异较大，高产区粮食单产水平已经很高，增产难度加大，而中低产区单产水平较低，增产潜力巨大。以高产区的河北山前平原石家庄和中低产区的沧州进行对比，2009年，石家庄粮食单产已达446.6kg/亩，而沧州一带只有341.3kg/亩。一些恶劣条件以及不恰当的灌溉方式阻碍了粮食产量进一步提高。国家接受李振声院士建议，2013年开始实施"渤海粮仓"科技示范工程。根据黄淮海的经验，以县为单位，10年内的粮食增产幅度，小于350kg/亩的中低产田亩产增幅为100kg，亩产350kg到400kg的增幅为30kg以上，那么环渤海4 000万亩的中低产田到2020年可增产24亿kg。而改造100万亩盐碱荒地，可增产5亿kg，环渤海区域300万亩棉改粮可增产700kg/亩，就是21亿kg。这些加起来，我们认为到2020年可实现增产粮食50亿kg。2015年，环渤海地区增产量是16.5亿kg，2016年是27亿kg，2017年预计逼近30亿kg的增量（白云，2017）。

第三节　黄淮海平原节水节肥型农作制途径

一、黄淮海平原节水型农作制途径

（一）继续加强现有技术的高标准组装配套和大面积推广应用

黄淮海平原冬小麦面积1 263.1万hm²，占全区总播种面积的33.4%，夏玉米面积856.2万hm²，占全区总播种面积的22.7%，是本区主要作物类型，目前在该区涌现了多种类型的高效节水种植模式（表4-4）。通过筛选高产节水品种、优化灌溉制度以及耕作栽培优化等综合措施可实现大量节水，根据该区域研究结果，选用节水高产品种可在不增加耗水情况下实现冬小麦增产；利用秸秆覆盖技术夏玉米节水30~40mm；智能化墒情监测、优化灌溉制度和科学冬灌可减少冬小麦耗水40~50mm；集成节水品种、秸秆覆盖和优化灌溉技术，小麦/玉米每年可节水80~100mm。假定本区50%的冬小麦、夏玉米全面施行节水技术，年节水量可达44亿~55亿m³，节水效果明显。

表4-4　黄淮海平原典型节水种植模式

主导模式	节水幅度	适应区域	辐射面积	节水潜力
栾城"双百超吨粮"模式	亩节水100mm 亩节本100元	山前平原	450万亩	3亿m³
吴桥"小麦节水高产栽培技术"模式	亩节水50~100m³	黑龙港地区	600万亩	3亿m³
石家庄"蔬菜果树调亏控灌模式"	亩节水50~100mm	全区	900万亩	4亿m³
封丘"冬小麦—夏玉米周年节水高产"模式	亩节水50~75m³	豫北	750万亩	3.75亿m³
洛阳"一二三四"小麦玉米两熟制旱作节水模式	亩节水30~50m³	豫西	300万亩	1.5亿m³
陵县"春棉花节水高效模式"	亩节水80~100m³	全区	900万亩	7亿m³

该区蔬菜、果树面积分别达到456.3万hm²和215.6万hm²，种植面积占耕地面积的比例分别为18.0%和8.5%。其中，河北、山东、河南蔬菜种植面积占耕地面积比例分别为17%、23%、21%，种植耗水型果树比例分别为17%、

8.8%、5.6%。蔬菜面积大、用水多，已成为该区农业用水的主体作物，蔬菜以传统地面灌溉为主，蒸发损失多，水分利用效率低，次灌水量大，深层渗漏严重，造成养分淋失、面源污染，另外，灌溉周期频繁，年用水量大，造成用水浪费、病虫害严重。通过节水灌溉、薄膜覆盖等措施可实现蔬菜全年耗水量减少100mm，全区蔬菜年节水潜力可达到45亿m³。根据研究结果，通过调亏灌溉制度和节水灌溉方式，果园耗水量能够实现50~80mm的有效减降。按照最低50mm的节水量计算，全区果园年节水能够达到11亿m³。

（二）高度重视通过加强管理节水

管理是目前推广节水灌溉中最薄弱的环节。根据禹城站长期试验结果：吨粮田约耗水量900mm，当地降水量580mm，引水灌溉320mm即可实现亩产吨粮目标。禹城现在每亩引水量480mm，节水潜力160mm；禹城80万亩耕地全部采用末级渠系建设，可节水0.8亿m³；潘庄灌区采用计量用水后，每亩次灌溉节约用水约35m³，上游（齐河、禹城、平原）可节水1.5亿m³，可供下游扩大粮食种植面积112万亩，相当于增产粮食10亿kg（按水分利用效率1.7，水资源利用系数0.5计算）。根据禹城、封丘的经验，整个黄淮海引黄灌区粮食增产潜力可达50亿kg。

（三）优化区域种植制度，发挥地域农业资源优势

应根据区域和种植区的水资源实际情况，调整和优化种植结构，建立以水分均衡利用和农林牧结合协调发展的可持续农作系统是新近发展起来的、更高层次的节水农作制度研究领域（唐华俊等，2008）。黄淮海平原根据水资源状况可以分为以下3个区。

1. 南部淮河灌区与雨养农业区

在黄河以南直到淮河的区域，主要包括豫东、豫南、苏北和皖北等地区。该区水土热资源丰富，降水量高达700~1 000mm/年，蒸发需求低，收支大体相抵，但降水季节分布不均，春季仍有短期干旱（杜鹏等，1998）。因此，应将该区作为粮食生产的重点，节水农作制发展模式应选择以常规集约型为主，种植制度上以稻麦一年两熟为主，适当扩大大豆种植面积，使之成为我国主要的粮食生产基地。在相应地配套集成技术体系上可以实行丰产灌溉、优化施肥以及免耕等措施（赵亚丽等，2014）。

2. 中部引黄灌区

指燕山与太行山的山前平原和沿黄地区，包括豫北、鲁北、鲁西南和鲁中等地区。该区有山区集水和黄河水可以引用，降水量550~700mm/年，水

供应较宽裕（吴凯等，1997）。因此，该区应充分利用引黄灌溉的有利条件，积极实施优化集约型节水农作制发展模式，重点发展小麦—玉米一年两熟种植制度，并通过不断增加产量、改善品质，将该区建成高产优质粮食基地。同时积极推广以有限灌溉、优化施肥以及免耕为主的配套技术体系，以最大限度地提高水资源利用效率（赵亚丽等，2014）。

3. 北部井灌与雨养农业区

即河北省中南部远离太行山脉的低平原区域，包括燕山、太行山和冀中等地区。该区域降水偏少，降水量仅480~550mm/年，水的供需差额最大。地下水资源是该区重要的灌溉水源，一些地区由于地下水超采形成许多地下漏斗（吴凯等，1997）。因此，该区域应适当控制和压缩冬小麦种植面积，扩大玉米和其他耗水少的作物种植面积，重点发展资源保护型节水农作制模式，可选择冬小麦/夏玉米——春玉米两年三熟为主的种植制度，减少轮作制冬小麦的循环次数，同时大力推广有限灌溉、旱作等节水技术，积极实施优化施肥、免耕、秸秆覆盖等措施，以最大限度确保地下水资源的采补平衡（杨瑞珍等，2010）（表4-5）。

表4-5　几种可供选择的节水农作制模式

模式	适宜区域	目标	种植制度	灌溉技术	施肥	耕作技术
常规集约	丰水区	高产	一年两熟	优化灌溉	优化	免耕秸秆覆盖
优化集约	富水区	高产、节水	一年两熟	有限灌溉	优化	免耕秸秆覆盖
资源保护	贫水区	中产、节水	两年三熟	有限灌溉或旱作节水技术	优化	免耕秸秆覆盖

二、黄淮海平原节肥型农作制途径

（一）平衡施肥

该区域从20世纪80年代开始推广平衡（配方）施肥，整个发展过程经历了增施磷肥的氮磷肥配合施用阶段，增加钾肥用量，氮磷钾配合施用阶段，有机无机配合，大量元素、中微量元素平衡施用阶段。经过20多年的平衡施肥工作，土壤养分含量明显提高。同1980年全国第二次土壤普查的结果相比较，土壤磷含量提高最明显，其次是钾、氮，有机质也有一定的提高。平衡施肥在提高土壤养分供给能力方面具有明显作用。

（二）有机无机肥配合施用

长期以来，在作物施肥方法上，一直采用有机无机肥配合施用的方式，一般的做法是，在小麦—玉米一年两熟制耕作制度下，有机肥全部用在小麦上，同时配合施用无机肥料，夏玉米由于生长季节短，施用有机肥比较困难，一般只施用无机肥料，利用前季有机肥的后效。有机肥和无机肥配合施用，使肥效缓急相济、互补长短、提高肥效。在提高土壤有机质含量的同时，增加了土壤无机养分的含量，提高了土壤肥力。

（三）秸秆直接还田配合施用化肥

麦秸通过小麦联合收割机粉碎后直接覆盖土壤表面，玉米秸秆通过秸秆还田机粉碎，旋耕犁旋耕，然后翻耕，配合施用一定量尿素，降低C/N比，促进秸秆分解。通过秸秆还田，可以显著提高土壤有机质含量，增强土壤酶活性，改善土壤物理性状。调查表明，①秸秆还田具有明显的增产效果。进行秸秆还田具有培肥地力，增加土壤养分含量，提高蓄水保水能力，高温期降低土壤温度，减轻杂草危害，提高作物产量等优点。夏季田3 000kg/hm^{2}的麦秸、麦糠盖田，当季玉米平均增产400kg/hm^2，下茬小麦平均增产385kg/hm^2。②培肥了地力。施用秸秆还田，不仅当季增产，而且培肥了地力，还田的比不还田的耕层有机质每年增加0.05%，全氮增加0.028%，全磷增加0.012%，有效钾增加2.27mg/kg。③改善了土壤物理性状，还田一年土壤容重比不还田降低0.06~0.15g/cm^3，土壤孔隙度增加了2.1%~4.2%。

（四）轮作倒茬

实行轮作倒茬，是用养结合，培肥土壤的有效途径，因不同作物残留的茎叶、根系以及根系分泌物，对土壤中物质的积累和分解的影响不同，不同作物的根际微生物对土壤养分、水分的要求不同，其根系深度，利用养分、水分的层次也有差异，实行轮作倒茬，能起到相辅相成，协调土壤养分的作用。在胶东半岛，农民普遍采用两年三熟的轮作方式，即小麦—玉米—花生。每种两季禾本科作物，轮作一次豆科作物，使用地和养地相结合，通过花生根瘤菌的固氮作用，增加土壤氮素供用，提高土壤肥力。在鲁西南大蒜产区，采取蒜—粮或蒜—棉轮作模式。大蒜基肥大量施用有机肥，一般每公顷优质土杂肥施用75 000kg，配合施用化肥。有机肥的大量施用，明显改善了土壤养分状况和理化性状，为夏季粮棉作物的生产提供了良好的条件。

第四节　黄淮海平原节水节肥型农作主导模式及潜力

本节着重介绍课题组在河北省吴桥县试验基地开展的以资源节约和高效利用为主要内容的节水节肥型农作试验，通过获取典型区域作物水、肥等资源利用的一些基础参数，筛选适合当地生产的比较效益最优的水肥高效利用模式，最终目标是通过节水、节肥实现增产、增收、增效，促进农业可持续发展。

一、抗旱品种 + 优化灌溉组合节水模式

通过对品种结合不同灌溉模式下冬小麦、夏玉米单季及轮作体系作物的生长、物质生产、耗水特征以及水分利用的分析，探讨何种灌溉模式可适应研究区域，并筛选比较效益最优的冬小麦—夏玉米种植体系的节水灌溉方案。

（一）试验设计

试验于2008—2009年度在河北省吴桥县曹洼乡（37°4′102″N，116°37′23″E）进行，该区属于黄淮海平原黑龙港流域中部，海拔14~22m，地势平坦，地下水位7~9m。供试土壤为壤质底黏潮土，0~20cm土层养分含量为有机质10.21g/kg，全氮0.70g/kg，碱解氮62.73mg/kg，有效磷10.37mg/kg，速效钾35.93mg/kg，pH值为8.13；20~30cm土层分别含有机质9.69g/kg，全氮0.55g/kg，碱解氮45.00mg/kg，有效磷6.79mg/kg，速效钾30.49mg/kg，pH值为7.76。该区属于温带大陆性季风气候，冬季寒冷干燥、夏季高温多雨，多年平均气温12.9℃，平均降水量为552.7mm，近10年冬小麦生长季平均降水93.0mm。试验期间的年总降水量为708mm，其中冬小麦全生育期降水量为148.1mm，夏玉米生长季（6—9月）降水559.9mm，占全年总降水量的79.1%。

试验于2008年秋开始，冬小麦播前测定土壤墒情，浇底墒水，并整地施肥，每公顷底施复合肥（$N-P_2O_5-K_2O$：18-18-18）750kg。2008年10月16日播种，播种量为262.5kg/hm^2，2009年06月07日收获。夏玉米于2009年06月12日播种，播种前同样测定土壤墒情，浇底墒水（75mm），并整地施肥，底施复合肥（$N-P_2O_5-K_2O$：30-12-12）300kg/hm^2+控释肥（$N-P_2O_5-K_2O$：25-10-15）37.5kg/hm^2。播种量为52.5kg/hm^2，2009年10月01日收获。

具体试验采用裂区设计，主区为当地常用两冬小麦品种：济麦22和石麦15；副区为三种灌溉模式：浇底墒水（W1：一水，75mm）、浇底墒水+拔节水（W2：二水，75mm+90mm）、浇底墒水+拔节水+灌浆水（W3：三水，75mm+90mm+60mm）。小区面积为6m×15m，重复间设1m隔离带、重

复内不同灌溉处理之间设0.5m隔离带防止水分侧渗，随机排列，重复3次，共18个试验小区。三次灌溉的时间分别为：2008年10月14日（底墒水）、2009年04月10日（拔节水）、2009年05月15日（灌浆水），采用水表严格控制每次灌水量（表4-6）。

夏玉米在冬小麦季试验的基础上只做品种区别未做灌溉处理，即：在种植济麦22的试验地收获后全部种植郑单958，在种植石麦15的试验地收获后全部种植浚单20。两品种搭配的轮作体系分别为：济麦22—郑单958和石麦15—浚单20。试验期间的除草、病虫害及其他管理同一般田间操作。

表4-6　冬小麦灌溉处理方案

处理	代号	底墒水（mm）	拔节水（mm）	灌浆水（mm）	总灌水量（mm）
济麦22 W1	T11	75	0	0	75
济麦22 W2	T12	75	90	0	165
济麦22 W3	T13	75	90	60	225
石麦15 W1	T21	75	0	0	75
石麦15 W2	T22	75	90	0	165
石麦15 W3	T23	75	90	60	225

（二）组合节水模式对冬小麦土壤水分动态和水分利用效率的影响

分析冬小麦田间土壤水分变化规律可以为田间灌溉及节水措施的实行提供科学依据。如图4-4所示为：两品种冬小麦在不同灌溉模式下不同生育期土壤质量含水率变化的剖面比较，其中图4-4a为拔节期（2009.04.10测定，即：拔节水浇之前，所有处理均只浇过底墒水）；图4-4b为开花期（2009.05.02测定，拔节水浇后20天）；图4-4c为成熟期（09.06.06测定，灌浆水浇后22d）。

由图4-4a可见，拔节期两品种冬小麦0~200cm土体的土壤含水率变化趋势基本相同，都是随土体深度的增加含水率升高，济麦22（T1）在100cm以上的土层含水率要略高于石麦15（T2），但差异不显著。而100cm以下的土层含水率也有区别，在100~120cm土层，石麦15土壤含水率要明显低于济麦22。由图4-4b可见，受灌水影响120cm以上土层含水率变化剧烈，浇过拔节水的处理（T12、T13、T22、T23）在120cm以上的土壤含水率要明显高于未浇拔节水的T11和T21，而120cm以下的土层不受灌水的影响或所受影响很微弱，未呈现特定的规律。相比前一个测定时期图4-4a，开花期图4-4b在120cm以下的土壤含水率与其基本相同，可见，冬小麦从播种至开花期的生长主要利用土壤120cm以上的水分，从石麦15在100~120cm处的含水率明显低于其他处理也可以说明这点，并且此现象可进一步说明石麦15这一品种对土壤深层水的吸收能力强于济麦22。图4-4c为成熟期即将收获时测定，可见，水分变化剧烈的土层为140cm以上。0~40cm表层土未浇灌浆水的四个处理的土壤含水率明显低于浇过灌浆水的两处理（T13、T23），这主要是由灌浆水补充了表层土壤的水分所致。在80~120cm土层，T11土壤含水率明显低于T21，说明灌浆至成熟这一时期，济麦22在此土层对土壤水的吸收高于石麦15，可能的原因是在没有灌溉下，干旱刺激了济麦22的根系下扎，到后期才加大了对深层土壤水的吸收利用。40~100cm浇过拔节水的济麦22（T12）要明显低于浇过拔节水的石麦15（T22），说明济麦22在灌浆到成熟这一时期对土壤水分的吸收利用要高于石麦15。而40~100cm T13和T23的土壤含水率明显高于T12略高于T22，主要是由于两品种冬小麦在有了灌浆水的补充，即相应地减少了对土壤水的吸收。纵观三幅图可知，在时间分布上，无论是哪一品种哪一灌溉模式，在0~140cm均随冬小麦的生长发育土壤含水率逐渐降低。

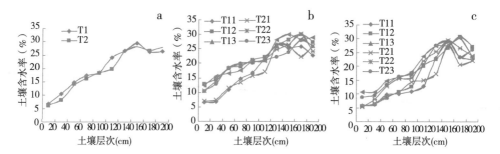

图4-4　不同灌溉模式下两品种冬小麦关键生育期土壤水分变化动态

图中：a.拔节期（2009/4/10）；b.开花期（2009/5/2）；c.成熟期（2009/6/6）。

灌溉次数及灌水量对冬小麦水分利用效率等影响的研究已较多（郭天财等，2002；李升东等，2009；吴永成等，2008；房全孝等，2004；孔箐锌等，2009；王伟等，2009；许振柱等，2003；董宝娣等，2007），但研究结果不尽一致。从图4-5和表4-7可知，全生育期冬小麦土壤贮水消耗量随灌水量的增加而减少，且冬小麦总耗水量与土壤贮水消耗量之间呈一定的负相关关系，这与增加灌溉后冬小麦先消耗灌溉水而后消耗土壤水有关。对于水分利用效率，并非灌水越多产量和水分利用效率就越高，而是在一定灌溉范围内，产量和水分利用效率有一个最佳组合。其中，T22处理的WUE最高，比T12高21.9%，比T13高7.4%，这说明T22处理在六个处理当中水分利用效率方面最具优势，既能充分利用水资源又保证了产量。T23处理与T13处理二者的产量无显著差异，且WUE相差无几。T21与T23与对应的T11与T13土壤贮水消耗量基本持平。整个生育期T22较T12少消耗土壤水53mm。而灌溉水水分利用效率在两品种上均为随灌溉量的增加而降低。综合以上不同灌溉模式下冬小麦整个生育期土壤贮水消耗量、产量及WUE状况来看，石麦15二水处理（T22）不仅能减少灌溉水量，而且能够同时发挥生物节水的特性，为最佳组合模式。

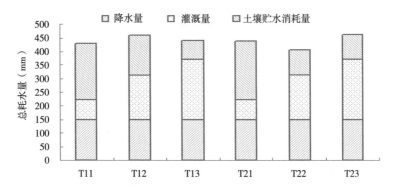

图4-5 不同灌溉模式下两品种冬小麦全生育期耗水构成

表4-7 两冬小麦品种不同灌溉模式下的水分利用效率

处理	济麦22			石麦15		
	T11	T12	T13	T21	T22	T23
降水量（mm）	148.1	148.1	148.1	148.1	148.1	148.1
灌溉量（mm）	75.0	165.0	225.0	75.0	165.0	225.0
土壤贮水消耗量（mm）	204.3	144.3	67.4	215.7	91.2	88.9
总耗水量（mm）	427.4	457.4	440.5	438.8	404.3	462.1
产量（kg/hm²）	6 606.6 b	7 587.0 ab	8 296.4 a	7 452.4 ab	8 175.6 a	8 407.5 a
WUE〔kg/（mm·hm²）〕	15.5	16.6	18.8	17.0	20.2	18.2
WUE$_I$〔kg/（mm·hm²）〕	88.1	46.0	36.9	99.4	49.6	37.4

（三）组合节水模式对冬小麦—夏玉米周年产量的影响

冬小麦和夏玉米的经济产量是由单位面积穗数、穗粒数及千粒重三个因素确定。不同灌溉模式下的产量及构成因素如表4-8所示，首先不同灌溉模式对冬小麦单位面积穗数的影响为：随灌溉量的增加单位面积有效穗数增加，其中W3处理单位面积的有效穗数显著大于W1，且大于W2，但二者差异不显著。穗粒数在三种灌溉模式下无显著差异。千粒重W1处理最高，但三种灌溉模式下差异均不显著。冬小麦的理论产量表现为：W3>W2>W1，其中，W2比W1增产9.7%，W3比W1增产12.8%且二者差异显著。纵观冬小麦的理论产量，差异主要由穗数引起，说明穗数是决定冬小麦最终产量的关键因素，拔节水和灌浆水有明显提高单位面积有效穗数的作用。再者，夏玉米在冬小麦季三种不同灌溉模式下，其产量构成三因素变异均较小，说明夏玉米在降水充沛（试验夏玉米季降水559.9mm）的情况下其生长受前茬冬小麦季灌溉的影响较小。穗粒数虽然也表现为：W3>W2>W1，但三者差异均不显著。综合产量构成的三因素，夏玉米理论产量的差异主要是由穗粒数不同导致，其中，W2比W1增产7.8%，W3显著高于W1，高出12.2%。最后综合两季作物看，周年产量变化规律为：W3较W2增产幅度小，二者无显著差异，但均显著高于W1处理，分别高出12.5%和8.7%。以上结果表明，冬小麦季生育期进行一定的灌溉，是保证作物单季及周年高产、稳产的重要因素。

表4-8   不同灌溉模式下冬小麦—夏玉米的产量及构成因素

灌溉模式	冬小麦				夏玉米				周年总产量（kg/hm²）
	穗数（×10⁴/hm²）	穗粒数（个/穗）	千粒重（g）	理论产量（kg/hm²）	穗数（×10⁴/hm²）	穗粒数（个/穗）	千粒重（g）	理论产量（kg/hm²）	
W1	667.5 b	27.4 a	40.6 a	7 452.4 b	5.913 a	454.0 a	341.9 a	9 159.0 b	16 611.4 b
W2	752.6 ab	28.2 a	38.5 a	8 175.6 ab	5.921 a	489.2 a	341.1 a	9 876.1 ab	18 051.7 a
W3	792.3 a	27.7 a	38.4 a	8 407.5 a	5.914 a	499.9 a	347.6 a	10 281.6 a	18 689.1 a

（四）组合节水模式对冬小麦—夏玉米周年水分效应的影响

土壤水分变化动态：田间土壤水分变化可以反映作物对土壤水的吸收利用情况，为了确切反映不同灌溉模式下的土壤水分状况，选取降水或灌溉一段时间后的测定值进行比较（张忠学等，2000），如图4-6所示为冬小麦、夏玉米生育期土壤质量含水率的变化情况，选取两作物的两个关键生育期进行对比分析。可以看出，首先，A：由于拔节水对土体的补充，W2和W3处理在抽穗期（拔节水浇后三周，水分在土壤中的运移已稳定）0~120cm各土层的含水率明显高于未浇拔节水的处理（W1），说明由播种至抽穗期间冬小麦生长主要利用土壤120cm以上的水分。B：成熟期W3（浇过灌浆水）各土层含水率与W2各土层含水率均高于W1，且W3和W2间差异不大，可能的原因除了冬小麦的吸收利用外，此时气候因素导致的土壤无效蒸发增强，所以W3各土体含水率较W2基本持平，并未显著提高其整个土体的含水率。再者，从夏玉米季土壤含水率来看，虽然前茬冬小麦实行了不同的灌溉模式，但由于生长季降水量大，土体水分得到较多补给。因此，至C十叶展时期三个处理夏玉米在0~120cm各土层含水率已基本持平。而120~200cm土层可能由于冬小麦季灌浆水的影响下渗到下部土体的水分亦增加，所以W3土壤含水率明显高于W1和W2。至D成熟期三个处理0~60cm土层含水率已达20%左右，且随土层加深含水率呈上升趋势。可见，夏玉米播种至成熟整个生长季的大量降水可满足其生长需要，且最终使土壤含水率维持在较高水平，此时，冬小麦季不同灌溉处理在夏玉米季降水充沛的条件下成为影响夏玉米当季土壤含水率的次要因素。

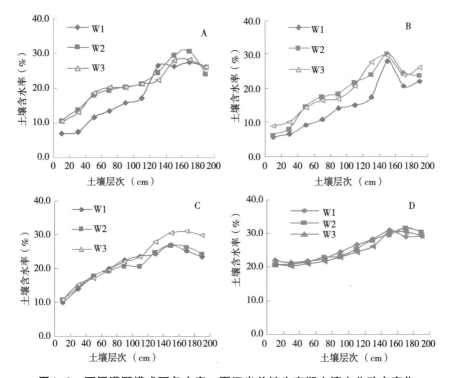

图4-6 不同灌溉模式下冬小麦、夏玉米关键生育期土壤水分动态变化

注：A.冬小麦抽穗期（2009/05/02）；B.冬小麦成熟期（2009/06/06）；

C.夏玉米十叶展期（2009/07/16）；D.夏玉米成熟期（2009/10/01）

耗水及其组成：由表4-9可见，首先不同灌溉模式下，冬小麦全生育期对土壤贮水的消耗量随灌溉量数的增加而减少，W2比W1土壤贮水消耗量的减少幅度（124.6mm）远大于W3比W2的减少幅度（2.2mm）。随灌溉的增加，灌溉量占总耗水量的比例增大，土壤贮水消耗量占总耗水量的比例下降，而降水量所占总耗水量的比例基本相同。以上说明，在有灌溉的条件下冬小麦的生长充分利用灌溉水之后才消耗土壤贮水。再者，夏玉米全生育期的土壤贮水消耗量由冬小麦季的正值变为负值，说明此时由于降水的影响夏玉米生长主要消耗自然降水，土壤贮水未被消耗而是进行了蓄水，且随冬小麦季灌溉的增多蓄水量减少，由于W1在冬小麦收获后0~200cm土体含水率很低（图4-6）因此土壤贮水量最高，达304.8mm。夏玉米季总耗水量与冬小麦季不同，表现为：W3>W2>W1，即在冬小麦季灌溉增加的处理相应的夏玉米季总耗水量也增加。而随冬小麦季灌溉的增加，夏玉米季灌溉量和降水量占当季总耗水量的比例下降，但均为W2比W1的降低幅度远大于W3比W2的降低幅度。

表4-9 不同灌溉模式下冬小麦—夏玉米的耗水量及其组成

灌溉模式	冬小麦季							夏玉米季						
	总耗水量（mm）	灌溉量		降水量		土壤贮水消耗量		总耗水量（mm）	灌溉量		降水量		土壤贮水消耗量	
		mm	%	mm	%	mm	%		mm	%	mm	%	mm	%
W1	438.8	75.0	17.1	148.1	33.7	215.8	49.1	330.1	75.0	22.7	559.9	169.6	-304.8	-92.3
W2	404.3	165.0	40.8	148.1	36.6	91.2	22.5	444.0	75.0	16.9	559.9	126.1	-190.9	-43.0
W3	462.1	225.0	48.7	148.1	32.1	89.0	19.2	484.1	75.0	15.5	559.9	115.6	-150.8	-31.1

水分利用效率：由表4-10可知，首先，冬小麦WUE在W1和W3处理下表现均不理想，在W2处理由于产量提高幅度较大（表4-9）、耗水量相对较低（表4-10）WUE达最高，分别比W1和W3高出19.1%和11.1%。再者，夏玉米季的WUE随冬小麦季灌溉的增加而降低，其中，W1处理由于总耗水量较低（表4-10）其WUE达27.74kg/（mm·hm²）远高于其他两处理，W2比W3处理的WUE高1.01kg/（mm·hm²），两者差别较小。最后从周年总耗水量来看，随灌溉的增加而增加，周年WUE随灌溉的增加而减少。三种灌溉模式下，W1处理的周年WUE最高主要是由于周年耗水量最低，但三个处理周年WUE均差异较小，W2比W1处理的周年WUE仅低0.32kg/（mm·hm²），二者相差无几。结合两季作物的产量，并综合以上分析，W2处理能保证冬小麦—夏玉米体系有较高的总产量和总WUE，且周年总耗水量适中，是该年型下较好的灌溉模式。

表4-10 不同灌溉模式下冬小麦—夏玉米的水分利用效率（WUE）

处理	W1		W2		W3	
	冬小麦	夏玉米	冬小麦	夏玉米	冬小麦	夏玉米
单季水分利用效率 WUE〔kg/（mm·hm²）〕	16.98	27.74	20.22	22.25	18.20	21.24
周年总耗水量（mm）	768.90		848.21		946.11	
周年水分利用效率 WUE$_t$〔kg/（mm·hm²）〕	21.60		21.28		19.75	

（五）节水潜力分析

试验结果表明，从产量和水分利用效率两方面看，石麦15比济麦22有一定的节水优势。在各灌溉处理下，石麦15产量均高于济麦22，石麦15浇二水处理有较高的籽粒产量和最高的水分利用效率。这一研究结果也表明，优化的灌溉模式离不开适宜的品种为基础，将适宜的品种与优化的灌溉方式相结合，是提高冬小麦产量和水分利用效率的有效途径。同时，对于水资源紧缺的黄淮海平原冬小麦—夏玉米一年两熟地区而言，选用适宜的节水高产冬小麦品种与优化的灌溉模式相结合，不仅有利于冬小麦当季节水增产，而且由于此组合的冬小麦对土壤水消耗较少，也为下茬作物夏玉米创造了良好的底墒，因此也将有利于保证全年两季作物均衡高产。

节水农业解决的关键问题是提高自然降水和灌溉水的利用效率（山仑等，1991），研究表明，实行冬小麦节水栽培有利于提高整个轮作周期的水、氮利用效率（李建民，2000），冬小麦生育期进行合理的水分管理是实现高产的关键（巨晓棠等，2002）。华北平原地区冬小麦—夏玉米是主要种植作物，一般为一年两作接茬平播种植（王树安，1991）。有研究指出，鲁西北地区冬小麦—夏玉米一年两熟制年耗水量在800mm，而年降水量500~600mm仅能满足作物耗水量的50%~60%（任鸿瑞等，2004）。因此，冬小麦季需进行一定的灌溉。合理高效的灌溉制度能够优化冬小麦耗水结构，降低灌溉量及总耗水量，并能显著提高产量水平和水分利用效率（张胜全等，2009）。

本研究采用平播种植，从水分角度出发，在单季施氮量和氮肥类型分别相同的情况下，综合研究冬小麦—夏玉米在不同灌溉模式下单季及轮作体系周年的产量、耗水量和水分利用效率的差异。结果表明：①冬小麦季降水较少其产量受灌溉的影响较大，生育期水分充足可保证较高产量。夏玉米季由于降水充分，受冬小麦季不同灌溉模式的影响较小，但产量也有差异。两季作物周年总产量为：W3与W2处理无显著差异，均显著高于W1处理，分别高出12.5%和8.7%。可见，冬小麦季生育期进行一定的灌溉是保证作物单季及周年高产、稳产的重要因素。②冬小麦全生育期的耗水中，土壤水的消耗量与灌溉量密切相关，而夏玉米的耗水主要来自于降雨。研究认为，麦田总耗水量随着灌溉量的增加而增加（黄德明，1994；程宪国等，1996），土壤水的消耗量随灌溉次数的增加而减少（李建民等，1999），土壤水消耗量占总耗水量的比例随灌溉量的增加而降低（王德梅等，2008），这些结论与本试验结果一致。冬小麦和夏玉米的单季耗水、WUE的变化趋势各不相同，而轮作体系周年总耗水量随灌溉量的增加而增加，周年WUE随灌溉的增加而减少。三种灌溉模式下的周年WUE差异较小，W2比W1仅低0.32kg/（mm·hm^2）。冬小麦W2处理对土壤水消耗较少保证冬小麦—夏玉米轮作体系有较高的总产量和总WUE，是较好的节水丰产灌溉模式。

二、节水种植模式

通过比较研究区不同种植模式下各种作物的产量、水分资源利用及不同种植制度的经济效益等，探求不同种植模式的水资源节约潜力，筛选适宜当地生产的最佳种植模式，实现以较少的农业用地产生较大效益的目的。

（一）试验设计

试验于2008年秋开始，在河北吴桥试验基地设置不同熟制的七种种植模式，其中有一年两熟制的冬小麦—夏玉米、冬小麦—夏大豆、冬小麦—夏花生，两年三熟制的春花生→冬小麦—夏玉米（简称春花生→麦—玉）、春大豆→冬小麦—夏玉米（简称春大豆→麦—玉）、春玉米→冬小麦—夏玉米（简称春玉米→麦—玉）和一年一熟制的春棉花单作。施肥方式除夏花生和夏大豆为中期追肥外，其他作物均为底肥一次性施入，且用量一致。灌水、病虫草害等管理均为当地常规管理。每试验区面积为20m×7m，无重复，随机排列。

（二）不同种植模式的系统产量比较

不同种植模式的产量比较表明（表4-11），单季作物产量相比较，春玉米>夏玉米>冬小麦>春棉花，春花生、春大豆、夏花生、夏大豆四种作物的产量无显著差异均显著低于前四种作物。两年内一年两熟制的冬小麦—夏玉米模式的总产量最高，显著高于其他几种种植模式。从不同熟制来看，一年两熟制三种模式的年平均产量大于两年三熟制三种模式的年平均产量大于一年一熟制的春棉花。不同作物产量在年际间的增加趋势不相同，但一年两熟制的三种模式的几种作物在年际间产量表现基本一致，无太大波动。综合分析表明，种植模式的产量随复种指数的提高而提高，且主要由玉米、小麦决定最终产量的高低。

表4-11　不同种植模式的产量

种植模式	年份	作物	单季产量（kg/hm^2）	系统总产量（kg/hm^2）
春棉花	2008—2009	春棉花	3 894.0	
	2009—2010	春棉花	3 427.5	7 321.5
春玉米→麦—玉	2008—2009	春玉米	10 248.0	
	2009—2010	冬小麦	6 048.0	
		夏玉米	7 762.5	24 058.5
春大豆→麦—玉	2008—2009	春大豆	2 566.5	
	2009—2010	冬小麦	6 459.0	
		夏玉米	8 026.5	17 052
春花生→麦—玉	2008—2009	春花生	2 512.5	
	2009—2010	冬小麦	6 292.5	
		夏玉米	7 402.5	16 207.5
冬小麦—夏花生	2008—2009	冬小麦	6 484.5	
		夏花生	2 434.5	
	2009—2010	冬小麦	6 709.5	
		夏花生	2 292.0	17 920.5
冬小麦—夏大豆	2008—2009	冬小麦	6 427.5	
		夏大豆	2 553.0	
	2009—2010	冬小麦	6 457.5	
		夏大豆	2 412.0	17 850
冬小麦—夏玉米	2008—2009	冬小麦	6 865.5	
		夏玉米	9 310.5	
	2009—2010	冬小麦	5 929.5	
		夏玉米	8 656.5	30 762

注：表中系统总产量为各作物经济产量的简单相加；春棉花产量为籽棉产量

（三）不同种植模式的经济效益比较

对不同种植模式进行经济效益评价（表4-12），采用综合评价法对单季作物和不同种植模式两年系统的投入、产出、产投比和经济收益进行评价。可以看出，春棉花、春花生和夏花生的投入较高，均在每公顷地8 000元以上，但产值却是春棉花远高于春花生和夏花生。而冬小麦、春玉米、夏玉米的平均投入最低但其产值却远高于春花生和夏花生。产投比由于2010年的市场收购价格的影响，春棉花在2010年的产投比最高达3.12。除春棉花外，单季作物的产投比以春玉米、夏玉米较高达2.5元/元以上，均高于其他几种作物。

由于研究针对的是不同种植模式整体经济效益的评价，因此重点对两年体系各方面的总效益进行比较，可知，除春棉花单作外，随种植茬数增加，系统总投入相应提高，但系统总投入的增加与系统总产值的增加并非同步。两年内一年两熟制的冬小麦—夏花生体系的总投入最高为30 262.7元，但其两年系统纯收益却较低仅为15 025.4元，其系统产投比为1.50元/元；其次是冬小麦—夏大豆模式的投入为28 299.8元，系统纯收益却最低为14 084.9元。这两种模式的产投比相同，在七种种植模式中为最低，说明这两种模式的费工矛盾很突出。两年三熟制的春花生→麦—玉和春大豆→麦—玉模式的产投比均在2.0元/元以下，经济效益也较差。从产投比考虑，春棉花、春玉米→麦—玉和冬小麦—夏玉米三种模式较好，而最高的一年一熟制春棉花模式主要是由2010年的市场籽棉收购价格过高（超出正常价格）导致，若较高的籽棉收购价格不能保持则其效益也会降低。而两年内的系统纯收益也以这三种模式显著高于其他四种模式，春棉花单作模式和冬小麦—夏玉米一年两熟制模式两年内的系统纯收益均在3万元以上，总体经济效益最好。综合以上结果说明，正常年份适合研究区的种植模式为：春棉花单作、一年两熟制的冬小麦—夏玉米，两年三熟制的春玉米→麦—玉，而其他四种模式效益较差，可考虑适当压缩种植面积。

表4-12 2008—2010年不同种植模式的经济效益

（元/hm²）

种植制度	种植模式	年份	作物	投入	产值	产投比（元/元）	收益	系统总投入	系统总产值	系统产投比	系统纯收益
一年一熟	春棉花	2008—2009	春棉花	10 402.8	23 753.4	2.28	13 350.6				
		2009—2010	春棉花	11 002.8	34 275.0	3.12	23 272.2	21 405.6	58 028.4	2.71	36 622.8
	春玉米→麦—玉	2008—2009	春玉米	6 798.3	17 422.1	2.56	10 623.8				
		2009—2010	冬小麦	7 447.8	12 700.8	1.71	5 253.0				
			夏玉米	5 043.75	14 127.8	2.80	9 084.1	19 289.9	44 250.7	2.30	24 960.85
两年三熟	春大豆→麦—玉	2008—2009	春大豆	7 380.3	8 213.3	1.11	833.0				
		2009—2010	冬小麦	7 447.8	13 563.9	1.82	6 116.1				
			夏玉米	5 043.75	14 608.2	2.90	9 564.5	19 871.9	36 385.4	1.83	16 513.55
	春花生→麦—玉	2008—2009	春花生	8 861.6	9 546.9	1.08	685.3				
		2009—2010	冬小麦	7 447.8	13 214.3	1.77	5 766.5				
			夏玉米	5 043.75	13 472.6	2.67	8 428.9	21 353.2	36 233.8	1.70	14 880.65
一年两熟	冬小麦—夏花生	2008—2009	冬小麦	6 773.6	12 320.6	1.82	5 547.0				
			夏花生	8 017.8	9 251.1	1.15	1 233.3				
		2009—2010	冬小麦	7 447.8	14 090.0	1.89	6 642.2				
			夏花生	8 023.5	9 626.4	1.20	1 602.9	30 262.7	45 288.1	1.50	15 025.4
	冬小麦—夏大豆	2008—2009	冬小麦	6 773.6	12 212.3	1.80	5 438.7				
			夏大豆	7 312.8	8 169.6	1.12	856.8				
		2009—2010	冬小麦	7 447.8	13 560.8	1.82	6 113.0				
			夏大豆	6 765.6	8 442.0	1.25	1 676.4	28 299.8	42 384.7	1.50	14 084.9
	冬小麦—夏玉米	2008—2009	冬小麦	6 773.6	13 044.5	1.93	6 270.9				
			夏玉米	5 286.75	15 083.0	2.85	9 796.3				
		2009—2010	冬小麦	7 447.8	12 452.0	1.67	5 004.2				
			夏玉米	5 586.75	15 754.8	2.82	10 168.1	25 094.9	56 334.3	2.24	31 239.4

（四）不同种植模式的水分效益比较

不同种植模式的水分利用效率比较：

不同种植模式的耗水和水分利用效率见表4-13，从单季作物来看，总耗水量受降水的影响较大，冬小麦整个生育期的耗水中土壤水的消耗量与降水量密切相关，降水多的年份（2008—2009）对土壤水的消耗相对较少，而降水少的年份（2009—2010）则对土壤水的消耗加大。夏玉米、夏花生、夏大豆、春玉米、春花生、春大豆和春棉花的耗水则主要是来自于降水。且夏玉米、夏花生、夏大豆和春棉花年际间总耗水量因受降水量影响而变异幅度大于冬小麦。可能的原因是，冬小麦上层土壤在含水量较少的情况下其发达的根系可以继续利用较深层的地下水，而其他作物则主要利用的上层土壤水。而除冬小麦和春棉花外，其他作物的整个生育期由于降水量的原因，不消耗土壤水。从单季作物的WUE来看，以夏玉米的WUE为最高，各种模式中夏玉米的WUE均在22kg/（mm·hm²）以上，与其他作物的WUE差异较大。其次是春玉米和冬小麦的WUE也相对较高，而其他作物的WUE均在7kg/（mm·hm²）以下，且年际间的差异也较大。而夏花生、夏大豆、春花生、春玉米和春棉花的产量相对冬小麦、春玉米、夏玉米产量较低也是其水分利用效率很低的直接原因，并且直接导致了其不同轮作体系两年的总WUE也较低。

除了对不同种植模式的单季作物耗水、水分利用效率进行分析外，对三种种植制度的七种种植模式两年的结果作为整体进行分析，可更加清楚地比较一年两熟制、两年三熟制和一年一熟制的差异，同时也能排除干旱和多降水年对结果造成的影响。两年的轮作周期结束后，三种种植制度在两年生育期内总耗水量表现趋势平均为：一年两熟＞一年一熟＞两年三熟，其中两年三熟中的春大豆→麦—玉模式是七种模式中耗水量最低的，两年总耗水量为1 258.1mm。冬小麦—夏玉米、冬小麦—夏大豆、冬小麦—夏花生、春花生→麦—玉、春玉米→麦—玉和春棉花模式的两年总耗水量分别比春大豆→麦—玉模式高出35.9%、38.1%、36.9%、12.0%、15.5%和15.2%。可见，一年两熟制的三种种植模式的总耗水量均较高且基本一致，而两年三熟制中除了春大豆→麦—玉模式外，其余两种模式的总耗水与一年一熟的春棉花单作的总耗水量基本相同。而两年内，春玉米→麦—玉种植模式总耗水量比冬小麦—夏玉米低257.3mm。

从耗水项所占的比例来看，一年两熟制的各耗水项所占总耗水量的比例也基本一致，而两年三熟制之间各项比例稍有差异。从两年系统的总WUE来看，以一年两熟制的冬小麦—夏玉米模式和两年三熟的春玉米→麦—玉和春大豆→麦—玉模式较高，分别为18.0kg/（mm·hm²）、16.6kg/（mm·hm²）和13.6kg/（mm·hm²），其中尤以冬小麦—夏玉米模式为最好。可见，在该地区相同耗水量的情况下，以冬小麦—夏玉米模式为水分利用效率最佳模式，其次为春玉米→麦—玉模式。而其他总耗水量相对较低的模式其水分利用效率也最低。

不同种植模式系统的水分利用效益比较：

单位水量的经济收益可表示用水的有效性，这一指标在各个领域得到广泛应用。本研究采用了不同种植模式下两年的总产值与总耗水量的比值来表征水分利用效益（EBWU）（表4-14），七种种植模式两年的总水分利用效益以春棉花单作最高为4.00，这可能与2010年棉花的市场收购价格很高有关（2010年籽棉的收购价格为10元/kg）。其次为冬小麦—夏玉米一年两熟种植模式，平均每消耗一方水产生3.29元经济效益，而春花生→麦—玉和冬小麦—夏花生、冬小麦—夏大豆的水分利用效益相对较低均为每消耗一方水产生2.5元左右的经济效益，这也主要是由春花生、夏花生和夏大豆的产量较低引起的。而春大豆→麦—玉的EBWU为2.89，低于春玉米→麦—玉（3.04）。总体来看，一年两熟制模式的平均EBWU与两年三熟制的平均EBWU基本相同都低于春棉花一年一熟制。从用水有效性的角度来看，该地区种植一年一熟制的春棉花和一年两熟制的冬小麦—夏玉米效益最大，对于其他水分利用效益较低的种植模式，如：春花生→麦—玉、冬小麦—夏花生、冬小麦—夏大豆等，可以考虑适当压缩种植面积，以发展其他水分利用效益和经济效益高的种植模式。

表4-13 不同种植模式下作物的耗水和水分利用效率

种植制度	种植模式	作物	年份	单季					两年内				
				灌溉量（mm）	降水量（mm）	土壤贮水消耗量（mm）	总耗水量（mm）	WUE[kg/(mm·hm²)]	灌溉量（mm）	降水量（mm）	土壤贮水消耗耗量（mm）	总耗水量（mm）	WUE[kg/mm·hm²]
一年一熟	春棉花	春棉花	2008—2009	90	647.9	77.1	815	4.8					
		春棉花	2009—2010	90	501.4	43.1	634.5	5.4	180	1 149.3	120.2	1 449.5	5.1
	春玉米	春玉米	2008—2009	120	617.2	−79.7	657.5	15.6					
	→麦-玉	冬小麦	2009—2010	150	71.6	242.9	464.5	13.0					
		夏玉米		75	467.6	−211.2	331.4	23.4	345	1 156.4	−48	1 453.4	16.6
两年三熟	春大豆	春大豆	2008—2009	120	396.6	−23.27	493.3	5.2					
	→麦-玉	冬小麦	2009—2010	150	71.6	176.6	398.2	16.2					
		夏玉米		75	467.6	−176.0	366.6	21.9	345	935.8	−22.7	1 258.1	13.6
	春花生	春花生	2008—2009	105	617.2	−68.53	653.7	3.8					
	→麦-玉	冬小麦	2009—2010	150	71.6	207.4	429	14.7					
		夏玉米		75	467.6	−216.7	325.9	22.7	330.	1 156.4	−77.8	1 408.6	11.5
一年两熟	冬小麦	冬小麦	2008—2009	165	148.1	145.8	458.9	14.1					
	→夏花生	夏花生		90	559.9	−185.7	464.2	5.2					
		冬小麦	2009—2010	150	71.6	254.8	476.4	14.1					
		夏花生		90	467.6	−234.2	323.4	7.1	495	1 247.2	−19.3	1 722.9	10.4
	冬小麦	冬小麦	2008—2009	165	148.1	145.8	458.9	14.0					
	→夏大豆	夏大豆		90	559.9	−197.2	452.7	5.6					
		冬小麦	2009—2010	150	71.6	260.5	482.1	13.4					
		夏大豆		90	467.6	−213.7	343.9	7.0	495	1 247.2	−4.6	1 737.6	10.3
	冬小麦	冬小麦	2008—2009	165	148.1	145.8	458.9	15.0					
	→夏玉米	夏玉米		75	559.9	−130.2	504.7	18.5					
		冬小麦	2009—2010	150	71.6	204.4	426	13.9					
		夏玉米		75	467.6	−221.5	321.1	27.0	465	1 247.2	−1.5	1 710.7	18.0

表4-14 不同种植模式的水分利用效益

种植模式	两年总耗水量（mm）	产值（元/hm²）	EBWU（元/m³）
春棉花	1 449.5	58 028.4	4.00
春玉米→麦—玉	1 453.4	44 250.7	3.04
春大豆→麦—玉	1 258.1	36 385.4	2.89
春花生→麦—玉	1 408.6	36 233.8	2.57
冬小麦—夏花生	1 722.9	45 288.1	2.63
冬小麦—夏大豆	1 737.6	42 384.7	2.44
冬小麦—夏玉米	1 710.7	56 334.3	3.29

（五）潜力分析

该地区相同耗水量的情况下，以冬小麦—夏玉米模式为水分利用效率的最佳模式，其次为春玉米→麦—玉模式，且产量和经济效益均较好，而春棉花虽然耗水量相对较高但其经济效益最好，其他总耗水量相对较低的模式其水分利用效率也最低，在种植可以不予考虑。

综合以上结果说明，正常年份适合研究区的种植模式为：一年两熟制的冬小麦—夏玉米、春棉花单作，两年二熟制的春玉米→麦—玉，而其他四种模式因各方面的效益较低，因此可以考虑适当压缩种植面积。因两年内春玉米→麦—玉种植模式比冬小麦—夏玉米总耗水量节省257.3mm，且考虑到该区严重缺水的现实，春玉米→麦—玉两年三熟模式可能是未来的较佳的熟制选择，但如何进一步通过技术手段来提升春玉米的产量是关键。

三、冬小麦—夏玉米水肥高效利用模式

通过不同的水肥模式应用于冬小麦—夏玉米轮作体系，揭示不同水肥模式下作物的物质生产、养分吸收、耗水特征和水肥利用情况等，筛选适合研究区的最佳水肥高效利用模式。

（一）试验设计

试验于2009年至2010年在中国农业大学吴桥实验站进行。①冬小麦季：设置5种不同的水肥组合处理（具体试验灌水、施肥方案见表4-15）。2009年10月14日播种，品种为济麦22，播种量为225kg/hm²，2010年06月16日收获。试验设三次重复，小区面积为7m×5.2m，共15个试验小区，不同灌水

处理小区之间设1m隔离带防止水分侧渗，灌水时间分别为：2009年10月11日（底墒水）、2010年03月22日（返青水）、2010年04月11日（拔节水）和2010年05月20日（灌浆水），采用水表严格控制每次灌水量，病虫草害防治同大田管理。②夏玉米季全生育期不进行灌溉，在冬小麦试验地块的基础上进行。由于夏玉米生长季降水充沛，因此没有进行水分处理。在前茬冬小麦秸秆还田、浇底墒水（75mm）后进行整地、施肥。夏玉米于2010年06月24日播种，品种为郑单958，播种量为67.5kg/hm²，2009年10月03日收获。夏玉米具体试验施肥方案设计见表4-16。

表4-15　冬小麦水肥模式试验设计

处理	灌溉方案	施肥方案
水肥方案A	一底三水（底墒90mm+返青75mm+拔节75mm+灌浆75mm）	每亩基施二铵20kg+尿素30kg+钾肥15kg 即：每亩共施N：17.4kg；P_2O_5：9.2kg；K_2O 7.5kg
水肥方案B	一底二水（底墒90mm+返青75mm+拔节75mm）	每亩基施二铵20kg+尿素30kg+钾肥15kg 即：每亩共施N：17.4kg；P_2O_5：9.2kg；K_2O 7.5kg
水肥方案C	一底一拔节水（底墒90mm+拔节75mm）	每亩基施二铵20kg+尿素20kg+钾肥15kg 即：每亩共施N：12.8kg；P_2O_5：9.2kg；K_2O 7.5kg
水肥方案D	一底一拔节水（底墒90mm+拔节75mm）	每亩基施二铵20kg+尿素10kg+钾肥15kg+拔节期追施尿素10kg 即：每亩共施N：12.8kg；P_2O_5：9.2kg；K_2O 7.5kg
水肥方案E	只浇底墒水（90mm）	每亩基施二铵20kg+尿素20kg+钾肥15kg 即：每亩共施N：12.8kg；P_2O_5：9.2kg；K_2O 7.5kg

表4-16　夏玉米水肥模式试验设计

处理	施肥方案
A（对应小麦季方案A）	每亩基施二铵20kg+尿素30kg 即：共施N：17.4kg；P_2O_5：9.2kg
B（对应小麦季方案B）	每亩基施二铵20kg+尿素30kg 即：共施N：17.4kg；P_2O_5：9.2kg
C（对应小麦季方案C）	每亩基施二铵20kg+尿素15kg 即：共施N：10.5kg；P_2O_5：9.2kg
D（对应小麦季方案D）	每亩基施二铵20kg+尿素7.5kg+小口期追施尿素7.5kg 即：共施 N：10.5kg；P_2O_5：9.2kg
E（对应小麦季方案E）	每亩基施二铵20kg+尿素15kg 即：共施N：10.5kg；P_2O_5：9.2kg

（二）不同水肥模式对冬小麦、夏玉米产量的影响

不同水肥模式下冬小麦的穗部性状、产量及产量构成如表4-17所示，可见，不同水肥模式对冬小麦产量及各因素的影响程度不同。五种水肥模式下

的穗长、有效穗数和穗粒数均为A、B、C、D间无明显差异且均显著高于E模式；每穗小穗数间差异不显著；败育小穗数为E>B>D>C>A，且B、C、D间差异不显著。千粒重表现为A显著高于B、D，且B、D间差异不显著，而B、D又显著高于C、E，且C、E间差异不显著。综合产量构成三因素，理论产量间的差异更主要是由千粒重引起的，可见，五种水肥模式对千粒重的影响程度最大。理论产量为A>D>B>C>E，A、D、B、C相对于E分别提高65.7%、55.8%、49.9%和25.6%。而处理间实际产量的差异趋势与理论产量基本相同。由此可见，一定的水肥措施能大幅提高冬小麦的产量，相同底肥的情况下，灌水和减施的底肥在拔节期追施对产量的提高幅度较大（D），而B模式虽然相对D多了返青水和较高的底肥，但产量并没有高于D模式，这可能跟当年的气候因素有关，由于冬小麦进入返青期时温度仍然很低，因此浇过返青水的A、B处理地温回升缓慢，部分麦苗受冻长势较差，因此返青水对冬小麦产量的提高作用几乎没有显现，而A模式的产量较B模式的提高部分更主要是由灌浆水引起的。从经济和节水的角度考虑，由于A模式的大水大肥虽然产量相对于E模式的提高幅度很大，但是结合实际生产投入来看，A比D提高幅度仅为6.3%，由此可见A的大水大肥效益相对D较差，D模式在实际生产中应优先考虑，而C模式虽然水肥量与D相同，但由于肥料为底肥一次性投入，在冬小麦生育后期肥料促进冬小麦生长的作用降低，因此增产效果较弱。

表4-17　不同水肥模式下冬小麦的穗部性状和产量比较

处理	穗长（cm）	每穗小穗数（个/穗）	败育小穗数（个/穗）	有效穗数（×10⁴/hm²）	穗粒数（个/穗）	千粒重（g）	理论产量（kg/hm²）	实际产量（kg/hm²）
A	7.82 a	14.18 a	0.52 c	541.11 a	34.55 a	44.93 a	8 389.92 a	7 284.66 a
B	7.80 a	13.73 a	0.92 ab	573.33 a	33.12 a	40.01 b	7 589.56 ab	6 165.11 ab
C	7.85 a	14.38 a	0.63 bc	539.63 a	33.25 a	35.59 c	6 359.71 bc	5 260.96 b
D	7.67 a	13.57 a	0.68 bc	549.26 a	35.01 a	38.41 b	7 892.14 ab	6 224.81 ab
E	7.15 b	13.68 a	1.17 a	476.30 b	29.71 a	35.42 c	5 062.47 c	4 570.92 b

不同处理下的夏玉米穗部性状、产量及产量构成如表4-18所示，可知，五种不同水肥模式对夏玉米穗部各性状、产量构成因素以及产量均无显著影响，理论产量虽然表现为：A>C>D>E>B，但差异不显著，说明夏玉米季不同量的底肥（氮肥）以及拔节期追施的少量氮肥对其产量均未产生明显影响，而冬小麦季不同的处理方式对夏玉米生长的后效也不显著，由于夏玉米季降水充沛，在冬小麦季产量表现最差的E模式夏玉米的产量也较高，说明

夏玉米生长期水分对其影响远大于氮肥量对其的影响。

表4-18 不同水肥模式下夏玉米的穗部性状和产量比较

处理	穗长（cm）	行粒数（个/行）	秃尖长（cm）	有效穗数（×10⁴/hm²）	穗粒数（个/穗）	千粒重（g）	理论产量（kg/hm²）	实际产量（kg/hm²）
A	16.59 a	34.55 a	0.91 b	4 800	514.68 a	291.16 a	10 792.00 a	9 703.15 a
B	15.87 a	33.13 a	1.24 ab	4 800	488.30 a	283.97 a	9 985.55 a	8 721.70 a
C	16.18 a	34.21 a	1.41 a	4 800	508.08 a	284.78 a	10 444.55 a	9 370.45 a
D	16.67 a	34.15 a	1.46 a	4 800	510.28 a	281.97 a	10 368.10 a	9 117.40 a
E	16.37 a	34.09 a	1.47 a	4 800	492.18 a	284.68 a	10 105.75 a	9 208.10 a

不同水肥模式下冬小麦\夏玉米周年总（实际）产量如图4-7所示，周年实际总产量的趋势为：A>D>B>C>E，且A与其他模式间差异显著，由于夏玉米季的产量五个模式间基本持平，所以周年体系总产量的差异主要是由冬小麦产量差异引起的。相对于E模式，A、D、B、C模式分别提高的幅度为23.30%、11.34%、8.04%和6.19%，A比D提高10.7%，可见，水肥投入均较少的D模式相对效益最好，生产上不提倡以大水大肥的A模式换取产量的微幅提高，应综合考虑整体效益最高的D模式，尤其是在缺水的黑龙港地区，可以考虑不浇返青水。

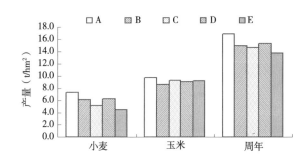

图4-7 不同水肥模式下冬小麦、夏玉米周年体系的（实际）产量

（三）不同水肥模式下冬小麦、夏玉米耗水及水分利用效率

五种水肥模式下冬小麦和夏玉米生育期耗水量及其构成由表4-19及表4-20可见，①冬小麦全生育期对土壤贮水消耗量以及所占总耗水量的比例随灌溉量的增加而减少，C、D由于灌水量相同，土壤贮水消耗量及所占比例基本持平。而随灌溉量的增加，灌溉量占总耗水量的比例也增加。A模式比B、C、D、E模式的总耗水量分别增加23.3mm、82.3mm、72.4mm和151.6mm。

②受上茬冬小麦季灌溉的影响，其夏玉米播种之前的土壤底墒有一定差异，因此夏玉米在五种模式下生育期总耗水量有一定差异，加之产量的影响，致使夏玉米的WUE间无显著差异。夏玉米全生育期的土壤贮水消耗量由冬小麦季的正值变为负值，说明此时由于降水的影响夏玉米生长主要消耗自然降水，土壤贮水未被消耗而是进行了蓄水，且随冬小麦季灌溉量的增多蓄水量呈减少趋势，其中，D模式的蓄水量最高为246.15mm，其次为C模式蓄水量235.79mm，B模式为221.10mm，三者均高于E模式。

表4-19 不同水肥模式下冬小麦全育期耗水量及其构成

处理	灌溉量		降水量		土壤贮水消耗量		总耗水量
	（mm）	%	（mm）	%	（mm）	%	（mm）
A	315	53.86	71.6	12.24	198.29	33.90	584.89
B	240	42.74	71.6	12.75	249.99	44.51	561.59
C	165	32.83	71.6	14.25	265.98	52.92	502.58
D	165	32.20	71.6	13.97	275.88	53.83	512.48
E	90	20.77	71.6	16.52	271.70	62.71	433.30

夏玉米总耗水量与冬小麦季不同，表现为：A>E>B>C>D，D模式的总耗水量最低，而E模式的耗水量反而较高，可能的原因是E这种水肥模式由于冬小麦季水分缺乏影响了小麦的生长，小麦对土壤养分的吸收相对较少，土壤中的残留养分较D、C模式土壤养分相对高一些，因此在玉米季水分充足的情况下，E模式的玉米长势也较好、耗水量也较多，其产量也相对较高。

由表4-21可知，冬小麦—夏玉米体系周年总耗水量随小麦季灌水量的增加而增加，A模式达最高为938.82mm，与E模式相比，A、B、C、D的总耗水量分别高出22.7%、15.4%、5.8%和5.7%。从水分利用效率方面看，冬小麦的籽粒WUE以D模式最高，其次为A和B，C、E模式均较低。A、B、C、D四处理的籽粒WUE分别比E处理高出22.8%、15.7%、8.3%和31.8%，可见，D模式的WUE提高幅度最大。与籽粒WUE不同，A和D模式的小麦生物WUE表现不理想，均低于其他三种处理，但A与E基本无差别。夏玉米的籽粒WUE和生物WUE趋势表现相同，均以A、E两模式为最低，D模式最高。夏玉米的籽粒WUE中C、D基本持平，而生物WUE中B、C基本持平。周年籽粒WUE以D模式最好，为22.57kg/（mm·hm²），其次是C和A，B模式与E模式基本相同，表明浇返青水的B模式只是增加了总耗水量，对产量的增加和水分利用效率的提高几乎无贡献。D模式周年籽粒WUE最高，比A、B、C、E四种模式分别高出10.47%、13.4%、8.7%和13.9%。而周年生物WUE也是D模式最高但与C、E模式相差无几，而A模式为最低。

表4-20　不同水肥模式下夏玉米全生育期耗水量及其构成

| 处理 | 灌溉量 | | 降水量 | | 土壤贮水消耗量 | | 总耗水量 |
	（mm）	%	（mm）	%	（mm）	%	（mm）
A	75	21.19	467.6	132.12	−188.67	−53.31	353.93
B	75	23.33	467.6	145.44	−221.10	−68.77	321.50
C	75	24.45	467.6	152.41	−235.79	−76.86	306.81
D	75	25.30	467.6	157.73	−246.15	−83.03	296.45
E	75	22.59	467.6	140.84	−210.60	−63.43	332.00

表4-21　不同水肥模式下冬小麦、夏玉米的单季及周年体系水分利用效率

| 处理 | 周年总耗水量（mm） | 冬小麦 | | 夏玉米 | | 周年 | |
		籽粒WUE [kg(mm·hm²)]	生物WUE [kg(mm·hm²)]	籽粒WUE [kg(mm·hm²)]	生物WUE [kg(mm·hm²)]	籽粒WUE [kg(mm·hm²)]	生物WUE [kg(mm·hm²)]
A	938.8	14.34	27.90	30.49	46.70	20.43	34.98
B	883.1	13.51	28.29	31.06	49.48	19.90	36.01
C	809.4	12.65	28.18	34.04	50.52	20.76	36.65
D	808.9	15.39	26.69	34.97	54.07	22.57	36.72
E	765.3	11.68	27.94	30.44	47.11	19.82	36.25

（四）不同水肥模式对冬小麦、夏玉米养分吸收利用的影响

1. 氮素吸收利用

不同水肥模式下冬小麦对氮素的吸收利用如表4-22所示，可见，C模式的籽粒和秸秆含氮比例均为最高，但由于产量相对较低其籽粒吸氮量仅高于E模式。A、B、D和E四种模式的籽粒和秸秆含氮比例差别不大，它们的籽粒和秸秆吸氮量的差异主要是由其经济产量和生物产量的显著差异引起的。从总吸氮量来看，其趋势表现为随总施氮肥量的增加而增加，其中，A模式达最高为205.7kg/hm²，而C、D两模式的总吸氮量基本相同，均稍低于B模式，显著高于E模式。由于B模式仅比A模式少浇一次灌浆水，其总吸氮量就比A模式低7.1%，可见灌浆水对小麦地上部分群体吸氮量的影响较大，灌浆水对小麦群体氮素吸收有一定的促进作用。而B模式比C、D模式多浇一次返青水和多施150kg/hm²尿素做底肥，其提高效果并不是很大，分别比C、D模式的

总吸氮量仅提高4.3%和3.5%。从氮收获指数来看，仍是D和A模式占优势，分别为0.83和0.80，其次为B、C，而E模式最低仅为0.71。五种模式均为氮、磷、钾肥配施，除了氮肥总量有区别外，总灌水量的区别也较大，但小麦群体氮素的吸收利用在不同水肥模式下有较大差异（C与E，D与E，A与B），这表明，一定配比的肥料必须与合理的灌溉措施相结合才能有较好的增产效果。

表4-22 不同水肥模式下冬小麦的氮素吸收利用

处理	籽粒		秸秆		植株吸氮量（kg/hm²）	氮收获指数
	含氮比例（%）	吸氮量（kg/hm²）	含氮比例（%）	吸氮量（kg/hm²）		
A	1.97	165.28	0.51	40.42	205.70	0.80
B	1.94	147.23	0.54	44.81	192.04	0.77
C	2.16	137.37	0.60	46.81	184.18	0.75
D	1.97	155.48	0.52	30.10	185.57	0.83
E	1.93	97.71	0.56	39.44	137.15	0.71

表4-23是不同水肥模式下夏玉米对氮素的吸收利用，可知，五种模式的籽粒含氮比例基本相同，而受产量的影响，吸氮量以A、D稍高于B、C、E。而秸秆含氮比例以E最高、D最低，但五种模式间差异不大。植株总吸氮量以A最高，分别比B、C、D、E高出4.7%、9.8%、6.1%和5.8%，可见夏玉米季由于降水充沛，加之较高的底肥（氮肥）促进了其群体对氮素的吸收（A、B）。氮收获指数C、D相等为0.73，其次是A为0.72，B、E相同为0.70，A、C、D间基本持平。

表4-23 不同水肥模式下夏玉米的氮素吸收利用

处理	籽粒		秸秆		植株吸氮量（kg/hm²）	氮收获指数
	含氮比例（%）	吸氮量（kg/hm²）	含氮比例（%）	吸氮量（kg/hm²）		
A	1.17	126.27	0.87	49.89	176.16	0.72
B	1.18	117.83	0.85	50.35	168.18	0.70
C	1.13	118.02	0.84	42.46	160.49	0.73
D	1.17	121.31	0.79	44.72	166.03	0.73
E	1.15	116.22	0.91	50.32	166.55	0.70

2. 磷素吸收利用

表4-24是不同水肥模式下冬小麦对磷素的吸收利用情况。可见，籽粒吸磷量以A模式最高，分别比B、C、D、E高出23.3%、31.9%、2.7%和118.4%。但秸秆吸磷量以D、E最低均低于其他三种模式。总吸磷量表现为：A>D>B>C>E，B仅比C高出1.17kg/hm²。可见，大水大肥的A模式小麦地上部分群体吸磷量也最高，但比相对投入较低的D仅提高7.7%，比较效益较低。

表4-24 不同水肥模式下冬小麦的磷素吸收利用

处理	籽粒		秸秆		植株吸磷量 （kg/hm²）
	含磷比例（%）	吸磷量（kg/hm²）	含磷比例（%）	吸磷量（kg/hm²）	
A	0.29	24.33	0.029	2.30	26.63
B	0.26	19.73	0.023	1.91	21.64
C	0.29	18.44	0.026	2.03	20.47
D	0.30	23.68	0.018	1.04	24.72
E	0.22	11.14	0.013	0.92	12.05

表4-25是不同水肥模式下夏玉米对磷素的吸收利用，可见，籽粒吸磷量E为最高，A次之，B、D基本相等，C为最低，除E比C高出3.43kg/hm²之外，其他几个模式间差异较小。而秸秆吸磷量A、B相差无几，高于C、D、E。从植株吸磷量来看，由于产量的原因，E模式最高为25.38kg/hm²，其次为A、B、D，C为最低，低于E3.75kg/hm²。可见，A、B这两个较高底肥（氮肥）的处理在磷素吸收利用上并无明显优势。

表4-25 不同水肥模式下夏玉米的磷素吸收利用

处理	籽粒		秸秆		植株吸磷量 （kg/hm²）
	含磷比例（%）	吸磷量（kg/hm²）	含磷比例（%）	吸磷量（kg/hm²）	
A	0.20	21.58	0.060	3.44	25.02
B	0.20	19.97	0.057	3.38	23.35
C	0.18	18.80	0.056	2.83	21.63
D	0.19	19.70	0.051	2.89	22.59
E	0.22	22.23	0.057	3.15	25.38

3. 钾素吸收利用

表4-26是不同水肥模式下冬小麦对钾素的吸收利用情况。可见，籽粒和

秸秆的吸钾量仍以A模式为最高。小麦群体地上部总吸钾量为：A>B>C>D>
E，随总氮肥量的增加小麦从土壤吸收的钾量也增加，这一趋势与总吸磷量
的趋势不同，说明在钾肥用量相同的情况下，较高的氮肥和灌水量能促进
小麦对钾素的吸收。而由于地上部分生物量相对较低，C、D两种模式的总
吸钾量并不理想，分别比A和B低42.04kg/hm²、57.35kg/hm²和25.77kg/hm²、
41.08kg/hm²。

表4-26 不同水肥模式下冬小麦的钾素吸收利用

处理	籽粒		秸秆		植株吸钾量（kg/hm²）
	含钾比例（%）	吸钾量（kg/hm²）	含钾比例（%）	吸钾量（kg/hm²）	
A	0.47	39.43	1.95	154.56	193.99
B	0.45	34.15	1.73	143.57	177.72
C	0.50	31.80	1.54	120.15	151.95
D	0.47	37.09	1.72	99.55	136.64
E	0.45	22.78	1.58	111.27	134.05

表4-27是不同水肥模式下夏玉米对钾素的吸收利用情况。由此可知，籽
粒的含钾比例五种模式下基本相同，而籽粒吸钾量之间基本无差别。秸秆含
钾量以C为最低，比其他四个处理平均低出10.9kg/hm²。植株吸钾量仍以C为
最低，分别比A、B、D、E低14.0%、13.0%、15.8%和8.7%。这说明，在钾
素吸收利用方面，小麦季几种水肥模式以及玉米季不同量的底肥除了对C处
理的夏玉米有一定影响外，其他四个处理间几乎无差别，受影响微弱。

表4-27 不同水肥模式下夏玉米的钾素吸收利用

处理	籽粒		秸秆		植株吸钾量（kg/hm²）
	含钾比例（%）	吸钾量（kg/hm²）	含钾比例（%）	吸钾量（kg/hm²）	
A	0.33	35.61	1.23	70.54	106.15
B	0.33	32.95	1.22	72.26	105.21
C	0.32	33.42	1.18	59.65	93.09
D	0.33	34.21	1.30	73.59	107.80
E	0.35	35.37	1.19	65.86	101.23

总之，五种模式的夏玉米对养分的吸收利用稍有区别，可见，其不同量
的底肥（氮肥）措施以及上茬冬小麦不同水肥模式的后效对夏玉米的养分吸

收利用的影响较小。夏玉米季由于降水充沛当季不同量的底肥（氮肥）措施对其生长发育以及产量、养分吸收的影响程度较小麦季要低。

4. 不同水肥模式对冬小麦、夏玉米周年养分吸收利用的影响

不同水肥模式下冬小麦、夏玉米周年氮素吸收利用如下表4-28所示，由于冬小麦在不同水肥模式下吸氮量受影响较大，使周年系统吸氮量呈现不同的变化。周年系统的籽粒和植株吸氮量均以A为最高。其次是B、D，E为最低，而C也较差。周年氮收获指数为D>A>C>B>E，且最高与最低之间相差0.09。可见，在相同投入下，D的效果好于C，而A比B效果好主要是小麦季的灌浆水导致，二者相比水肥投入均较低的D模式，其相对效益较差。

表4-28　不同水肥模式下冬小麦、夏玉米的周年氮素吸收利用

处理	周年系统		周年氮收获指数
	籽粒吸氮量（kg/hm²）	植株吸氮量（kg/hm²）	
A	291.55	381.86	0.76
B	265.06	360.22	0.73
C	255.39	344.67	0.74
D	276.79	351.60	0.79
E	213.93	303.70	0.70

5. 不同水肥模式下冬小麦、夏玉米单季及周年体系的氮肥效应评价

不同水肥模式下冬小麦、夏玉米单季及周年系统的氮肥效应评价如表4-29和图4-8所示，由于吸氮量较低而经济产量较高，五种模式下的夏玉米的氮素生理效率均显著高于冬小麦。冬小麦的氮素生理效率以D为最高，除了显著高于C、E外，与A、B的差别不大；夏玉米的氮素生理效率C最高为65.08kg/kg，但五种模式间差异较小；周年的氮素生理效率，D模式稍高于其他处理，但五种模式基本相同。单季及系统的氮肥偏生产力处理间差异较大，冬小麦由于其产量的提高幅度较大而施纯氮量却低于A、B，因此D模式的氮肥偏生产力显著高于其他处理，分别比A、B、C、E高出27.8%、41.3%、24.1%和55.8%。夏玉米因其产量间无显著差异而C、D、E比A、B少施225kg/hm²尿素，所以C、D、E的氮肥偏生产力基本持平均显著高于A、B，平均高出65%左右。周年的氮肥偏生产力表现为D>C>E>A>B，与小麦季稍有不同。综合两项指标，C、D的氮肥评价效应要好于A、B、E，而D模式相对C要更胜一筹。

表4-29　不同水肥模式下冬小麦、夏玉米单季及周年体系的氮肥效应评价

处理	氮素生理效率（kg/kg）			氮肥偏生产力（kg/kg）		
	冬小麦	夏玉米	周年	冬小麦	夏玉米	周年
A	40.79	61.26	50.23	32.15	41.35	36.75
B	39.52	59.37	48.79	29.08	38.26	33.67
C	34.53	65.08	48.75	33.12	66.31	48.08
D	42.53	62.45	51.93	41.10	65.83	52.25
E	36.91	60.68	49.94	26.37	64.16	43.40

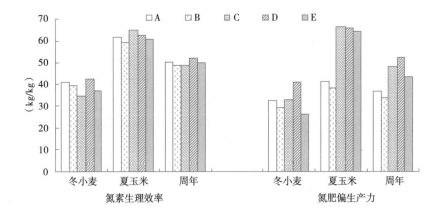

图4-8　不同水肥模式下冬小麦、夏玉米单季及周年体系的氮肥效应评价

（五）模式潜力评价

从经济和节水的角度考虑，由于A模式的大水大肥虽然产量相对于生长期无灌溉水的E模式提高幅度很大，但是结合实际生产投入来看，A比D提高幅度仅为6.3%，效益相对D较差，D模式在实际生产中应优先考虑。而周年实际总产量的趋势为：A>D>B>C>E，A、D、B、C模式分别比E模式提高的幅度为23.3%、11.34%、8.04%和6.19%。可见，水肥投入均较少的D模式相对效益是最好的。从水分利用效率方面看，冬小麦的籽粒WUE以D模式最高，其次为A和B，C、E模式均较低；夏玉米的籽粒WUE和生物WUE趋势表现相同，均以A、E两模式为最低，D模式最高；周年籽粒WUE以D模式最好，为22.57kg/（mm·hm²）。对于周年的氮素生理效率而言，D模式稍高于其他处理。综合以上分析表明，C、D的氮肥评价效应要好于A、B、E，而D模式相对C要更胜一筹。

四、冬小麦—夏玉米节肥模式

通过对不同的施肥模式应用于农作物的生长，研究不同施肥模式对冬小麦、夏玉米单季及轮作体系的生长、物质生产及水氮利用等的影响，分析最佳施肥方案，寻求适合研究区农业资源节约和可持续发展要求的施肥模式。

（一）试验设计

试验于2008—2009年在中国农业大学吴桥实验站进行。冬小麦季：依据调查当地农户在冬小麦、夏玉米实际生产中的施肥情况，结合实验在冬小麦季以肥料总量为标准进行施肥，设置以下5种方案（表4-30），分别为：①CK：空白，不施肥；②F：农民施肥法，亩施复合肥（$N-P_2O_5-K_2O$：18-18-18）50kg；③FS1：节肥方案1，亩施二铵20kg+尿素15kg+硫酸钾肥15kg；④FS2：节肥方案2，亩施15kg包衣尿素缓控肥+35kg普通尿素；⑤FS3：节肥方案3，亩施50kg和庄牌复混肥（含肥料增效剂，其$N-P_2O_5-K_2O$：15-4-6）。各个处理在上季夏玉米秸秆还田、浇底墒水后并进行整地施肥，所有肥料于冬小麦播种前作底肥一次性施入后期不再追肥。2008年10月16日播种，品种为济麦22，播种量为225kg/hm^2，2009年06月07日收获。实验的五个处理随机区组排列，重复三次，共15个试验小区，每小区面积7m×8m。冬小麦全生育期两次灌水时间分别为：2008年10月14日（底墒水：75mm）、2009年04月10日（拔节水：90mm）。采用水表严格控制每次灌水量。

夏玉米季：与前茬冬小麦季试验处理相对应，夏玉米的5个具体施肥方案如下：①CK空白，不施肥，与冬小麦季CK处理对应；②F：农民施肥法，亩施复合肥（$N-P_2O_5-K_2O$：18-18-18）56.5kg，与冬小麦季F处理对应；③FS1：节肥方案1，亩施二铵20kg+尿素15kg+硫酸钾肥15kg，与冬小麦季FS1处理对应；④FS2：节肥方案2，亩施17kg包衣尿素缓控肥+39.5kg普通尿素，与冬小麦季FS2处理对应；⑤FS3：节肥方案3，亩施56.5kg和庄牌复混肥含肥料增效剂，其$N-P_2O_5-K_2O$：15-4-6），与冬小麦季FS3处理对应。以上各肥料处理在前茬冬小麦秸秆还田、浇底墒水（75mm）后并进行整地，于夏玉米播前一次性施入后期不再追肥。夏玉米于2009年06月12日播种，品种为郑单958，播种量为67.5kg/hm^2，2009年10月01日收获。夏玉米季全生育期不进行灌溉。

表4-30　冬小麦季和夏玉米季不同施肥模式的纯氮、磷、钾养分含量

处理	冬小麦季施肥量			夏玉米季施肥量		
	纯N （kg/hm²）	P₂O₅ （kg/hm²）	K₂O （kg/hm²）	纯N （kg/hm²）	P₂O₅ （kg/hm²）	K₂O （kg/hm²）
CK	0	0	0	0	0	0
F	135	135	135	152.5	152.5	152.5
FS1	157.5	138	112.5	157.5	138	112.5
FS2	345	0	0	389.8	0	0
FS3	112.5	30	45	127.1	33.9	50.8

（二）不同施肥模式对冬小麦夏玉米及周年产量的影响

不同施肥模式下冬小麦的产量及产量构成如表4-31所示：不同施肥模式对冬小麦产量及其构成因素的影响程度不同。各施肥模式的有效穗数间均无显著差异；F、FS1和FS2的穗粒数差异不显著但均显著高于CK，略高于FS3；千粒重为CK和FS1基本相同均显著高于其他三种模式；理论产量表现为FS1>FS2>F>FS3>CK，FS1产量达7 897.6kg/hm²显著高于其他四种模式，对比CK增产幅度最大为27.11%；其次是FS2对比CK增产为14.33%，并显著高于CK、F和FS3，而FS2和FS3的增产效果相对较差。由此可知，在该区并非施纯氮越多越好，而合理配比的肥料使产量构成更协调能保证冬小麦有较高的产量。

表4-31　不同施肥模式下冬小麦产量及产量构成

处理	有效穗数 （×10⁴/hm²）	穗粒数 （个/穗）	千粒重 （g）	理论产量 （kg/hm²）	对比CK 增产
CK	636.0 a	24.3 b	40.3 a	6 212.9 c	—
F	670.3 a	28.0 a	36.3 b	6 790.8 bc	9.30%
FS1	664.5 a	30.2 a	39.4 a	7 897.6 a	27.11%
FS2	674.7 a	28.9 a	36.4 b	7 103.3 b	14.33%
FS3	649.9 a	27.3 ab	36.7 b	6 495.0 bc	4.54%

注：表中不同英文字母表示在5%水平上差异显著

五种施肥模式对夏玉米及周年体系产量的影响如表4-32所示。夏玉米的产量构成三因素变异均较小，除穗粒数表现为CK显著低于其他四种模式外，有效穗数和千粒重五种施肥模式间均无显著差异。综合产量构成三因素，夏玉米理论产量的差异主要是由穗粒数不同引起，其中，F、FS1和FS2三种模

式的产量无显著差异，均显著高于FS3和CK，且相比CK的增产幅度均在30%以上，说明，这三种施肥模式对夏玉米产量的提高效果基本相同，而FS3也显著高于CK，对比CK增产24.8%。综合冬小麦、夏玉米两季作物，周年产量表现为：FS1>FS2>F>FS3>CK，且FS1模式总产量高于FS2、F，显著高于FS3和CK，其周年总产量增产幅度最高（较CK增产28.7%），这主要是由冬小麦季产量显著最高导致。结合冬小麦产量分析可知，F、FS1和FS2三种施肥模式对夏玉米产量的提高效果大于对冬小麦产量的提高效果，但冬小麦季产量影响的差异更为显著。

表4-32　不同施肥模式下夏玉米的产量及周年体系总产量

处理	夏玉米季					周年体系	
	有效穗数（×10⁴/hm²）	穗粒数（个/穗）	千粒重（g）	理论产量（kg/hm²）	对比CK增产	理论产量（kg/hm²）	对比CK增产
CK	5.99 a	391.2 a	325.9 a	7 412.8 c	—	13 625.7 c	—
F	5.92 a	496.4 b	343.8 a	9 822.8 a	32.51%	16 613.6 ab	21.92%
FS1	5.87 a	479.3 b	342.9 a	9 638.5 a	30.02%	17 536.1 a	28.70%
FS2	5.82 a	472.6 b	342.8 a	9 714.1 a	31.04%	16 817.4 ab	23.42%
FS3	5.75 a	447.1 b	348.5 a	9 251.5 b	24.80%	15 746.5 b	15.56%

（三）不同施肥模式对冬小麦夏玉米氮素吸收利用的影响

1. 冬小麦氮素吸收利用

不同施肥模式下冬小麦对氮素的吸收利用如表4-33所示，不同比例的氮与磷钾肥配施对冬小麦氮素吸收的影响不同，随着施纯N水平的增加，籽粒吸氮量有增加趋势为：FS1>FS2>F>FS3>CK，但并非施纯N越高吸氮量就越高，FS2模式的施纯N量最高为345kg/hm²但吸氮量并非最高，为168.35kg/hm²比FS1模式低13.29kg/hm²，这可能与单施氮肥而无磷钾肥配施影响冬小麦对养分的吸收利用有关，因此以施肥总量来看，FS2模式的氮肥吸收利用效果相对较差。秸秆吸氮量与籽粒吸氮量趋势稍有不同，表现为：F>FS2>FS1>FS3>CK。从籽粒吸氮量占植株总吸氮量的比例来看（即氮收获指数），FS1模式最高，达75%；FS2模式次之，为73%，CK最低为70%。可见，适当比例的氮肥有利于提高冬小麦地上部的吸氮量，但施纯N量过高（FS2）无磷钾肥配施时效果并非理想。

表4-33　不同施肥模式下冬小麦籽粒、植株吸氮量及氮收获指数

处理	籽粒		秸秆		植株吸氮量 （kg/hm²）	氮收获指数
	含氮比例 （%）	吸氮量 （kg/hm²）	含氮比例 （%）	吸氮量 （kg/hm²）		
CK	1.81	112.45	0.67	45.57	158.03	0.71
F	2.43	165.02	0.86	67.38	232.40	0.71
FS1	2.30	181.64	0.84	59.92	241.56	0.75
FS2	2.37	168.35	0.81	62.66	231.01	0.73
FS3	2.05	133.15	0.77	56.77	189.92	0.70

2. 不同施肥模式下冬小麦的氮肥效应评价

本研究选取三项利用指标：氮素生理效率，氮肥偏生产力，氮肥农学效率来作为氮肥效应的评价。具体五种施肥模式下冬小麦氮肥效应评价结果如表4-34和图4-9所示。结果表明，不同施肥模式对冬小麦氮肥效应产生了不同影响，由于FS2模式纯氮量过高的原因，其氮肥偏生产力显著降低，分别比F、FS1和FS3降低144.3%、143.5%和180.4%，而施纯氮量相对较低的FS3模式的氮肥偏生产力最高，但对比F和FS1的提高幅度不大，分别提高了14.8%和15.1%。氮素生理效率反映作物吸氮量对产量的贡献大小，是衡量氮利用效率高低的重要指标之一，五种模式下氮素生理效率呈CK>FS3>FS1>FS2>F，由于CK的植株吸氮量最低导致氮素生理效率最高，而其他四种模式差别不大，基本持平。FS1模式的高产量致使其氮肥农学效率最高，分别比F、FS2和FS3高出150.0%、314.7%和326.3%。

表4-34　不同施肥模式下冬小麦的氮肥利用比较

处理	施纯氮量 （kg/hm²）	植株吸氮量 （kg/hm²）	籽粒产量 （kg/hm²）	氮素生理效率 （kg/kg）	氮肥偏生产力 （kg/kg）	氮肥农学效率 （kg/kg）
CK	0	158.03	6 212.9 c	39.32	—	—
F	135	232.40	6 790.8 bc	29.22	50.30	4.28
FS1	157.5	241.56	7 897.6 a	32.69	50.14	10.70
FS2	345	231.01	7 103.3 b	30.75	20.59	2.58
FS3	112.5	189.92	6 495.0 bc	34.20	57.73	2.51

纵观试验结果，FS1模式较其他四种模式氮素生理效率、氮肥偏生产力、氮肥农学效率都保持了较高水平，表明FS1模式对提高冬小麦氮肥效应有显著作用，F和FS3模式的氮效应也相对较好但效果低于FS1。因此，该区五种施肥模式下FS1肥料配比最合理为最佳推荐施肥模式。

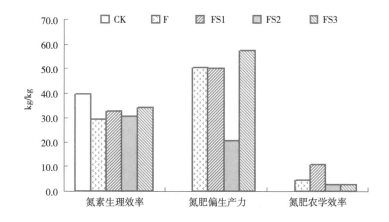

图4-9　不同施肥模式下冬小麦的氮肥效应评价

3. 不同施肥模式对夏玉米及周年体系氮素吸收利用的影响

不同施肥模式对夏玉米及周年体系氮素吸收利用的影响如表4-35所示，F、FS1、FS2和FS3模式的夏玉米籽粒氮吸收量均高于CK，分别高出38.9%、34.5%、29.3%和22.8%，夏玉米籽粒吸氮量的趋势与冬小麦季略有不同，说明冬小麦、夏玉米的氮素吸收对几种施肥模式的响应有差别。F模式的夏玉米籽粒吸氮量和植株吸氮量均达最高并且氮收获指数与FS1模式相等为0.73，高于其他模式，说明其他三种模式下夏玉米植株体内吸收氮素向籽粒转移和分配能力相对较低。综合来看，周年籽粒吸氮量和植株吸氮量趋势相同，均为FS1>F>FS2>FS3>CK，但FS1和F二者无显著差异。五种施肥模式下夏玉米季氮收获指数和周年氮收获指数与冬小麦季氮收获指数（表4-31）表现一致，均是FS1模式表现最好，F和FS2次之，说明FS1模式下冬小麦、夏玉米总体对氮素的吸收利用较好。

表4-35　不同施肥模式下夏玉米及周年体系的氮素吸收利用

处理	吸氮量（kg/hm²）				氮收获指数	
	夏玉米籽粒	夏玉米植株	周年籽粒	周年植株	夏玉米季	周年系统
CK	104.44	155.23	216.89	313.26	0.67	0.69
F	145.08	198.60	310.10	431.00	0.73	0.72
FS1	140.53	191.41	322.17	432.97	0.73	0.74
FS2	135.05	196.05	303.40	427.06	0.69	0.71
FS3	128.25	185.24	261.40	375.16	0.69	0.70

4. 不同施肥模式下冬小麦、夏玉米周年体系氮肥效应评价

表4-36是对单季作物及周年系统的氮肥效应评价。与冬小麦季相比，由于夏玉米产量的提高幅度远大于施纯氮的增加幅度，因此，四种施肥模式的夏玉米季氮肥农学效率和氮肥偏生产力均高于冬小麦季。因FS2模式的冬小麦季和夏玉米季施纯氮量过高，导致单季及周年系统的氮肥农学效率和氮肥偏生产力均过低。从轮作体系来看，周年氮肥农学效率为FS1>F>FS3>FS2，与冬小麦单季的趋势基本相同。而夏玉米季由于产量的增加趋势与冬小麦季不同（夏玉米季产量为F>FS2>FS1>FS3>CK），因此，其农学效率也表现出不同的趋势为F>FS3>FS1>FS2，但F、FS3和FS1间差异不显著。四种施肥模式中，FS3模式的冬小麦季和夏玉米季施纯氮量因最低致使FS3模式的单季及周年体系氮肥偏生产力均最高，FS3周年氮肥偏生产力达65.72kg/kgN，比FS1、F和FS2分别高出18.0%、13.7%和187.1%。FS3模式的结果说明低纯氮量的施用可大幅提高单季作物及周年体系的氮肥偏生产力。但评价不同施肥模式的优劣仅此一项指标并不能全面说明问题，应结合其他结果综合考虑。尽管在轮作体系中氮肥评价的各项指标FS1模式不占绝对优势，但效果基本与FS3模式持平，且FS1模式在冬小麦季各项氮肥评价指标中最好，因此，相对来看，FS1模式仍不失为最佳施肥模式。

表4-36　不同施肥模式下冬小麦、夏玉米周年体系氮肥效应评价

处理	作物	氮肥农学效率（kgN/kg）	周年体系氮肥农学效率（kgN/kg）	氮肥偏生产力（kg/kg）	周年体系氮肥偏生产力（kg/kg）
CK	冬小麦	—		—	
	夏玉米	—		—	
F	冬小麦	4.28	10.39	50.30	57.79
	夏玉米	15.80	—	64.41	
FS1	冬小麦	10.70	12.41	50.14	55.67
	夏玉米	14.13	—	61.20	
FS2	冬小麦	2.58	4.34	20.59	22.89
	夏玉米	5.90	—	24.92	
FS3	冬小麦	2.51	8.85	57.73	65.72
	夏玉米	14.47	—	72.79	

（四）不同施肥模式对土壤肥力平衡状况的影响

本研究在冬小麦、夏玉米收获后分别取耕层土壤样品分析其全量和速效

养分，表4-37是0~20cm土层的测定结果，不同施肥模式对耕层土壤养分含量有不同影响。

（1）冬小麦、夏玉米收获后五种模式下土壤有机质含量均比本底值有所升高，且升高幅度差异较小，可能的原因是冬小麦、夏玉米种前上茬作物均秸秆还田致使有机质的积累大于矿化。

（2）冬小麦收获后（2009.06）各模式耕层土壤全氮含量表现为：FS1>F>FS3>FS2>CK，其中，FS1与F基本相等，FS1、F、FS3和FS2分别比CK增加39%、38%、35%和26%，说明四种施肥（氮）处理耕层土壤全氮含量都有不同程度的增加，无肥处理（CK）土壤全氮含量降低，表明氮肥的施用对提高土壤全氮有重要作用。而夏玉米收获后（2009年10月），各处理耕层土壤全氮含量基本相同均低于冬小麦收获后的含量，保持在0.57~0.59g/kg，产生这一结果的原因除了与夏玉米的吸收利用有关外，还可能与夏玉米生长期的外界条件导致土壤养分转化流失有关。

（3）五种模式的土壤全钾含量在冬小麦收获后的值均比夏玉米收获后含量高，且不同模式间差别较大，但相比土壤本底值未表现出一定的规律。

（4）冬小麦、夏玉米收获后除CK外，其他四种模式土壤有效磷含量较本底值均有所提高，但提高幅度以FS2模式最低，这可能与施用氮肥可促进土壤中磷素转化为有效磷有关，并且由于F、FS1和FS3三种施肥模式含有磷肥补充了土壤中有效磷的含量。

（5）土壤全磷和速效钾的含量在有磷钾肥施用的模式（F、FS1、FS3）两季作物收获后都有不同程度的增加，而无磷钾肥施用的模式（CK、FS2）土壤全磷和速效钾含量均降低，这是因为作物在生长中不断吸收土壤磷和钾素，使无磷钾肥施用的土壤全磷和速效钾含量降低。

表4-37　不同施肥模式下的土壤表层（0~20cm）肥力变化

处理	测定日期	有机质 （g/kg）	全氮 （g/kg）	全磷 （g/kg）	全钾 （g/kg）	有效磷 （mg/kg）	速效钾 （mg/kg）
本底值	2008.10	11.91	0.67	0.80	17.01	9.43	45.33
CK	2009.06	13.55	0.59	0.74	16.94	9.27	35.65
	2009.10	13.70	0.57	0.65	16.77	9.04	42.00
F	2009.06	13.77	0.97	0.91	17.24	12.03	48.34
	2009.10	13.15	0.57	0.81	15.33	10.43	65.93
FS1	2009.06	13.87	0.98	0.83	16.62	12.46	47.38
	2009.10	13.90	0.59	0.95	15.09	10.15	62.15

（续表）

处理	测定日期	有机质 （g/kg）	全氮 （g/kg）	全磷 （g/kg）	全钾 （g/kg）	有效磷 （mg/kg）	速效钾 （mg/kg）
FS2	2009.06	12.03	0.85	0.70	16.36	9.77	39.17
	2009.10	13.46	0.59	0.78	12.77	11.04	40.59
FS3	2009.06	13.93	0.94	0.84	17.40	11.29	50.30
	2009.10	13.64	0.58	0.86	13.55	10.01	58.83

（五）模式潜力评价

研究区（吴桥）位于黄淮海平原黑龙港地区，主要种植方式为冬小麦/夏玉米轮作。施用肥料是该地区主要的农业增产措施，但近年来，化肥投入量增加而作物产量并未随之同步增长，甚至有部分地区出现了产量下降的现象。分析其原因，主要是在该区农民氮肥过量施用比较普遍，而对磷钾肥未引起足够的重视。

本研究针对以上问题设计五种施肥方案，通过田间试验，分析了不同施肥条件对冬小麦/夏玉米轮作体系作物的生长、产量、水肥吸收利用及土壤养分变化的影响，旨在探索和掌握吴桥地区最佳的氮磷钾配比的施肥模式，为合理施肥提供科学依据。主要结果如下。

（1）F、FS1和FS2三种施肥模式对夏玉米产量的提高效果大于对冬小麦产量的提高效果，但在3种模式对冬小麦季产量影响的差异更为显著。FS1模式下冬小麦、夏玉米两季作物的总产量高于FS2、F，显著高于FS3和CK，并且周年总产量增产幅度最高（较CK增产28.7%）。

（2）从轮作体系来看，周年氮肥农学效率为FS1>F>FS3>FS2，与冬小麦单季的趋势基本相同。4种施肥模式中，FS3模式的冬小麦季和夏玉米季施纯氮量由于最低使FS3模式的单季及周年体系氮肥偏生产力均最高，FS3周年氮肥偏生产力达65.72kg/kgN，比FS1、F和FS2分别高出18.0%、13.7%和187.1%。综合考虑来看，尽管在轮作体系中氮肥评价的各项指标FS1模式不占绝对优势，但效果基本与FS3模式持平，且FS1模式在冬小麦季各项氮肥评价指标中最好，因此，FS1模式仍不失为最佳节肥模式。

（3）不同施肥模式对耕层土壤养分含量有不同影响。施肥的4种模式土壤耕层的某些养分含量有不同程度的增加，而有磷钾肥配施的3种模式均提高了土壤氮磷钾养分的含量（此结果与众人研究结果一致（杨博，2008；张桂兰等，1999）。具体结果如下：冬小麦收获后四种施肥（氮）处理耕层土壤全氮含量都有不同程度的增加。除CK外，冬小麦、夏玉米收获后其他四种模式土壤有效磷含量较本底值均有所提高，但提高幅度以FS2模式最低，这可能与施用氮肥可促进土壤中磷素转化为有效磷有关。土壤全磷和速效钾的含量在有磷钾肥施用的模式（F、FS1、FS3）两季作物收获后都有所提高，而无磷钾肥施用的模式（CK、FS2）土壤全磷和速效钾含量均降低。

综合以上结果，研究区内FS1施肥模式综合效应较好，优于其他模式，该模式保证了冬小麦/夏玉米高产、水肥利用效率高并且较好地改善了土壤养分含量，经济效益和生态效益显著。

参考文献

曹志宏，郝晋珉，梁流涛. 2009. 黄淮海地区耕地资源价值核算[J]. 干旱区资源与环境，23（09）：5-10.

程宪国，汪德水，张美荣，等. 1996. 不同土壤水分条件对冬小麦生长及养分吸收的影响[J].中国农业科学，29（4）：67-74.

邓先瑞，汤大清，张永芳. 1995. 气候资源概论[M]. 武汉：华中师范大学出版社.

董宝娣，张正斌，刘孟雨，等. 2007. 小麦不同品种的水分利用特性及对灌溉制度的响应[J].农业工程学报，23（9）：27-33.

杜鹏，李世奎. 1998. 农业气象风险分析初探[J].地理学报，53（3）：202-208.

房全孝，陈雨海，李全起，等. 2004. 灌溉对冬小麦水分利用效率的影响研究[J].农业工程学报，20（4）：34-3.

龚宇. 2007. 沧州农业用水形成机制、资源潜力与优化配置研究[D].北京：中国农业大学.

郭天财，彭羽，王晨阳，等. 2002. 节水灌溉对两个冬小麦品种影响效应的初步研究[J].干旱地区农业研究，2（2）：86-89.

国土资源部农用地质量与监控重点实验室. 2014. 中国农用地质量发展研究报告[R].北京：中国农业大学出版社.

洪舒蔓，郝晋珉，周宁，等. 2014. 黄淮海平原耕地变化及对粮食生产格局变化的影响[J].农业工程学报，30（21）：268-277.

黄德明. 1994. 京郊小麦氮素调控施肥技术.土壤管理与施肥[M].北京：中国农业科技出版社.

姜文来，唐华俊，罗其友，等. 2007. 黄淮海地区农业综合发展战略研究[J].现代农业（3）：34-37.

巨晓棠，刘学军，张福锁. 2002. 冬小麦与夏玉米轮作体系中氮肥效应及氮素平衡研究[J].中国农业科学，35（11）：1 361-1 368.

孔箐锌. 2009. 京郊主要种植模式水分利用研究——以通州区为例[D].北京：中国农业大学.

李建民，王璞，周殿玺，等. 1999. 灌溉制度对冬小麦耗水及产量的影响[J].生态农业研究，7（4）：23-26.

李建民，周殿玺，王璞，等. 2000. 冬小麦水肥高效利用栽培技术原理[M].北京：中国农业大学出版社.

李升东，王法宏，司纪升，等. 2009. 旱地保护性耕作条件下不同冬小麦品种部分生理指标与WUE的关系[J].麦类作物学报，29（5）：855-858.

李长生，李茂松，马秀枝，等. 2006. 黄淮海地区农田污染对粮食生产的制约及防治对策[J].自然灾害学报，15（6）：286-291.

刘昌明，陈志恺. 2001. 中国水资源现状评价和供需发展趋势分析[M].北京：中国水利水电出版社.

刘昌明，何希吾，等. 1996. 中国21世纪水问题方略[M]. 北京：科学出版社.

刘昌明. 1996. 论雨水利用及其农业供水的意义[J].生态农业研究，4（4）：9-12.

刘昌明. 1997. 土壤—植物—大气系统水分运行的界面过程研究[J].地理学报，54（4）：366-372.

潘家荣. 2001. 冬小麦/夏玉米轮作体系中化肥氮的去向[D].北京：中国农业大学.

屈宝香，周旭英，张华，等. 2003. 黄淮海地区种植业结构调整与水资源关系研究[J].中国农业资源与区划，24（5）：29-32.

任鸿瑞，罗毅. 2004. 鲁西北平原冬小麦和夏玉米耗水量的实验研究[J].灌溉排水学报，23（4）：37-39.

山仑，徐萌. 1991. 节水农业及其生理生态基础[J].应用生态学报，2（1）：70-76.

唐华俊，逄焕成，任天志，等. 2008. 节水农作制度理论与技术[C].北京：中国农业科学技术出版社.

王德梅，于振文. 2008. 灌溉量和灌溉时期对小麦耗水特性和产量的影响[J].应用生态学报，19（9）：1 965-1 970.

王树安. 1991. 吨粮田技术[M].北京：农业出版社.

王伟，蔡焕杰，王健，等. 2009. 水分亏缺对冬小麦株高、叶绿素相对含量及产量的影响[J].灌溉排水学报，28（1）：41-43.

吴凯，黄荣金. 2001. 黄淮海平原水土资源利用的可持续性评价、开发潜力及对策[J].地理科学（05）：390-395.

吴凯，谢明. 1997. 黄淮海平原农业综合开发的水文水资源条件及其开发对策[J].农业工程学报（01）：107-112.

吴永成，张永平，周顺利，等. 2008. 不同灌水条件下冬小麦的产量、水分利用与氮素利用特点[J].生态环境，17（5）：2 082-2 085.

伍宏业，曾宪坤，黄景梁，等.1999.论提高我国化肥利用率[J].磷肥与复肥（1）：6212.

许振柱，于振文.2003.限量灌溉对冬小麦水分利用的影响[J].干旱地区农业究，21（1）：6-10.

杨博.2008.山西省典型农业生态区冬小麦/夏玉米轮作养分资源管理[D].太原：山西大学.

杨建莹，梅旭荣，严昌荣，等.2010.华北地区气候资源的空间分布特征[J].中国农业气象，31（S1）：1-5.

杨瑞珍，肖碧林，陈印军，等.2010.黄淮海平原农业气候资源高效利用背景及主要农作技术[J].干旱区资源与环境，24（09）：88-93.

张福锁，马文奇.2009.肥料投入水平与养分资源高效利用的关系[J].土壤与环境（2）：36-38.

张桂兰，宝德俊，王英，等.1999.长期施用化肥对作物产量和土壤性质的影响[J].土壤通报，30（2）：64-67.

张胜全，方保停，王志敏，等.2009.春灌模式对晚播冬小麦水分利用及产量形成的影响[J].生态学报，29（4）：2 035-2 044.

张卫峰.2007.中国化肥供需关系及调控战略研究[D].北京：中国农业大学.

张忠学，温金祥，吴文良.2000.华北平原冬小麦夏玉米不同培肥措施的节水增产效应研究[J].应用生态学报，11（2）：219-222.

赵亚丽，薛志伟，郭海斌，等.2014.耕作方式与秸秆还田对冬小麦—夏玉米耗水特性和水分利用效率的影响[J].中国农业科学，47（17）：3 359-3 371.

第五章 长江中下游地区节地节肥型农作制

第一节 长江中下游地区农业资源利用现状与问题

近年来我国在传统农业向现代化农业发展转型过程中，在不少地方表现为农业生产形势发展不容乐观，农村基础设施落后、人均耕地面积减少、复种指数下降、农业面源污染加剧，水资源短缺，土壤肥力下降，耕地质量变劣，严重制约着耕地增产潜力的发挥，加上农用物资成本较高，种粮比较效益偏低，严重影响到农民增收和种粮的积极性，严重威胁到我国粮食生产安全（张宪法等，2007；钟甫宁，2011）。我国从2004年开始，粮食产量虽不断上升，但随着人民生活水平提高和人口的增长，粮食消费的刚性需求不断加大，我国粮食供需将长期处于紧张水平（陈冬冬等，2011），再加上粮食价格的大幅上涨，粮食安全问题引起全社会的密切关注。然而对作物熟制选取，科学合理制定种植规划，改革耕作制度，优化种植结构，提高复种指数，挖掘土地增产潜力，是持续提高土地产出率的有效途径之一。为了确保我国农业持续发展，实现粮食生产安全。近年来，中央和各级地方政府围绕"三农"问题，相继出台了一系列有利于粮食增产、农民增收的措施和惠农强农政策，以巩固农业和粮食的基础地位，促进了我国粮食综合生产能力稳定提高，保障人们不断对物质增长需求，实现社会和谐发展。

我国种植制度根据各地不同气候、土壤、经济、社会条件不同而异，一般可分为一年两熟、三熟和一年一熟，其中一年两熟分为早稻和晚稻或麦—稻、油—稻、薯—稻、烟—稻等，一年三熟为冬作（油菜、绿肥、马铃薯、大麦、蔬菜等）—早稻—晚稻，一年一熟为冬闲—中稻及一季晚稻，以中稻为主（程式华等，2007）。湖南地处长江以南温暖湿润亚热带地区，是我国重要的双季稻主产区，也是水稻生产的优势产业带（汤文光等，2009；青先国等，2007），该区域的粮食生产过程中如何制定科学、合理的水稻熟制选择和惠农政策，对提高土地产出率，增加农民收入，确保水稻产量的稳定提高，具有十分重要的现实意义（Manos et et.，2001；Khanna et et.，2007；唐博文等，2010）。

一、长江中下游地区农业资源利用现状

长江中下游地区位于东经113°34′~118°29′、北纬24°29′~33°20′之间，地跨中国鄂、湘、赣、皖、苏、浙、沪等7省市，素有"水乡泽国"之称，主要工业有钢铁、机械、电力、纺织和化学等，是中国重要的工业基地，水陆交通发达。该区域具有优越的自然条件和气候资源，具有"光热资源丰富、热量充足、雨量充沛、雨水集中和无霜期长"的气候特点，农作物种类丰富，有利于发展农作物生产，适宜开展多熟种植。湖南省是我国主要的双季稻主产区，在农业生产的各个方面均是该区域的典型代表，本文以湖南省为例进行长江中下游地区节地节肥型农作制的研究。

（一）农业气候资源利用

农业气候与农业生产有着密切的特殊关系，拥有丰富的气候资源是发展农业生产的基础。如何充分利用光、温、水、气等农业气候资源，发展多熟种植，实行农田间套复种，构建现代农作制度，促进现代农业的发展，是实现农业生产的节地、节肥和农业可持续发展的先决条件。

湖南位于我国亚热带地区，冬夏季受季风影响较大，且有鲜明的季风气候特色：光照充足、热量丰富、降水充沛、雨热同季、无霜期长、春温多变、冬冷夏热、夏秋多旱、暑热期长、秋季凉爽、冬季湿冷、严寒期短、四季分明。全省大部分地区平均气温16~18℃，1月平均气温4~8℃，7月平均气温27~30℃，年降水量在1 200~1 700mm，年日照在1 300~1 800h，年太阳辐射86~109kcal/m²，年平均气温≥10℃（80%的保证率）为4 900~5 700℃，无霜期270~310d。但是由于省内地貌结构的影响亚热带季风湿润气候的冷热效应得到加深，湖南省大陆气候特征明显。

夏季受副热带高压控制，加上南岭对东南季风的阻挡，产生焚风效应，盆地中热，热量不易散失，使湖南省湘中盆地与洞庭湖区暑热异常，常发生暑秋季节性干旱，成为发展农业生产的一大障碍。冬季冷空气主要经洞庭湖入侵，长驱直入，纵贯全省，并沿"湘、资、沅、澧"四水河谷深入，造成全省大范围的冷空气聚集，在河谷盆地等低凹处形成"冷湖"，致使全省冬季的极端最低气温比同纬度的长江中下游地区偏低。具有以下气候特点：

1. 热量丰富，冷热季明显，无霜期长，适宜发展现代农业和多熟种植，"三寒"明显

湖南境内年平均气温16~18℃，分布的总趋势是既受纬度的影响，又受地形的影响。东南高于西北，平原、盆地高于丘陵山地。在一年中，1月最冷，平均气温在4~7℃，最低气温低于-6℃。7月最热，除山地气温较低外，一般平均气温多在25~37℃。从几个界线温度的光合有效辐射量看，光的分布对作物是十分有利的。日平均气温≥0℃的"温暖期"，其光合有效辐射量占全年的98%左右；日平均气温≥5℃的"植物生长期"，其光合有效辐射量占全年的87%~90%；日平均气温≥10℃的"植物生长活跃期"，其光合有效辐射量占全年的78%~81%；日平均气温≥15℃的"植物迅速生长期"，其光合有效辐射量占全年的65%~70%。因此，湖南省温、光条件，适宜水稻、棉花、旱粮作物（玉米、高粱、红薯、马铃薯、蚕豌豆、大麦）、油料作物（油菜、大豆、花生）、麻类作物（苎麻、红黄麻、亚麻）、经济作物（如柑橘、温州蜜柑、椪柑、甜橙、柚子）、茶叶、烟草、甘蔗、黄花菜、席草与中药材的正常生长，是我国著名的双季水稻主产区、优质棉和冬种油菜生产基地、苎麻、柑橘、茶叶、黄花菜、烟草产区，适宜发展一年两熟和三熟多熟种植，有利于发展现代农作制度。

但是，湖南省"三寒（倒春寒、五月低温、寒露风）"明显，对农作物生长有一定影响，应"避灾减灾"，发展"避灾减灾"现代高效种植。

湖南春季是冬季风向夏季风过渡季节，湖南正处于南方暖室气流与北方干冷气流交界地带，春季天气变化剧烈，乍寒乍冷，常年春季的变化趋势是全省各地大同小异，3—4月各有3次冷空气入侵，一般每隔7~10d出现一次，降温幅度一般在7℃以上。天气变化剧烈，常带来对流天气、雷雨大风、冰雹，甚至发生龙卷风，影响春季作物生长、早稻育秧和春播作物的播种与出苗。

夏季大多数受副热带高压的控制和影响，温度高、南风大、天气暑热。湘江流域每年6月中下旬至8月中下旬，都有一段高温暑热天气，常出现"火南风"和伏秋季节性干旱，影响早稻、春播玉米的抽穗扬花，影响结实，造成高温逼熟。

秋季是由夏向冬过渡的季节，北方冷空气势力逐渐加强，9月20日左右常出现"寒露风"，影响晚稻的抽穗扬花，10月中下旬后，常出现秋雨连绵，不利于秋收作物的成熟和收获，影响冬播作物的播种和生长发育。

冬季虽然处于冬季风控制，湖南各地大多数年份没有严寒天气出现，一

般只有个别年份在1月中下旬出现温度在0℃以下，影响越冬作物（油菜、柑橘、茶叶等）的生长发育。除此之外，湖南省3月中旬至4月下旬，常出现"倒春寒"，5月出现低温，9月上中旬出现"寒露风"。首先是3月中旬至4月下旬正值油菜开花、受粉至籽粒成熟期；双季早稻的播种育秧期和玉米、棉花、西甜瓜、夏季蔬菜的播种育苗移栽阶段，这一段时期的"倒春寒"天气对粮油、经济和蔬菜作物产生不同程度的危害；第二是5月低温，主要影响双季早稻返青分蘖或幼穗分化和油菜的成熟收割，常导致水稻"低温僵苗"；第三是9月"寒露风"，导致晚稻包颈，颖花不能正常开颖，传粉授精发生障碍，导致空壳率增加，严重影响产量。

2. 雨量充沛，分配不均，表现为"前涝后旱"，易发生洪涝和季节性干旱

从整体上看，湖南省不仅降水总量多，而且在农作物的主要生长季节雨量也比较充足，适宜发展多熟种植和现代农作制。各地多年的平均降水量为1 200~1 700mm，与邻省相比，东多于江、浙、苏，西多于云、贵、川、渝，南少于两广，与江西相近，是我国雨水较多的地区之一。湖南省各地降水量>1 000mm的保证率为70%~80%，年降水量2/3都集中在农作物生长季节的4—9月，多年平均降水量800~1 200mm，占全年总降水量的65%~70%。而且这一时段，分配的雨水资源与热量资源、光照资源同步，是发展农业生产的优越条件。

虽然降水量充沛，但在地域、季节和年际间分配上很不均匀，易引发4—6月洪涝、7—9月伏秋干旱。湖南省4—6月多年平均降水量为550~700mm，占全年总降水量的38%~45%。这段时期为湖南省的雨季，不仅降雨多，而且常出现暴雨和强降雨，易引发山洪暴发、地质灾害和洪涝。7—9月多年的降水量湘西北、湘东南山地为450~500mm，占全年总降水量多于30%，其他各地降水量为300~350mm，仅占全年总降水量的21%~27%，为湖南省伏秋干旱期。这一时期气温高、天气晴朗、土壤蒸发量大、作物需水多，易导致干旱缺水，影响中稻、一季晚稻、连作晚稻和旱地作物的生长发育。

3. 日照较少，辐射较强，有利于水稻、棉花、油菜的高产，光能利用增产潜力很大

湖南省多年平均日照时数为1 300~1 800h，是全国日照较少的地区之一。因处于低纬度地区，故太阳辐射较强，全年太阳辐射量330~4 010MJ/m²。从区域上看，湘江流域及洞庭湖区全年太阳辐射总量最多，湘西北较少；从农作物主要生长季节分析，4—10月多年平均日照时数为1 000~1 160h，占全年日照时数的73%~76%，太阳辐射量为2 650~2 900MJ/

m²，占年总辐射量的73%~76%。如果4—10月的太阳辐射光能基本都能利用，通过农作物的光合作用，生产出的光合产物，把光合产物折算成粮食产量，则可生产粮食28.5~30t/hm²。可见提高复种，发展现代农作制，促进粮食单产的提高，增产潜力很大。但是太阳辐射光能不完全被利用，还要扣除由于作物搭配和茬口衔接，所造成的空隙时间无效光能和作物在某些生长发育阶段不能充分吸收光能，目前光能的利用率只有1%~2%，因此，提高光能利用率对提高作物产量具有很大的增产潜力。

4. 地形复杂，土壤类型多，气候多样，具有垂直气候分布的特点，适宜发展农作物立体种植

湖南地处东南红、黄壤丘陵区，山地、丘陵面积大，约占全省总面积的70%，其中丘陵低山又占大部分。由于地形错综复杂，不仅土壤类型多，而且农业气候类型呈多样化，垂直分布差异明显。海拔高度上升100m，年平均气温降低0.5~0.6℃，其中夏季降低0.6~0.7℃，冬季降低0.4~0.6℃，并与山地坡向有关，即南坡高于北坡、阳坡高于阴坡。据研究，同一作物品种栽培地海拔高度每增高100m，生育期延长3~4d，晚稻全生育期延长6~8d。无霜期随高度的上升而缩短，特别是湘南山地，海拔高度每上升11m，无霜期减少1d；湘西北山地，海拔高度每上升30m，无霜期才减少1d。降水量则随着海拔高度的上升而递增，海拔高度每上升100m，降水量增加29~33mm。山地的降水量多在1 700mm以上。山地气温的变化年较差较小，冬暖夏凉，日较差比平原区大。因此，山地气候多样，资源丰富，适宜发展经济作物、旱粮和畜牧业生产。丘陵、盆地与平原地区温热资源丰富，利用结构多样，适宜发展粮、棉、油及经济作物和反季节蔬菜。根据垂直气候分布的特点，可以大力发展农作物立体种植和作物分厢立体间套复种，有利于多熟制的发展。

从整体上分析，湖南省热量充足，雨水充沛，光能充裕，能够满足亚热带植物和水稻等多种喜温作物生长发育的需要。特别是在主要农作物生长季节的4—10月，太阳辐射总量、积温和降水量占全年的70%~85%，"光、热、水"基本同季，组合效应好，农业利用有效性高。这是湖南省农业气候资源的一大优势，为喜温、喜湿的水稻和多种叶茎类作物，如棉、麻、茶、蚕、瓜果、蔬菜等生长提供了有利的条件，也为发展现代农作制度提供了环境条件支撑。目前，农田复种指数包括绿肥为208.02%，不包括绿肥仅为198.49%，湖南省1999年复种指数达到最高，为249.8%，发展冬季农业和旱作农业，增产潜力很大。在稻田大力发展油菜、春马铃薯、大麦与蔬菜；

在旱地大力发展油菜、蚕豌豆、小麦、马铃薯等冬种作物。进一步充分利用冬季水、土、温、光等自然资源，增加农作物播种面积，促进复种指数的提高，复种指数由现在的208.02%提高到250%左右。同时，通过改进耕作栽培技术、优化农作物种植结构与品种结构，大力推广高产、优质农作物品种，进一步提高农作物单产和总产，潜力很大。

(二) 耕地资源利用

湖南省在土地资源的开发利用方面取得了较大的成绩。2008年，全省农作物播种总面积为793.951万hm²，其中，粮食作物种植面积为494.941万hm²、油料作物种植面积为96.568万hm²、棉花种植面积为17.048万hm²、麻类种植面积为4.219万hm²（其中苎麻4.103万hm²）、甘蔗种植面积为1.435万hm²、烟叶种植面积为8.86万hm²、中药材种植面积为5.031万hm²、其他农作物（蔬菜、瓜果、青饲料、绿肥等）种植面积为160.634万hm²、茶园种植面积为8.59万hm²、果园种植面积为46.923万hm²（其中柑橘园种植面积为33.585万hm²）。

粮食作物生产方面，谷物种植面积449.028万hm²，其中，水稻种植面积419.52万hm²（早稻159.958万hm²、中稻与一季晚稻85.635万hm²、晚稻173.927万hm²）、小麦种植面积2.058万hm²、玉米种植面积25.336万hm²、高粱种植面积0.536万hm²、其他谷类作物（大麦、荞麦）种植面积1.578万hm²。豆类作物种植面积18.679万hm²，其中，大豆种植面积11.333万hm²，绿豆种植面积2.148万hm²，蚕豌豆种植面积4.246万hm²，红小豆种植面积0.14万hm²，其他杂豆种植面积0.838万hm²。薯类作物（按折粮薯类计算）种植面积27.234万hm²，其中，红薯种植面积19.089万hm²，马铃薯种植面积8.145万hm²。

油料作物生产方面，油菜籽种植面积86.399万hm²，花生种植面积9.34万hm²，芝麻种植面积0.669万hm²，其他油料作物种植面积0.16万hm²。

(三) 肥料资源利用

土壤肥力是农作物增产的基础，土壤肥力的提高依赖于合理的农作制度和合理的投入。为了培肥土壤，提高耕地质量，湖南省加强了土壤肥料建设，为提高耕地土壤肥力创造先决条件。湖南省在土壤肥力建设方面，狠抓了种植制度的调整和养地作物种植，大力发展绿肥，加强有机肥建设，推进秸秆还田，培肥土壤，提高地力。与此同时，通过实施"土地治理工程""沃土工程"和"地力提升行动"，推广平衡施肥和测土配方施肥技术，进一步提高了耕地质量，促进了农业的可持续发展。至2008年，湖南省测土配方施肥面积达283.641万hm²，秸秆还田面积达241.517万hm²，微肥施用面积达138.84万hm²，对优化湖南省肥料结构，促进粮食产量的大幅度提高，提供了技术支撑。

1949年以前湖南省化肥工业为空白，通过近年来的建设，湖南省化肥工业从无到有，初具规模。20世纪60年代建立小磷肥厂，70年代建立小型氮肥厂。到2008年，除钾肥外，化学氮肥和磷肥的工业生产能力基本上能满足本省需要。农用化肥施用量已达到788.618万t（实物量），其中氮肥405.54万t，磷肥187.89万t，钾肥77.07万t，复合肥118.11万t。化肥的投入对促进农作物增产和农作制度的改革发挥了重要作用。

除此之外，根据湖南省不同区域、不同土壤类型和不同种植制度的特点，各地从实际出发，针对不同耕地的低产原因，采取深耕改土、客土掺沙、开沟撒浸、增施有机肥、水旱轮作等工程措施和生物措施，改良了中低产田，提升了耕地地力，改善了农作物生长发育条件，对促进湖南省种植业的发展起到了推动作用。

（四）农业社会资源

农业生产是自然再生产和经济再生产结合在一起的物质生产过程，它不仅受自然条件的直接影响，而且为社会经济条件所制约。湖南省人多地少，劳力资源充足；经过多年的发展，农田基本建设和农业技术装备已初具规模，农业科学技术有了一定的基础，建立了多个农产品商品生产基地，农业产业化水平不断提高，农产品商品生产已得到长足发展，为发展现代农作制和现代农业，提供了良好的经济社会条件。

1. 文化资源与潜力

湖南省农业生产历史悠久，文化资源源远流长，历来是我国长江中下游农业的发源地之一，并具有自北向南、由东向西逐步开发的历史过程。在漫长的岁月里，劳动人民在适应、利用和改造自然条件，发展农业生产过程中，创造和积累了丰富的经验，形成了传统的农业技术，流传至今，有的仍在生产上发挥作用。

20世纪80年代以来，通过大规模的科学、考古发掘，在澧县发现了大量古代稻作文化遗存，出土食物标本，比世界各国采集到的标本还多。在彭头山、八十垱遗址发现了距今8 500—9 000年的栽培稻粒；在城头山古城遗址，发掘了距今6 500年的古稻田；平江献冲新时期时代文化遗址的发掘表明，早在八九千年前，湘北一带已有人类从采集、渔猎逐步过渡到作物栽培为主的定居生活。到了商代晚期，水稻已成为湘北当时种植的一种主要农作物。到唐代湖南省已成为全国稻、油、麻、丝、茶、果的生要产地；到明、清时期，由于湖南省农业的发展，遂有"湖广熟，天下足"之说，并成为我国双季稻主产区。新中国成立以来，在党和各级政府的领导下，湖南省农业得到迅速恢复和发展，通过大规模的农田基本建设和商品粮、棉、油、麻生产基地的建设，改善了农业生产的条件，加上农业科学的进步与创新，加强了农作物新品种的选育，已培育出一批具有区域特色的名特优新品种，为农业的集约化经营和多熟高产创造了有利条件，促进了生产水平的不断提高。湖南省水稻种植面积和稻谷总产居全国第1位，用占全国3%的耕地生产了占全国6%的粮食；柑橘、油茶、苎麻种植面积和产量居全国第1位；烤烟种植面积和产量居全国第4位；茶叶、油菜籽产量居全国第5位；棉花产量居全国第8位。

2. 人力资源与潜力

湖南省社会经济条件总的特点是：人多地少、农村劳力充足，但从事农业劳动力资源不足。农村留守劳动力总体素质不高，部分地区农村青壮年劳动力以外出务工为主，留守劳动力多为老人、儿童、妇女等老弱病少群体，劳动力总体素质偏低，缺乏先进的农业生产技术和体力，很难为发展现代农作制和现代农业提供必需的劳动力。因此，劳动力的保障已成为发展现代农作制重点考虑的问题。据统计，全省常年总人口6 845.2万人，其中农业人口5 146.23万人，乡村劳动力3 306.34万人，其中农业从业人员1 877.91万人。按乡村人口计算，湖南省乡村人口人均占有耕地为0.074hm²，与全国乡村人口人均占有耕地0.113hm²比较，乡村人口人均占有耕地减少34.5%。湖南省乡村劳动力占全国乡村劳动力72 135万人的4.58%，是一个人均耕地少、劳动力资源丰富的大省。若按乡村每个劳动力经营0.33hm²耕地计算，全省只需要1 000万个劳动力就可以足够经营好耕地。随着农业机械水平的进一步普及与提高，省工、节本、增效、轻型耕作栽培技术的推广应用，湖南省将有2/3的乡村劳动力可向二、三产业发展，转向工业、商业、建筑业、交通运输业、服务业等部门，为乡镇企业和城镇提供丰富的劳力资源，也为农村经济的可持续发展提供强大的动力。

2008年，湖南省农民人均纯收入为4 469.99元，与全国农民人均纯收入4 760.52元相比，人均少290.53元；与湖北省人均纯收入4 656.38元相比，人均少186.39元；与江西省人均纯收入4 697.19元相比，人均少227.72元。

但是，湖南省洞庭湖区农民人均纯收入为5 158.56元，与全国农民人均纯收入4 760.52元相比，人均增加398.04元；长、株、潭地区农民人均纯收入为6 867.95元，与全国农民人均纯收入4 760.52元相比，人均增加2 107.43元；湖南省人均纯收入较低的地区主要为湘西地区和20个国家级贫困县，农民人均纯收入分别为2 682.16元和2 200.87元，与全国农民人均纯收入相比，差距较大。总的趋势是：湖南省农村劳动力资源丰富、社会经济条件较好，但地区间差异较大。因此，在今后一段时间内，应优先把合理利用农村劳动力的资源放在首要位置，通过发展多熟种植和现代农业，推进农业产业化水平的提高，实现农业转换、升级、增值，延长产业链，促进农民增收，变人力资源优势为产业优势和经济优势，是推动农村经济发展的一项重大举措。

农村人力资源是农村经济发展的根本动力与关键因素，也是推动现代农业发展、构筑现代农作制度的可靠保证。改革开放以来，随着经济的发展和社会的进步，湖南省在农村人力资本的开发上，取得了较好成效，与发达国家和我国经济发达的"长三角""珠三角"的农村人力资本开发相比，仍有较大的差距。目前，湖南省农村劳动力资源充足，有利于农业的深度开发。据调查，在乡村农业劳动力从事农业的人员中，初中、小学文化程度的较多，约占55%；而文盲、半文盲约占38%；高中文化程度仅占7%左右；虽然湖南省从事非农产业农村劳动力占比达到56.8%，但从事农业生产的仍占43.2%，大量的农村劳动资源未得到有效利用。针对上述情况，为促进乡村劳动力资源素质的提高，应加强对农村劳动力资源的重视。通过技术培训，培养一批具有一定文化知识和懂农业技术的有用人才，才能为湖南省发展现代农作制和现代农业，提供素质较高的劳动力资源。

3. 科技资源与潜力

经过60年的发展，湖南省各级政府为增强农业的基础地位，加速农业技术研究与推广应用，促进湖南省农业技术水平的提高，建立、健全、完善了农业科学技术体系，壮大了农业科学技术队伍。具体表现为：第一，建立了农业教育体系，形成了以湖南农业大学、中南林业科技大学和各职业技术学院的全省农业教育体系，培养、造就了一大批农业技术人才，形成了比较系统农业科学技术队伍。在湖南省农业结构调整、农作制度的改革、新品种的选育与推广应用、耕作栽培技术的改进与推广，对促进农业生产的发展发挥了重要作用；第二，建立、健全了农业科学创新技术体系，形成了以湖南农业科学研究院各专业研究所、各市农业科学研究所及县农业科学研究所，省、市、县三级相结合的专业基本配套、学科比较齐全，以应用研究为主体的农业科学技术研究体系与农业科技创新队伍。针对湖南省农业生产的实际，从充分利用湖南省自然资源入手，紧紧围绕"高产、优质、高效、生态、安全"的目标，从调整农业结构与优化品种结构，重点从"合理布局、优质高产、省工节本、提高效益"等方面开展了比较系统深入的研究，形成了一批科技成果，为湖南省发展现代农业和构建现代农作制提供了科技支撑；第三，基本形成了省、地、县、乡（镇）4级农业技术推广服务体系，加速了农业新技术的普及推广与科技成果的转化，促进了农业生产的发展，推进了社会主义新农村建设。

二、长江中下游地区农业资源利用存在的问题

从总体上分析，湖南省农作制度的改革与发展，通过依靠科技进步，建设稳产高产农田，推进耕作制度的改革与优化，推广农作物新品种，改进栽培技术，取得了显著的成绩。农田复种指数由1949年的114.25%，到1979年提高到242.25%，1989年下降到233.49%，1999年上升到249.8%，2008年下降208.02%，前30年呈稳步上升，后30年变幅较大，呈下降趋势。在发展现代农业和现代农作制的转型期，如何适应市场经济的发展，构建具有区域特色的现代农作制技术体系，仍面临着如下问题与挑战（唐海明等，2016）。

（一）人多地少，后备耕地资源严重不足，迫切需要提高复种，增加农作物播种面积，确保粮食产销平衡

1949年，湖南省人口为2 986.69万人，耕地为340.288万hm²，人均耕地0.12hm²；1979年，人口为5 223.05万人，耕地为344.04万hm²，人均耕地0.066hm²；2008年，人口达到6 845.2万人，耕地为378.937万hm²，人均耕地0.055hm²。60年来，人均耕地减少了54.2%。随着湖南省农业的快速发展，总产虽不断提高，但人口增加，耕地减少，粮食产不足需的态势将长期存在。从产销趋势分析，口粮消费有所下降，饲用粮和工业用粮将明显增加。因此，在新形势下，在农业的转型期，迫切需要通过提高复种，增加农作物播种面积，促进单产和总产的提高，是确保粮食产销平衡的一项硬性指标。

（二）冬闲田面积增加，不利于发展水旱轮作，严重制约了现代农作制的发展和建设

目前，湖南省约有冬闲田266.3万hm²，冬种覆盖率仅为40%左右。目前，冬闲田有两种形式，一种是板田冬闲，另一种是板田冬泡。稻田冬闲期

一般为5~6个月，土地、温光、水肥等自然资源极为丰富，利于发展冬季农业。如果长期冬闲和冬泡，势必导致土壤潜育和次生潜育加剧，增加中低产田面积，影响到土壤培肥与土地的可持续利用，也严重制约了现代农作制度的发展和建设。因此，加速冬闲田的开发利用，开发冬季农业，发展水旱轮作，加强农牧结合，应作为提高自然资源利用率和土地资源产出率的重点，才能充分发挥多熟增产的作用。

（三）耕地质量下降，中低产田面积较大，加速土壤培肥，发展现代农作制具有很大的增产潜力

据调查，湖南省一类稻田（高产田）约占稻田总面积的30%，二类稻田（中产田）约占41%，三类稻田（低产田）约占29%；红黄壤旱地，一类地占2.75%，二类地占44.36%，三类地52.89%。从整体上看，湖南省稻田土壤肥力较高，建立了一批稳产高产农田，但红黄壤丘陵旱地土壤肥力水平低，耕地质量差，生产力低。近年来，由于不科学合理地施肥，导致有机肥施用量减少，特别是绿肥种植面积显著下降，化肥施用量显著增加，重氮肥、轻磷钾肥，致使部分农田生态环境变劣，肥力下降，部分土壤出现酸化，不仅影响到耕地质量和农产品产量，同时还影响到农产品质量。加上农业基础设施较差，水利工程老化，常出现干旱缺水，加上重用地、轻养地，耕地质量也呈下降态势。因此，迫切需要改土培肥，改善农田灌溉条件，加速中低产田土的改良利用，对提高复种，发展现代农作制对促进产量的提升具有很大的增产潜力。

（四）耕作栽培技术不够完善与配套，影响到农业资源的高效利用，迫切需要建立适应发展现代农业的新型耕作栽培技术体系

湖南省农作制度的改革与优化，耕作栽培技术的改进，取得了长足发展，形成了一批先进的适用栽培技术。在新形势下，如何依靠科技进步，构建现代农作技术体系，迫切需要高产高效种植模式和栽培技术的改进与创新。湖南省区域不同，种植制度千差万别，农作物产量也呈梯度性差异。在水稻种植上，表现为早稻产量低，晚稻产量高；在区域上表现为湘中、湘东丘陵区双季稻区水稻产量高，湘北平原区和湘南丘陵盆地区产量较低，与各地气候因素和栽培技术水平的高低密切相关。例如，在劳动力战略转移的条件下，全省水稻直播技术发展较快，因该技术由于配套技术不完善，易受低温、冷害的影响，导致早稻直播大面积烂秧，特别是直播水稻根系集中在表层，水稻容易出现大面积倒伏，严重影响了水稻产量的进一步提升。如何解

决发展现代农作制关键技术中的瓶颈，推进高产、高效和标准化栽培技术的普及化应用，进一步创新和改进农作物高产栽培技术，实行"良田、良制、良种、良法"配套，做到科技入户，以适应现代农作制发展，应把完善和提高农作物高产和超高产栽培技术与发展现代农作制作为湖南省今后一段时期内的重中之重。根据不同区域、土壤类型、耕作制度的特点，加强农机与农艺技术的融合，研究在双季稻多熟制条件下，稻田耕、种、收全程农机作业技术，提出适用不同区域的现代农作制耕作栽培技术，推进现代农业发展进程，才能实现农业资源的高效利用，进一步增强农田的综合生产能力。

（五）农业投入成本高，种粮比较效益偏低，影响到农民的种粮积极性，不利于发展现代农作制

现代农作制经济效益的高低，取决于农业生产要素的配置与合理投入；粮食生产能力同时又受到农业资源、生产条件、技术水平等因素的多重制约。近年来，由于农业生产要素投入成本高，种粮比较效益偏低，严重影响了农民种粮的积极性。在双季稻区，本来可以种双季稻，而部分农户只种一季稻，甚至出现撂荒，致使粮食作物，特别是水稻种植面积急剧下降，复种指数降低，不利于发展现代农作制。虽然，国家采取了一系列政策，减免农业税，实现良种、农资、农机补贴，对农产品采取保护价收购，调动了部分农民种粮的积极性，种植面积和复种指数虽有所提高，但由于成本高，比较效益低，仍然制约着多熟制的发展。如何加快实现由传统农业向现代农业转变，国家和各级政府应出台相应的政策和措施，通过加大财政、金融、税收等对农业的扶持力度，实现农业向商品化、专业化、现代化转变。

第二节　长江中下游地区粮食生产现状与潜力

一、长江中下游地区粮食生产现状

（一）种植结构变化

新中国成立初期到20世纪70年代，湖南省以粮食作物为主，非粮作物面积较小。粮食作物播种面积占农作物播种面积的83.8%，其中水稻种植面积占粮食作物播种面积的71.4%；经济作物种植面积占农作物播种面积的5.4%。20世纪80年代以后，种植结构发生显著变化，油菜、棉花、苎麻、柑橘、蔬菜、烟草、甘蔗、中药材等经济作物得到了发展，粮食作物播种面

积占农作物播种面积的比例下降到68.8%；非粮作物和经济作物面积比例得到快速上升，经济作物播种面积所占比例上升到11.8%。20世纪90年代末以后，粮食作物种植面积所占的比例快速下降，而非粮作物和经济作物面积比重和产量快速上升。到2013年，全省农作物播种总面积为865.00万hm²，粮食作物播种面积占农作物播种总面积的比例下降到57.07%，经济作物播种面积所占比例上升到20.24%（表5-1）。

表5-1 湖南省农作物播种面积变化趋势 （万hm²）

年份	总播种面积	粮食作物播种面积	水稻播种面积	经济作物播种面积
1949	388.714	325.751	232.677	20.828
1959	732.755	523.191	351.592	44.769
1969	236.667	503.655	392.550	34.407
1979	833.443	570.421	450.686	64.055
1989	774.880	533.047	435.411	91.453
1999	802.772	513.518	398.447	131.004
2008	755.500	470.979	395.558	126.697
2013	865.000	493.660	408.500	175.070

（二）粮食产量变化

通过农业科技的改进与创新，湖南省粮食单产不断提高，特别是水稻单产呈逐年上升趋势。新中国成立初期，湖南省粮食作物单产为1 957.5kg/hm²，其中水稻单产2 437.5kg/hm²；1979年，粮食作物单产3 502.5kg/hm²，其中水稻单产4 440.0kg/hm²，比1949年提高82.15%；2008年，全省水稻单产达6 351.0kg/hm²，比1979年提高43.04%（表5-2）。新中国成立初期到70年代，其他粮食作物如小麦、薯类、杂粮的单产变幅不大；20世纪80年代以后，上述作物的单产呈逐年上升的变化趋势。

表5-2 湖南省粮食作物单产演替变化趋势 （kg/hm²）

年份	粮食作物	水稻	小麦	薯类	杂粮
1949	1 957.5	2 437.5	600.0	1 500.0	675.0
1959	2 100.0	2 715.0	525.0	1 447.5	450.0
1969	2 580.0	2 887.5	885.0	2 737.5	1 005
1979	3 502.5	4 440.0	607.5	1 425.0	742.5
1989	5 025.0	5 730.0	1 305.0	2 895.0	1 320.0

（续表）

年份	粮食作物	水稻	小麦	薯类	杂粮
1999	5 494.5	6 423.0	1 789.5	2 794.5	2 206.5
2008	5 998.5	6 351.0	2 242.5	4 606.5	3 081.0
2013	5 927.0	6 271.0	3 396.0	4 422.0	3 357.5

二、长江中下游地区粮食未来需求

人多地少、后备耕地资源不足，是湖南省的省情，也是制约湖南省农业发展的主要因素。但人增地减、粮食需求增大，迫切需要扩大农作物播种面积，通过提高复种，发展现代农作制，促进粮食单产和总产的提高，才能确保人口增加对农产品的需求。因此，人类生存迫切需要驱动现代农作制的快速发展，才能满足人们对农产品多样化的需求。

1949年，湖南省人口为2 986.69万人，耕地面积为340.288万hm²，人均耕地0.12hm²，人均粮食212.6kg；到2008年，湖南省人口达6 845.2万人，耕地面积为378.937万hm²，人均耕地0.06hm²，减少了1.17倍，人均粮食433.8kg。随着湖南省粮食生产的快速发展，总产不断提高，粮食供需矛盾有所缓解，但产不足需的态势依然长期存在。从产销趋势分析，口粮消费有所下降，饲用粮、工业用粮明显增加。从湖南省的实际情况看，新中国成立以来，湖南省人口年均增加65.4万人。由于实行计划生育，人口增长速度减缓，但人口基数较大，预计2015—2020年湖南省年均增长按30万人计算，湖南省人口达到7 250万人。按人均每年消耗粮食400kg计算，需要粮食280亿~290亿kg。目前，湖南省的粮食生产能力为290亿kg左右，只能基本满足湖南省人民生活用粮的基本需要。

湖南省属于粮猪型农业结构，生猪是畜牧业的优势产业。2008年，湖南省出栏生猪7630.086万头，当年出售和自宰家禽51 714.74万羽，每年要消耗大量的精饲料。可见湖南省畜牧业的快速发展与饲料粮的需求矛盾比较突出，加上工业用粮和其他方面的用粮，基本上没有商品粮调出。目前，已由商品粮调出省变成了饲料粮调入省。

随着湖南省国民经济的发展、城乡工业化的推进，铁路、公路的兴建需要占用大量耕地，建设用地急剧扩大，居民点及独立的工矿用地，也呈扩大态势。在建设用地中，所占用的耕地大多为地势平坦、土壤肥沃、灌溉条件好、土壤肥力水平高的农田；虽然国家采取了一些有效措施，实现耕地的占补平衡，但新补充的耕地资源土壤质量差，不利于现代农业的发展。据统计，湖南省从2001年开始，实施土地开发整理项目，到2006年止，已完成303个项目建设，其中，由国家投资项目154个，省级投资149个，建设规模共计90 189.6hm²，共计投资200 281万元，新增耕地面积18 507.9hm²。其中，开发3 917.7hm²，整理8 396.7hm²，复垦3 688.2hm²，综合2 505.3hm²。据对29个土地整理耕地项目区分析，pH值平均为5.86，仅50%适于农作物生长的适应范围，39%pH值小于5.5，11%pH值大于8；土壤有机质含量平均为19.5g/kg，大于20g/kg占41.6%，小于15g/kg占44.4%；全N平均为1.21g/kg，小于1g/kg占41.7%；碱解N平均为96.8mg/kg，66.7%大于120mg/kg，16.7%大于60mg/kg；土壤有效P平均为10.9mg/kg，44.4%小于10mg/kg，27.8%低于5mg/kg；土壤全K平均为17.9g/kg，1/3小于15g/kg；土壤速效K平均为110.6mg/kg，1/4的土壤小于80mg/kg。土壤中微量元素更加缺乏，由于新垦耕地质量差，不利于农作物生长和发展现代农作制度。

从长远发展的趋势分析，粮食生产受资源、气候、技术、市场制度和种粮比较效益的影响，粮食年度间波幅较大，产量大幅度增长的难度也较大，粮食供需关系偏紧的态势将长期存在，且供求结构变化对粮食安全的影响趋于增强。从湖南省农用耕地资源数量分析，耕地数量总体是减少的，但有一部分后备耕地资源，还未得到充分利用，仍有很大的潜力。特别是近几年来，冬闲田面积急剧增加，冬种覆盖度明显降低，充分利用冬闲田，开发冬季农业，种植粮油和饲草作物，发展稻田多熟种植，增产潜力较大。据统计，湖南省现有冬闲田266.3万hm²，除去26.67万hm²潜育性稻田不能种秋冬作物，可开发利用的冬闲田有240万hm²，目前已利用的冬闲田有120万hm²，尚有120万hm²冬闲田还未得到有效利用。若能充分利用冬闲田丰富的土地、温、光资源，开发冬季农业，大力发展冬种粮油作物和绿色营养体作物，实施适度规模经营，可将资源优势变为产业优势和经济优势。

从湖南省社会需求分析，针对人多地少的省情，在今后一段时间内，只有通过大力推进现代农作制的改革与发展，增加农作物播种面积，提高复种指数，才能促进粮食单产和总产的提高，确保社会需求的平衡。1999年，湖南省耕地复种指数曾达到249.8%，目前耕地复种指数为208.02%。2015年，耕地复种指数可提高20%，即可增加耕地75.79万hm²，以增产粮食6t/hm²计算，即可增加粮食45.474亿kg。由此可见，发展多熟复种现代农作制，增加农作物播种面积，是促进粮食大幅度增产，确保社会对农产品需求的强大驱动力，也是实现湖南省农业可持续发展的一项战略性措施。

三、长江中下游地区粮食增产潜力

（一）粮食增产单产潜力

从粮食作物单产看，湖南省粮食单产不断提高，但与兄弟省比较，仍有很大的差距，增产潜力很大。其中，水稻单产较高，1979年与1949年相比，增产80.15%；1979年以后，水稻单产大幅度提高，亦与水稻品种的改进和推广杂交水稻及高产栽培技术有关；1999年与1989年相比，单产提高12.1%；2008年与1989年相比，单产仅提高10.8%，增产幅度不大；2008年与1999年相比，单产降低了72.0kg/hm²，减产1.12%。小麦单产1979年以前，产量与新中国成立初单产变幅不大；到1989年以后，单产略有提高；但与邻近省（湖北、安徽、江苏）相比，差距很大，亦与湖南省的气候条件有关，不适宜发展冬小麦生产（表5-3）。薯类和杂粮作物前三十年变幅不大，1989年以后单产略有提高；1999年以后，由于推广春马铃薯、春玉米种植，导致单产大幅度提高。从整体上分析，湖南省粮食作物应以提高水稻单产作为战略重点。湖南省为粮猪型农业结构，应适度发展旱粮作物，改善粮食作物品种结构，促进湖南省以生猪为主体的畜牧业生产发展。

表5-3　湖南省粮食作物单产演替变化趋势　　　　　　　（kg/hm²）

年份	粮食作物单产	水稻单产	小麦	薯类	杂粮
1949	1 957.5	2 437.5	600	1 500	675
1959	2 100	2 715	525	1 447.5	450
1969	2 580	2 887.5	885	2 737.5	1 005
1979	3 502.5	4 440	607.5	1 425	742.5
1989	5 025	5 730	1 305	2 895	1 320
1999	5 494.5	6 423	1 789.5	2 794.5	2 206.5
2008	5 998.5	6 351	2 242.5	4 606.5	3 081

注：按粮食作物播种面积占用耕地面积计算

（二）粮食增产面积潜力

1. 增加耕地复种面积，提高复种指数

1950年，湖南省双季稻面积仅16.67万hm²，占稻田总面积的6.8%，稻谷总产量67.25万kg；绿肥总面积仅20万hm²。在中共中央和中央人民政府1950年制定的"以恢复为主"的农业生产方针指引下，通过土地改革、发展农业互助合作社，解放了生产力，极大地激发了农民的生产积极性。在总结研究群众丰产经验和丰产技术的基础上，把提高复种和提高单产作为种植制度改革的战略措施。通过精耕细作，选育良种，增施肥料，开垦荒地，兴修水利，推广新式农机具和劳模经验，使湖南省农业得到了迅速的恢复和发展。1960年，湖南省农作物播种面积由1949年的388.71万hm^{2}提高到774.72万hm^2，增加99.3%；复种指数由114.25%提高到215.11%，增加100.86%；水稻种植面积由232.68万hm^{2}提高到385.51万hm^2，增加65.68%（表5-4）。同时，通过多年的调查研究，总结出了发展绿肥—双季稻农作制高产栽培经验，对推动以提高复种指数为中心，发展绿肥—双季稻复种制起了重要的作用。

表5-4　20世纪50年代湖南省粮食种植面积发展概况

年份	人口（万）	耕地（万hm^2）	农作物播种面积（万hm^2）	复种指数(%)	粮食作物		其中：水稻		
					面积（万hm^2）	总产（亿kg）	面积（万hm^2）	总产（亿kg）	占粮食总产(%)
1949	2 986.69	340.228	388.71	114.25	325.75	63.49	232.68	56.71	89.3
1950	3 074.34	342.459	393.75	114.97	322.39	74.36	258.27	67.14	91.09
1951	3 190.67	349.04	407.98	116.89	327.57	82.72	261.25	75.43	91.18
1952	3 271.2	367.88	520.28	141.43	411.44	102.48	325.94	91.51	89.3
1953	3 290.7	368.00	547.28	148.72	426.86	102.68	328.39	91.88	89.48
1954	3 429.6	372.86	577.88	154.98	458.0	92.22	331.08	82.21	89.15
1955	3 472.83	375.03	623.54	166.26	500.43	112.01	343.39	98.99	88.38
1956	3 507.16	385.29	681.42	176.36	543.05	103.02	392.11	92.03	89.33
1957	3 602.2	386.84	684.13	176.85	541.42	112.35	377.94	96.67	86.04
1958	3 672.72	372.24	763.93	205.25	578.22	121.61	389.41	102.09	83.94
1959	3 691.95	373.33	732.75	196.27	523.19	109.82	351.59	95.51	86.97
1960	3 569.37	360.14	774.72	215.11	557.05	79.82	385.51	71.42	89.47

2. 实行高秆改矮秆，稳定发展绿肥—双季稻复种制

20世纪60年代，湖南省农作制的改革发展主要围绕水稻高秆改矮秆、冬闲田改种绿肥，稳定发展绿肥—双季稻复种制。这一时期，虽然受"大跃进""人民公社"等"左倾"错误的严重影响，以及受1960—1963年自然灾害的影响，农业生产严重受挫，种植业生产呈徘徊和缓慢发展状态。受3年暂时经济困难和"文化大革命"的双重影响，导致湖南省农业生产出现严重滑坡。但通过贯彻中央制定的"调整、巩固、充实、提高"的方针以及

1965—1967年全国农业发展纲要（草案）、贯彻执行"以农业为基础、以工业为主导""以粮为纲，全面发展"的国民经济总方针和农业方针，通过贯彻"农村工作六十条"以及贯彻执行1963—1972年农业科学技术发展纲要，同时在生产中积极推行"农业八字宪法"，开展了"农业学大寨"运动，极大地调动了广大群众和农业科技人员的积极性，才使农业生产得到逐步恢复和发展。与此同时，在这一阶段开展了大规模的以水利为主的农田基本建设，改良中低产稻田，进行了稻田水旱轮作制和发展冬季绿肥的研究。研究提出了绿肥高产栽培和早晚稻两季平衡增产技术，为稳定发展湖南省以绿肥为主的双季稻复种制，起了重要的推动作用（表5-5）。

表5-5　20世纪60年代湖南省粮食种植面积发展概况

| 年份 | 人口（万） | 耕地面积（万hm²） | 农作物播种面积（万hm²） | 复种指数（%） | 粮食作物 | | 其中：水稻 | | |
					面积（万hm²）	总产（亿kg）	面积（万hm²）	总产（亿kg）	占粮食总产（%）
1961	3 507.98	359.27	617.87	171.98	487.51	79.93	330.08	65.52	81.97
1962	3 600.26	360.18	611.09	169.66	487.67	101.77	322.38	82.84	81.39
1963	3 715.20	360.13	627.97	174.37	488.60	90.24	326.09	77.89	86.3
1964	3 785.13	361.07	680.83	188.55	518.91	107.86	354.02	94.82	87.9
1965	3 901.47	361.07	731.05	202.47	538.63	109.20	382.56	93.13	85.28
1966	4 009.65	359.56	770.99	214.44	540.40	125.41	392.69	113.58	90.57
1967	4 122.56	359.06	765.60	213.22	530.15	126.58	391.73	110.06	86.95
1968	4 238.65	355.50	729.67	205.64	496.89	130.73	382.62	115.45	88.3
1969	4 358.01	354.36	736.67	207.90	503.65	129.86	392.55	113.39	87.32
1970	4 480.76	351.62	763.50	217.64	527.01	147.26	424.15	131.85	89.53

3. 推广稻田多熟种植，发展双季稻三熟制

进入20世纪70年代以来，由于绿肥—双季稻的发展和杂交水稻的选育突破，改变晚稻低产和农作物品种单一的局面。加上化肥、农药、农膜、农机等物质的推广应用，促进了耕作制度的改革与发展，使耕地复种指数进一步提高。农作制度的改革与发展，重点以提高土壤肥力、改进耕作栽培技术、提高水稻单产、增加粮食总产为目标。在稳定发展绿肥—双季稻的同时，重点放在扩大麦类（大、小麦）—双季稻、油菜—双季稻的复种面积，不仅促进了水稻生产的发展，而且促进了双季稻三熟制的快速发展，使湖南省粮食生产跨上了一个新的台阶（表5-6），确保了湖南省粮食的有效供给。1971

年至1980年，湖南省人口由4 598.27万人增至5 280.95万人，增加682.68万人，年均增加68.268万人；耕地由350.97万hm²减少至342.48万hm²，减少8.49万hm²，年均减少耕地0.849万hm²；农作物播种面积由804.47万hm²减少至790.95万hm²，减少13.52万hm²，减少1.68%；复种指数提高9.4个百分点；粮食作物播种面积减少11.96万hm²，减少2.15%；粮食作物产量由157.8亿kg增加至214.48亿kg，增加56.68亿kg，年均增加5.668亿kg；水稻面积由449.4万hm²减少至441.23万hm²，年均减少0.817万hm²；稻谷产量由141.6亿kg增加至194.25亿kg，增加52.65亿kg，年均增加5.265亿kg。在人增地减的情况下，基本满足了粮食消费需求的增加。

表5-6　20世纪70年代湖南省粮食种植面积发展概况

| 年份 | 人口（万） | 耕地（万hm²） | 农作物播面（万hm²） | 复种指数（%） | 粮食作物 | | 其中：水稻 | | |
					面积（万hm²）	总产（亿kg）	面积（万hm²）	总产（亿kg）	占粮食总产（%）
1971	4 598.27	350.97	804.47	229.21	557.09	157.80	449.40	141.60	89.73
1972	4 700.56	350.97	835.84	238.15	566.85	152.86	439.62	135.95	88.94
1973	4 809.79	347.47	841.74	242.25	573.67	167.60	459.39	147.60	88.06
1974	4 900.85	347.35	829.72	238.87	561.34	169.19	461.26	153.05	90.46
1975	4 991.36	346.78	822.62	237.22	560.9	180.00	456.11	161.38	89.65
1976	5 056.81	346.08	828.36	239.35	570.55	184.58	456.59	163.28	88.64
1977	5 111.83	344.85	827.25	239.9	578.07	184.15	455.50	163.48	88.78
1978	5 165.91	344.54	844.57	245.1	582.94	208.79	452.44	187.71	89.90
1979	5 223.05	344.04	833.44	242.25	570.42	221.82	450.69	200.02	90.17
1980	5 280.95	342.48	790.95	230.15	545.13	214.48	441.23	194.25	90.57

4. 优化种植结构，提高稻田经济效益

1978年以后，农村实行家庭联产承包责任制，特别是党中央召开了全国科学大会，向全社会发出了"树雄心、立大志、向科学进军"的号召。湖南省农业科研、教学和推广机构得到进一步完善和发展，随着农业开始由自给性生产向商品化生产、传统农业向现代农业转变，耕作制度的研究和改革重点放在高产高效、优质低耗、省工省力等技术方面。特别是杂交水稻的大面积推广应用，更新了水稻品种，将部分长期复种连作的绿肥—双季稻改为油菜—双季稻、春玉米—杂交晚稻、油菜—中稻等复种方式。通过调整粮、经、饲作物的种植比例，使湖南省种植结构趋向合理，拓宽种植业内部新的时空领域，充分挖掘各类作物在稻田的生产潜力，进一步提高土地资源利用率和产出率。重点围绕"湖南不同生态区水稻种植制度""稻田三熟连作与轮作""早稻分厢撒直播配套技术""冬种油菜高产栽培技术"与"稻草还田技术"进行了深入研究，提出了春大豆/春玉米—杂交稻—蔬菜、油菜—双季稻、春玉米—杂交稻、烤烟—杂交稻、春花生—晚稻、春玉米/西瓜—杂交稻、裸大麦/春玉米—杂交稻、早熟辣椒（番茄）—晚稻等复种方式，以及稻萍渔立体种养、早稻分厢撒直播、稻草还田技术。从1986年开始，湖南省开始了有组织、有规划开发吨粮田，把发展粮食生产必须立足现有耕地，走提高单产的道路。通过成建制开发吨粮田，实行水旱轮作，带动中低产田的改造，促进高效农业的发展。湖南省吨粮田开发和建设，采取"良田、良制、良种、良法"结合，不仅建设了一批稳产高产农田，形成了与生态环境、社会环境相融合的先进、适用的新型技术体系，提高了粮食单产，促进了粮食生产的稳步发展，同时实现了高产与高效、增产与增收的目的，极大地促进了农业结构的调整和农村经济的可持续发展。1981—1990年，湖南省耕地由342.13万hm²减少至331.23万hm²，减少10.9万hm²，年均减少耕地1.09万hm²。农作物播种面积由800.94万hm²减少至795.18万hm²，减少5.76万hm²，减少0.72%；复种指数提高6.0%，粮食作物播种面积减少5.45万hm²，减少1.0%，粮食作物产量由217.07亿kg增加至269.27亿kg，增加52.2亿kg，年均增加5.22亿kg；水稻面积由441.65万hm²减少至437.04万hm²，年均减少0.461万hm²，稻谷产量由199.85亿kg增加至251.73亿kg，增加51.88亿kg，年均增加5.188亿kg（表5-7）。

表5-7 20世纪80年代湖南省粮食种植面积发展概况

年份	人口（万）	耕地面积（万hm²）	农作物播种面积（万hm²）	复种指数（%）	粮食作物		其中：水稻		
					面积（万hm²）	总产（亿kg）	面积（万hm²）	总产（亿kg）	占粮食总产（%）
1981	5 360.05	342.13	800.94	234.10	542.01	217.07	441.65	199.85	92.06
1982	5 452.12	341.74	796.95	233.20	540.33	243.98	439.01	224.03	91.82
1983	5 561.32	339.98	774.62	227.84	542.32	265.39	441.89	245.81	92.62
1984	5 561.32	337.13	763.92	226.59	539.09	261.3	440.11	241.66	92.48
1985	5 622.49	334.19	747.71	223.75	516.14	251.43	424.65	233.89	93.02
1986	5 695.72	333.05	753.64	226.29	521.04	263.31	432.76	246.43	93.59

（续表）

年份	人口（万）	耕地面积（万hm²）	农作物播种面积（万hm²）	复种指数（%）	粮食作物		其中：水稻		
					面积（万hm²）	总产（亿kg）	面积（万hm²）	总产（亿kg）	占粮食总产（%）
1987	5 782.61	331.82	747.74	225.30	515.09	259.37	425.51	241.42	93.07
1988	5 915.69	332.64	749.61	225.35	519.63	253.62	429.37	236.66	93.30
1989	6 013.62	331.86	774.88	233.49	533.05	267.55	435.41	249.22	93.15
1990	6 110.89	331.23	795.18	240.10	536.56	269.27	437.04	251.73	93.48

5. 稳定发展稻田多熟制，建立适应市场经济发展的农作制

进入20世纪90年代，随着商品经济的发展和市场经济的建立，湖南省农业由单纯追求高产向优质高产高效方向发展。在确保高产的前提下，注重质量的提高，把工作重点放在节本增效与提高质量上。通过稻田耕作制度的优化，建立适应市场经济发展的"粮、经、饲"农作制。加上水稻分厢撒直播技术、水稻旱育抛栽技术、稻田少免耕栽培与稻草还田技术，以及水稻大面积高产栽培综合配套技术研究与示范，促进了粮食产量的进一步提高，改善了农产品品质。这个阶段，农作物播种面积稳定在年均800万hm²左右，复种指数稳定在236%左右，粮食播种面积由1991年的536.52万hm²，减少到2000年的502.99万hm²，水稻播种面积由429.81万hm²减少到389.61万hm²，粮食总产由273.44亿kg增加到287.497亿kg（表5-8）。其中，1997年粮食总产首次达到287.70亿kg，达到历史第二个新高，出现了湖南省粮食生产外销困难、库存积压，效益下降，财政负担过重等问题。

表5-8　20世纪90年代湖南省粮食种植面积发展概况

年份	人口（万）	耕地面积（万hm²）	农作物播种面积（万hm²）	复种指数（%）	粮食作物		其中：水稻		
					面积（万hm²）	总产（亿kg）	面积（万hm²）	总产（亿kg）	占粮食总产（%）
1991	6 166.33	331.02	804.02	242.7	536.52	273.44	429.81	253.44	92.68
1992	6 207.78	331.03	796.08	240.48	524.36	268.00	418.80	248.23	92.62
1993	6 245.58	329.59	765.39	233.80	442.39	263.14	402.59	241.37	91.72
1994	6 302.58	327.31	773.05	237.20	507.74	266.71	404.07	251.05	94.12
1995	6 352.63	325.84	784.04	241.30	511.56	275.21	408.39	251.53	91.39
1996	6 428.00	324.97	792.74	244.70	513.34	270.15	406.41	255.90	94.72

（续表）

年份	人口（万）	耕地面积（万hm²）	农作物播种面积（万hm²）	复种指数（%）	粮食作物		其中：水稻		
					面积（万hm²）	总产（亿kg）	面积（万hm²）	总产（亿kg）	占粮食总产（%）
1997	6 465.00	323.94	800.89	247.90	515.53	287.70	407.58	261.78	90.99
1998	6 502.00	321.87	793.625	246.57	507.477	281.819	397.641	251.630	89.29
1999	6 532.00	321.321	802.772	249.8	513.518	289.24	398.447	254.91	88.13
2000	6 562.05	392.160	800.205	204.05	502.988	287.497	389.608	252.810	87.93

6. 调整、缩减与恢复发展，构建适应现代农业发展的农作制

进入21世纪，湖南省耕作制度的发展，经历了两个时期，第一个时期从1998年起到2003年为调整压缩期，湖南省稻田农作制度进行了战略性调整。2000年10月，由湖南省人民政府办公厅行文转发了湖南省农业厅"关于推进稻田耕作制度改革优化农业结构意见"的通知，针对稻谷相对过剩，种粮效益持续偏低，财政负担过重等问题，确定在全省实施33.33万hm²稻田农作制度改革行动计划。一是通过调整复种指数，实行三熟改两熟，双季稻改一季稻，发展优质旱粮和高效经济作物，建立以一季优质晚稻为核心的稻田生产结构和种养模式；二是调减33.33万hm²早籼稻，发展稻田春玉米、优质油菜、蔬菜、春大豆、春马铃薯、瓜类、蚕豌豆、烤烟——一季优质晚稻以及中稻——再生稻、高粱——再生高粱、花生——其他经济作物、一季晚稻——特种水产养殖（虾、螃蟹、泥鳅、鲫鱼）等种养模式，在全省实施了5个6.67万hm²产业化开发项目，重点抓了22个稻田农作制度改革示范县，带动全省33.33万hm²稻田农作制度改革。由于采取调整和缩减早稻种植面积，2001—2003年，湖南省农作物播种面积每年分别比2000年降低了0.88%、2.78%和3.38%；复种指数分别降低了3.33%、4.12%和2.38%；粮食作物播种面积分别减少4.71%、7.49%和9.94%，粮食总产分别减少4.37%、13.0%和15.03%；水稻种植面积分别减少5.25%、9.1%和12.5%，稻谷总产分别减少4.9%、16.2%和18.1%。

第二个时期从2004年开始进入恢复发展阶段。2003年12月31日中共中央、国务院下达了关于促进农民增加收入若干政策的意见，明确提出了集中力量支持粮食主产区发展粮食产业，促进种粮农民增加收入，实施了"优质粮食产业工程"和"沃土工程"，实行了良种、农资、农机补贴，免除了农业税，极大地调动了农民种粮的积极性，促进了湖南省耕作制度改革与发

展。与此同时，在双季稻主产区进行了保护性耕作技术研究与示范，在全省范围内大力推广了水稻节本增效轻型耕作技术、测土配方施肥技术、地力提升技术、水稻超高产栽培技术以及水稻优质高产无公害栽培技术，有力促进了湖南省复种指数与粮食产量的提高。从2004年起，由于党中央连续6个中央1号文件，支持和扶植农业生产，极大地调动了农民种粮的积极性，湖南省粮食作物特别是水稻种植面积呈逐年上升趋势，复种指数也有所提高，粮食和稻谷产量大幅度增加。2008年比2003年农作物、粮食作物、水稻种植面积分别增加20.827万hm²、41.962万hm²、78.522万hm²，分别增长2.7%、9.3%、23.02%；复种指数增加6.35%；粮食作物总产增加52.662亿kg，增长21.56%；稻谷产量增加59.409亿kg，增长28.7%（表5-9）。综上所述，改革耕作制度，增加农作物播种面积，提高复种指数，构建现代农作制技术体系，是促进粮食增产、确保粮食安全的一项战略性技术措施。

表5-9　2001—2008年湖南省粮食种植面积发展概况

年份	人口（万）	耕地（万hm²）	农作物播面积（万hm²）	复种指数（%）	粮食作物		其中：水稻		
					面积（万hm²）	总产（亿kg）	面积（万hm²）	总产（亿kg）	占粮食总产（%）
2001	6 595.85	391.255	793.171	202.72	480.281	274.847	369.161	240.484	87.50
2002	6 628.50	389.100	777.922	199.93	465.257	250.130	354.154	211.915	84.72
2003	6 662.80	383.370	773.124	201.67	452.979	244.273	340.998	207.018	84.75
2004	6 697.7	381.647	818.867	214.56	508.215	281.026	400.075	244.168	86.88
2005	6 732.1	381.65	833.64	218.46	521.521	285.66	415.825	248.50	86.99
2006	6 768.1	378.759	853.193	223.58	529.58	290.118	420.222	250.734	86.42
2007	6 805.7	378.759	853.644	223.7	529.585	290.989	418.047	249.62	85.78
2008	6 845.2	378.937	793.951	208.02	494.941	296.935	419.52	266.427	89.7

第三节　长江中下游地区节地节肥型农作制途径

耕作制度研究改革、调整、优化与发展，相关栽培技术改进与创新，是高效利用耕地资源，提高复种指数，实现一年二熟、三熟种植，促进作物单产和总产共同提高的重要途径；也是实现土地、温光、肥水资源高效利用的重大技术举措；同时还是促进农业可持续发展，确保粮食生产安全的战略选择。历史反复证明，耕作制度是在一定的自然条件和社会经济条件下，逐渐形成和发展起来的；同时，还与社会制度、生产条件、科学技术水平相关联。因此，研究建立新型资源节约型和生态安全的耕作制度，实现农业资源的高效、节约、集约、持续利用，并在生产上得到推广应用，是当前农业生产所面临的重大任务。

一、节地型农作制途径

（一）以高产双季稻为主体并加强冬闲田利用，提高复种指数

大米是我国绝大多数地区的主食，对我国粮食安全的保障至关重要，湖南省三熟区占全国粮食总产的比例虽然只有17.15%，但其水稻总产占全国的41.07%，对全国的粮食安全至关重要。但近年来出现的水稻生产"双改单"现象已经严重影响了我国水平的生产能力，该区域冬闲田面积的扩大也对我国粮食生产能力的提升产生了重要的影响，因此，以双季稻为主体并加强冬季作物的配套，逐渐提高该区域的复种水平，保持并提高该区域的生产能力，是未来粮食增产的主要方向。

（二）设法提高农业比较效益，提高农民增加投入提高产量的积极性

只有提高种粮的比较效益，增加农民收入，提高种粮农民有增加投入争取高产的积极性，粮食才能够获得高产。在当前条件下，除了提高高产模式自身的效益之外，增加种粮农民收入、提高农民增加投入提高产量的积极性是提高粮食产量的首要途径。

（三）加强机械化水平和配套率，简化栽培技术，适当增加劳动投入

水稻生产是劳动强度较高的农业生产活动，该区域是我国的水稻主产区，但水田的机械化发展水平明显低于我国的一熟区和二熟区的旱地。在当前，该区域粮食生产劳动力投入严重不足的形势下，加强水稻生产各个环节的机械化水平和机械配套率，并在不影响产量提升的前提下适当简化栽培技术以减轻劳动强度，并适当增加劳动投入，是当前该区域粮食增产的重点。

二、节肥型农作制途径

（一）广辟有机肥源，增施有机肥，有机肥与无机肥均衡施用

利用农村有着广泛的有机肥源，如家畜粪尿、秸秆、杂草、枯枝落叶

等，可将它们收集起来，进行堆积、发酵、腐熟就可以积制出有机肥料，如圈肥、高温堆肥、沼气池肥等。在有机肥中含有丰富的有机质，施入土中后可显著提高土壤有机质含量，从而起到增肥地力、改善土壤理化特性的作用。在施用高浓度有机肥的同时，配合施用氮、磷、钾及微肥，推广施用养分释放缓慢的新型有机无机复合肥或生物有机菌肥，从而达到均衡施肥的目的。

（二）种植绿肥和豆科生物固氮作物

大力推广种植绿肥如紫云英、田菁和豆科生物固氮作物，既可以增加土壤有机质、改良土壤结构，又可以通过生物固氮作物增加土壤养分。翻压绿肥应做到"一深二严三及时"，即翻压深度不低于25cm（一深）；翻压时根茬和茎叶都必须盖严不露表（二严）；压前及时将绿肥茎秆切碎，一般小于10cm，及时撒施氮肥以降低C/N，翻压后及时灌水以形成厌气性的土壤环境（三及时）。

（三）实行秸秆直接还田和秸秆过腹还田

该区域有丰富的秸秆资源，如稻秆、麦秆、玉米秆和花生秆等，将其切碎或粉碎后直接施入农田，不仅可提高土壤有机质含量、改善结构，而且还可以促进土壤养分的转化。秸秆过腹还田要比秸秆直接还田的效果要好，而且经济效益高，在畜牧业发展规模较大的地区提倡秸秆过腹还田，既做了家畜的饲料，又产生了圈肥；而在农业机械收割普及率高的地区，微量施用便于农事操作，提倡实行秸秆直接还田，结合使用秸秆快速腐解菌剂。

（四）深耕改土，提高土壤肥力

深耕能加厚耕层，增强蓄水保肥能力，改善土壤理化性质。耕层小于10cm时需要加深耕层厚度，土层深厚、耕层浅，是深耕改土的主要对象，要尽可能扩大机耕面积，分期分批进行深耕。有些水田犁底层过厚而耕层浅的，也要通过深耕加厚活土层。

第四节 长江中下游节地节肥型农作主导模式及潜力

湖南省地处中亚热带，气候资源优越，光照适中，热量丰富，雨水充沛，适宜发展多熟种植；人多地少，劳动力资源丰富；历来具有精耕细作的优良传统。形成了湖南省的主体农作制以多熟复种、集约高产为特色，尤其是稻田耕作制的集约化程度在全国名列前茅。

湖南省稻田主体种植模式的特点是以粮、油、肥生产为主，按面积排序依次为：冬闲—稻—稻、油—稻—稻、肥—稻—稻、油—稻、冬闲—稻、肥—稻等。纵观近10年，稻田种植模式的变化，以双季稻为主体的格局仍然维持，但一季稻的比例在增加，绿肥面积下降，稻田冬闲比例上升。20世纪90年代以来，在确保粮油作物生产安全的前提下，通过优化区域布局，建设农产品优势产业带，促进了农业生产区域化。同时，以优质、高产、高效、生态、安全为目标，对农作制度进行了战略性调整，进一步优化了种植结构和品种结构，把大力发展优质多元高效农作制作为重点，发展多种形式的适度规模经营，积极发展特色农业、绿色农业、生态农业和循环农业，促进了现代农作制和现代农业的发展，形成了具有区域特色的新型农作制度和关键技术。特别是蔬菜—稻—稻、油菜—瓜菜—稻、马铃薯—稻—稻、饲草—稻—稻、烟—稻、玉米—稻等呈快速发展的趋势。

一、节地农作主导模式及潜力

（一）旱地节地农作主导模式

1. 丘陵坡地分厢间套作多熟种植节地型模式

20世纪70年代，湘西北地区在坡耕地上首推"麦/玉/薯"一年套作三熟制，此后在同类地区迅速推广，并在该模式的基础上衍生出许多分厢间套多熟种植模式，如小麦//绿肥（蔬菜）/玉米/红薯、油菜/玉米//大豆/红薯、小麦/烤烟/红薯、小麦/玉米/大豆等。

2. 分厢间套作多熟种植模式的特点

增产增效：该模式一般要比两熟复种增产40%以上，且稳产性好，有利于避开季节性干旱和秋寒，同时集免耕、秸秆覆盖、直播技术为一体，省工节本，投工效益、投资效益和纯收入都比一年两熟复种高。

改土培肥效果好：该模式采用免耕、秸秆覆盖栽培，有效减少了水土流失，且在模式中安排绿肥和豆类作物，有利于分厢轮换种植，具有良好的改土培肥效果。另外，因为一年四季均有作物和秸秆覆盖，减少了水分蒸发，可在一定程度上减轻干旱为害。

适用范围广：分厢间套作多熟种植模式是复合群体结构生产方式，可根据不同作物生育特性及经济目的进行作物组配，因而在不同生态条件的地区，根据社会不同需求，均可以运用。

3. 分厢间套作多熟种植模式的关键技术

规范开厢：平地按东西向开厢，坡地按水平带状开厢，厢宽2m。冬作物播种时，厢的一半播种春粮春油作物，另一半间作绿肥、蔬菜或饲草。翌年春翻压绿肥或收获蔬菜、饲料作物后，及时施肥整地套作春玉米、大豆、花生、烤烟等春播春栽作物。春收作物收获后，再套作夏红薯、夏玉米、夏大豆、绿豆等夏播夏栽作物。还可在春播的高杆作物株行间再套插红薯或套播大豆、绿豆等；也可在春播作物收获后，整地套作秋菜、秋荞麦、绿肥等作物。夏播作物收获后又套作冬播作物。

合理安排作物，实现用养结合：在间套作复合群体生产模式中，需减少过度的竞争，充分促进互补，尽量使不同类型的作物处于不同的小生境内。在复合群体内，具有相同小生境的种与种间发生了激烈的关系，要求其各自的小生境。完全相同小生境的种在同一生态系统内是难以互补的。要互补就要选择不同小生境的作物或人为地提供不同的小生境条件来实现。作物合理搭配，包括：不同形态的作物搭配，如高杆与矮杆、稀植与密植、宽叶与窄叶、垂直叶与水平叶、深根与浅根；不同生态型作物搭配，如喜光与耐阴、C4与C3、喜温与喜凉、嗜N与嗜P、K和耐瘠与耐肥；不同生育期作物搭配，在生育季节允许时，两种作物时间差异越大，竞争就越小。

合理密植，优化种群结构：间套复种是一个复合群体，具有明显的边行优势，为充分发挥间套复种的增产作用，因作物和品种采取适宜的种植密度和结构，实行高矮作物、深根与浅根作物合理配置，充分利用土地、温、光资源，发挥不同作物的增产潜力。各间套复种的作物密度不能过大，防止争夺阳光和肥水资源，尽量减少荫蔽。例如，在高矮作物间作中，高作物行数宜少些，以充分发挥边行优势；而矮作物行数宜多些，尽量减少边行劣势。在间套作条件下，以东西行向较为有利。

因地种植，加强管理：根据不同条件采用相应的间套复种方式与作物组合方式。在土壤肥力偏低时，应增加豆类作物的种植比重；在土壤肥力水平较高，而生长季节又长的地方，可选择高产、生育期较长、增产潜力大的作物和品种。为充分发挥不同作物、品种的增产潜力，应分别对不同作物进行培育和管理。

(二) 园地立体农业节地型种植模式

园地的农作制度以立体模式为特点，包括立体种植、立体种养。根据不同农业生物的生长特性，利用它们在生长过程中的时空差，对自然资源进行立体综合利用，将其改造成为高效的农业生态系统，使其在一定面积上，用较少投入获得最大效益。它不仅能增加农民的收入，还能缓解土地与人口的矛盾，适应社会对农林牧副渔等产品的需求，符合人多地少的省情。据统计，目前湖南省有园地面积56.7万hm^2，其中约30%（17万hm^2）为幼龄园地，适宜于发展园地立体农业模式。

立体种植模式，主要用于幼龄果、茶、林地，或落叶果林地的冬季，以培肥土壤为主要目的，常见的模式有：幼龄橘园//粮油作物（或蔬菜、青饲料、绿肥等）、幼龄杨树//粮油作物（或蔬菜、青饲料、绿肥等）、桑树//粮油作物（或蔬菜、青饲料、绿肥等）、幼龄葡萄园//粮油作物（或蔬菜、青饲料、绿肥等）、幼龄桃园//粮油作物（或蔬菜、青饲料、绿肥等）、幼龄橘园//粮油作物（或蔬菜、青饲料、绿肥等）、林果园//中药材等。

立体种养模式，合理配置林、果树与作物之间的时间差和空间差，在不影响林、果生产的同时，充分利用园地的空间资源，种植牧草养畜禽，或者直接饲养畜禽，或者培养食用菌，畜禽粪便、菌渣排入沼气池，沼气用作生活能，沼肥或者菌肥返回园地，作为林、果或者牧草肥料。这种模式在园地区域内，把种植与养殖、养殖与沼气或食用菌、沼气与种植等环节有机地衔接起来，形成一个完整的生态系统，从而达到生态环境的良性循环。

1. 园地立体农业种植模式特点

充分发挥了土地资源的潜力，缓解人地矛盾：发展园地立体种植和立体种养，从广度上摆脱了耕地面积的局限，着眼于林果地的综合开发利用。通过多物种搭配、多产业结合，因地制宜地向山地、坡地开拓，扩大了农业用地领域；从深度上，从有限的平面向立体空间发展，并通过物质的多级转化来提高资源的利用率。

较大幅度提高单位面积产量和经济效益，缓解食物供需矛盾：立体种植可多维利用空间，生产主、副两类产品，不仅总产量增加，而且产品类型增加，调节了市场，促进了农村商品经济的发展。

强调农业技术的综合性，体现了现阶段我国农业投入的特点：立体农业是在我国传统的精耕细作和多种经营基础上发展起来的劳动密集型和技术密集型相结合的综合性技术。在未来一段时间内，我国的农业投入只能是以劳力投入和技术投入为主，而技术又只能集中在传统技术和现代技术相结合的适用技术上，逐步过渡到高技术、高资金投入。所以立体农业适应了我国当前农业技术发展的趋势，也适应我国农村经济综合发展的需要。

有利于实现经济、社会、生态三大效益的统一：我国农业面临着一个重要问题是如何满足日益增长的食物需求。因此，必须把社会效益和经济效益摆在首位。但是，持久的高效率的经济效益必须建立在良性的生态循环之中。立体种植不仅提高了资源利用率和生产力，还增加了农民经济收入；不仅具有显著的经济效益，还具有显著的生态效益和社会效益，实现了"资源节约"、"环境友好"。

2. 园地立体农业种植模式关键技术

合理搭配物种结构：物种的多样性是立体农业最重要的特征。在一般的复合模式内，物种包括：绿色植物、动物（畜、禽、鱼、虫等）、微生物。正确处理模式内农业生物种类的组成、数量及其彼此关系，应考虑以下几点：一物为主，物种搭配只能是在不影响或少影响主体生产者产量的前提下，增加其他物种，不能喧宾夺主，如果园立体农业应以水果生产为主；增加初级生产者，提高光能利用率；注重社会经济因素，物种除了要求高价值外还要注意市场供求状况和人的消费习惯和水平。

创建合理的空间结构：合理的空间结构是提高光能利用率，增加单位面积生物总产量和转化效率的重要措施。空间结构的主要构成因素是层次和密度，前者是垂直距离，后者是水平距离，这两个指标决定了每个物种的个体和群体的空间位置。结构合理性的标志就是个体所占空间的大小适中，有利于吸收周围微环境的农业资源，有利于共生物种的生长发育。层次设计应力求加厚利用层，向空间扩展。密度，即个体或群体水平距离，表现形式是植物的株行距或动物的饲养数量。一般情况下，层次多，密度应小，但也不是绝对的。

立体农业模式空间结构是动态的结构，它随物种的消长而变化，可以利用空间互补、时间互补、高矮搭配、交替嵌合等，在有限的空间里创造出多样化的结构，容纳多样化的物种。

统筹安排时序结构：对各种农业生物进行合理的时序安排，可以协调资源因子周期性和农业生物生长发育周期性的关系，以便使农业生物有效地同化生活因素，使得立体模式的物质生产能够高效、有序、持续地进行。时间结构涉及的因素有环境条件的季节性和生物的生育规律。一般说来，环境因素在一个地区相对稳定，因此，时间结构控制主要是农业生物的控制，即根据各种生物的生长发育时期及其对环境条件的要求，选择搭配适当的物种，实现周年生产。

合理构建食物链结构：食物链是立体模式内物质生产和物质转化的链环，它从绿色植物生产的初级物质开始，在动物、微生物的参与下，转化为一连串重复取食与被取食的有机环节，故称食物链。食物链结构即按照能量循环与物质转化的一般规律，通过引入新的链环，延长或完善食物链组合，增加2、3级产品，提高立体模式的循环效率。

采用合理的技术结构：技术结构考虑的重点是物质和能量投入的内容、适度、时间和方法，通过外加的技术干预协调模式内部种、养、加工的关系，以便更好地发挥整体结构的优势。

（三）稻田节地农作主导模式

1. 棉田立体间套作多熟复种节地型种植模式

湖南省传统的种植模式以麦棉、油棉套作两熟制和棉花冬闲一熟制为主。进入20世纪90年代来，由于推广杂交棉种，种植密度降低（由原来45 000~75 000株/hm²下降到18 000~24 000株/hm²），棉花生长前期土地温光水资源浪费严重，为充分利用杂交棉具有宽距稀植和生长后期补偿功能强两大优势，与间套作物在时空、光热、水肥等矛盾不突出的特点，研究开发出了棉田立体间套作种植模式。该模式在保证棉花高产稳产的前提下，可明显促进棉农增收。现有16.67万 hm²棉田中，立体种植面积占60%左右，主要分布在常德、岳阳、益阳、衡阳4个棉花主产区，普遍实行间套辣椒、番茄、马铃薯、西瓜、豆类等20多种高效经济作物。提高了棉田的复种指数，也提高了棉田的经济效益。

目前，湖南棉田主要的种植模式有：冬作物—棉花复种两熟，如，马铃薯—棉花，油菜—棉花，冬季蔬菜—棉花；棉花与春作物间作，如棉花‖辣椒、棉花‖（甜、糯）玉米、棉花‖花生、棉花‖西瓜、棉花‖大豆等；间套作多熟制，如棉花‖大豆（花生）/蔬菜（莴苣、大蒜等）、棉花‖西瓜（辣椒）—马铃薯、棉花‖西瓜（甜瓜）/油菜等。

（1）棉田立体间套作多熟种植模式的特点　合理利用土地和空间，提高复种指数：棉田间套作主作物为棉花，充分利用棉花生长的春冬两头的空闲时间，以及棉花前期（一般7月上旬以前）与后期（一般9月中下旬以后）生长对肥、水、光等利用的阶段性来合理搭配其他短季作物，以最佳的种植群体和茬口安排来提高单位面积上的生物产量和经济效益。

不影响棉花产量为前提，增收其他作物：棉田种植应坚持效益第一、棉花为主的原则，以不影响棉花产量为前提。品种选择上应高矮搭配，尽量间套生育期短的作物，而且在株型空间分布上与棉花形成最佳的群体结构，以期获得效益的最大化。

技术性强，用工多，具有劳动密集与技术密集双重特性：由于间套作种植模式主要体现在对土壤和空间的全方位利用，因此其对土壤肥力来说是掠夺性的过程。为了保证持续有效生产，必须按照各类作物对营养元素的种类、数量需求上的不同，及时合理地给予追加补充，保证棉花的正常生长，应精耕细作，加强培育管理。

统筹兼顾，合理衔接茬口：棉田间套作模式栽培技术的核心是协调棉花与副作物共生期间生长发育矛盾。在保证棉花高产稳产的前提下，选择适宜的作物品种合理搭配，尽量减少对棉花生长发育的影响，严格季节和茬口安排，实现对季节的超额利用，缓解茬口衔接矛盾。

（2）棉田立体间套作多熟种植模式的关键技术　棉田立体间套种作物品种的选择：棉田立体间套复种是一项复杂的农田生态系统，在确保主作物（棉花）不减产的前提下，选用早熟、优质高产、株型紧凑、高抗病虫的农作物品种（组合）。实行高矮作物带状种植，尽量减少对主作物的影响，确保主、副作物高产丰收。无论是选用哪种作物间套复种，春作物应适当提早播种，采用地膜覆盖营养钵育苗，选用早熟优质高产品种，充分利用棉花苗蕾期行间的自然资源，实现高矮作物搭配，选择早熟辣椒、西（甜）瓜、豆类、花生等。如间作高秆作物，最好选择鲜食甜糯玉米，确保在6月下旬至7月上旬收获。与冬作物套作时，冬作物的生育期不宜太长，以特早熟和早熟品种为主，以减少共生期间对棉苗的遮阴。

确定适宜的间套种作物的密度：经研究，棉花的产量随着间套作物密度的增加呈下降的趋势。因此，间套作物应合理密植，减少与主作物的竞争。鲜食玉米（高粱适宜密度为12 000~15 000株/hm²，辣椒30 000株/hm²，西甜瓜4 500株/hm²。与冬作物套作时，矮秆密植作物，如裸大麦、黑麦草，采用宽幅条播，播幅60~70cm，每厢4~5行，行距15~20cm；高秆稀植作物，如油菜、榨菜和芥菜，采用宽窄行种植，为棉花预留的宽行应在60~70cm，冬作物密度控制在67 500~75 000蔸/hm²。总之，要充分发挥土地承载潜力，关键在于各季作物的合理配置，协调好主副作物个体与群体生长的矛盾，可以采用主作物与间套作物同厢分带隔年轮作的方式。

适当化控，构建适宜的群体结构和株型：在棉田间套作生产中，用缩节胺、矮壮素、赤霉素等药剂或外源素来促控棉株生长，以形成最佳的高产株型，同时减少蕾、铃脱落的比例，也可以减轻对间作作物的遮阴。通过对间套作物适当化调，塑造棉田理想的群体结构与株叶形态，高效多层次利用棉田生态条件，为高产奠定基础。

综合防治病虫害，确保农产品生态安全：棉田间套作，生态环境发生变化，增加了各种病虫害的浸染机会。为了减少环境污染，保护生态环境，生产无公害农产品，需加强综合防治措施。一是选用抗性（抗病、抗虫）强的品种；二是使用绿色栽培，增施有机肥和微生物肥，控制化肥施用量；三是严禁使用剧毒高残留农药，保护天敌，充分利用不同物种间的生物学异质互补特性，发挥生物防控作用，提升作物产品的卫生安全性和市场竞争能力。

2. 烟—稻间套作节地型种植模式

（1）烟—稻间套作种植模式特点

①合理利用土地，提高复种指数：充分利用水稻收获后的空闲时间，种植烟草经济作物，充分利用该阶段的土地、肥、水、光等，以最佳的茬口安排提高单位面积上周年作物的生物产量和经济效益。

②水旱复种有利于改良土壤结构，培肥土壤：烟—稻复种制实行水旱复种，可改善土壤水、肥、气、热供应状况，加速冷浸田、深泥脚田、鸭屎泥田等中低产双季稻田的改良与利用，进一步提高土壤肥力，确保烟—稻平衡增产，促进农民增收。

③减轻病虫害：水旱复种可抑制烟草土传病害，切断虫源，确保烟草优质适产。烟草秸秆还田，不仅可培肥土壤，改善土壤结构，同时烟秆中的烟碱又是良好的杀虫剂，明显减少了水稻病虫害的发生。

④减少田间草害：实行烟—稻水旱复种，改变了农田生态环境，抑制了水生杂草的滋生，经旱作后，稻田杂草明显减少；同时切断了旱生杂草的生长繁殖的途径，显著降低烟田杂草基数。

（2）烟—稻间套作种植模式关键技术

①合理安排茬口：烤烟大田生长期120d左右，一般在3月中旬移栽，7月中旬采收完毕；晚稻于6月中下旬播种，7月20日前后移栽，9月中旬前齐穗。

②实行秸秆还田：烤烟收获后，将烟秆切成10~20cm长的片段，以便快速腐烂；但如果烤烟病害严重，则烟秆不能还田，以免加重来年的烤烟病害。晚稻收获后，稻草可翻埋还田，但最好覆盖还田。稻草覆盖可改善土壤生态环境，调节土温，表现为生育前期低温时有增温效应，促进早发；生育后期高温时又具有一定的降温效应，且可保蓄土壤水分，减轻高温逼熟的影响。

③晚稻收获后及时深耕晒垡：湖南省春季雨水多，土壤通透性差，影响烟株早发。在冬前及时深耕晒垡的基础上，开春后土壤水分适宜时抢晴天开深沟、整高畦，增强土壤通透性能，为烤烟根系健壮生长创造良好的土壤环境。

3. 玉米—稻间套作复种节地型种植模式

（1）玉米—稻间套作种植模式特点

①合理利用土地，提高复种指数：充分利用水稻收获后的空闲时间，种植玉米经济作物，充分利用该阶段的土地、肥、水、光等，不同作物间以最佳的周年茬口进行搭配，提高单位面积上周年作物的生物产量和经济效益。

②水旱复种，改良稻田土壤：玉米—稻水旱复种，显著缩短稻田淹水时间，降低了地下水位，稻田三相比例得到改善，有利于好气性微生物活动，促进土壤养分的释放，供肥能力增强。另外，稻田种植玉米一般需在冬季深耕晒垡，玉米生育期间还进行中耕，也有利于土性的改善。

③粮饲结合，促进农牧协调发展：湖南省是养殖大省，饲料工业比较发达，玉米是饲料工业的主要原料，但自给率不足30%，以稻谷喂猪的现象比较普遍，饲养效率低。因此，因地制宜发展玉米—稻复种制，有利于建立粮饲二元结构，改善粮食作物品种结构，增加饲料粮供给，提高养殖业效益。

④光能利用率和土地生产力高：玉米是C4作物，光合效率高，干物质积累多。据测定，玉米—稻复种制的光能利用率一般较稻—稻复种制高15%左右，产量也高于双季稻。为避免玉米高温逼熟，一般熟期较早，为后作晚稻提供了早茬口，晚稻可以在7月20日之前移栽，充分利用了7月下旬至8月上旬最佳温、光资源；同时，在该复种制中，晚稻一般为杂交稻或超级杂交稻，光能利用率高，产量高。

（2）玉米—稻间套作种植模式关键技术

①稻田选择及整地：选用地势较高、排水条件好的沙性稻田，在头年晚稻收获后立即翻耕整地，通过晒坯冻坯疏松土壤。为减少春夏多雨对玉米根系生长发育的影响，玉米应实行畦栽。按2m宽左右分厢，开好围沟（深0.5m）、厢沟（深0.3m）和腰沟（深0.2m），翌年开春后清理"三沟"并整平整碎厢面，玉米移栽前7~10d，用40%农达灭除田间杂草。

②因地制宜，实行玉米间作大豆：大豆是高蛋白食品和饲料，是固氮作物，可减少氮肥投入。间作时，一方面应考虑土壤肥力，肥力低时可适当增加大豆比例，肥力高时，应在保证玉米高产的前提下适当间作大豆；另一方面，应兼顾饲料结构，蛋白质饲料不足时，应增加大豆比例。

③合理轮作：玉米和水稻都是耗肥作物，连作年限不宜超过3年，否则地力会呈下降趋势，应考虑与其他养地效果较好的复种制进行轮作，如与肥—稻—稻、油菜—稻—稻等轮作。

4. 冬季蔬菜—稻—稻多熟复种节地型种植模式

（1）冬季蔬菜—稻—稻多熟种植模式特点

①有利于集约利用土地和自然资源，充分挖掘稻田的综合生产潜力：发展稻田冬季蔬菜（芥菜、榨菜）—双季稻多熟复种节地型种植模式，实行水旱轮作，可培肥地力，促进水稻生产的进一步发展。可充分利用稻田冬季丰富的土地、温光等资源，从而使得全年的土地和自然资源得到超额利用，充分挖掘稻田的综合生产潜力。同时，通过发展蔬菜，形成了地方优势突出和特色鲜明的蔬菜产业带，架起了农民与市场、农民与企业间的桥梁，促进了农民增收，振兴农村经济。

②粮经结合，有利于充分发挥湖南省作物生产的优势：水稻、蔬菜均是湖南的优势与传统作物，水稻面积和总产历来居全国首位，蔬菜种植面积和总产在湖南省农业生产中也占十分重的地位。因此，冬季蔬菜（芥菜、榨菜）—双季稻多熟复种节地型种植模式的应用有利于资源优势转化为产业优势，对确保国家食物安全至关重要。

③有利于土地水旱轮作、用养结合，培肥土壤，提升耕地质量：水稻是用地作物，充分利用了土壤肥力；冬种蔬菜是经济作物，收获时有大量的根、茎叶残茬归还农田，有利于维持、恢复和培肥地力。

（2）冬季蔬菜 稻 稻多熟种植模式关键技术

①合理安排茬口衔接，确保全年作物产量：合理安排茬口是确保蔬菜—稻—稻种植模式全年作物产量的关键。蔬菜可采取育苗移栽方式，于9月中下旬播种，10月中下旬移栽，翌年3月底成熟收获。双季早稻3月下旬播种，4月下旬至5月初移（抛）栽，7月中旬收获；双季晚稻于6月中旬播种，7月中旬移栽，10月中旬收获。

②合理轮作，控制病害：稻田长期采用单一的多熟复种制，对土壤理化性状和作物病虫害具有一定的不利影响，可根据当地的实际情况在不同年际间采取蔬菜—稻—稻、饲草—稻—稻、绿肥—稻—稻等多熟复种节地型种植模式进行轮作。

③提高机械化程度，降低劳动强度：在冬种蔬菜的土壤翻耕作、开沟、分厢、收获、茎叶残茬还田等农事操作过程中，普及机械化作业，形成了在南方双季稻区机械化种植冬季蔬菜农艺操作规程。从而最终实现降低蔬菜种植成本，扩大种植面积，提高冬种蔬菜产量和种植经济效益的最终目的。同时，进一步完善和提高水稻生产的机械化水平，普及水稻生产的机械化程度。

二、节肥农作主导模式及潜力

（一）旱地节肥农作主导模式

湖南属于红黄壤丘岗区，虽水土温光条件优越，为农作物的生长发育和高产打下了一定的基础。该区域旱地以红黄壤为主，红黄壤旱地存在"酸、黏、瘠、板、湿、旱"特性，肥力低下。因此，应通过选择作物品种搭配，优化种植结构，通过各种措施，来提高土壤肥、水蓄积与高效利用，维护和提高土地的持续生产能力。通过相关的试验研究与技术集成，我们提出了春马铃薯/春玉米/红薯、春玉米//春大豆—秋马铃薯高效种植模式与关键技术，有利于增强旱地土壤肥、水蓄积与高效利用，保证旱地作物周年产量。

1. 春马铃薯/春玉米/红薯多熟复种节肥型种植模式

（1）春马铃薯/春玉米/红薯多熟种植模式技术特点　本模式根据红壤旱地上坡地土壤肥力的特点和土壤水分的积蓄能力，改传统的一年一熟或一年两熟，实行旱地分厢间套复种，利用红薯抗旱能力强，对土壤肥力和水分要求不高的特点，通过种植不同的农作物，合理利用土壤水分资源，实现避旱减灾的效果，达到培肥土壤、提高水分利用效率，多熟稳产高产。

（2）春马铃薯/春玉米/红薯多熟种植模式种植规程　总播幅宽170cm，间套方式以一垄双行马铃薯、双行春玉米，双行红薯。马铃薯占幅90cm（挖一垄沟，约宽25cm）种植两行马铃薯，双行间距33cm，穴距30cm。预留行80cm，种植春玉米两行，双行间距30cm，玉米株距依品种而定。早、中熟品种20~25cm，迟熟品种30cm左右。玉米前期生长缓慢，不影响马铃薯生长，待玉米封行后，马铃薯已收挖，栽插红薯。玉米收获后空出地面确保红薯正常生长，夺取3季丰收。因马铃薯不耐连作，一般种一季马铃薯后，下一季要种植其他作物，搞好轮作换茬，否则病害加重，影响马铃薯的产量。

（3）春马铃薯/春玉米/红薯多熟种植模式关键技术

①马铃薯。马铃薯种植方式以高垄双行为好。一般于1月上中旬播种，2月底或3月初出苗。如若提早上市，提前播种的应在播种后覆盖薄膜，霜冻来临之前还需加盖稻草，保温过冬。播种前要进行种薯处理，选择薯形整齐大小一致，薯皮细嫩光滑无病虫害的块茎作种薯。播种前必须催芽。催芽方法一般是将整种薯切块，切块用刀要消毒，遇到烂薯，刀要清洗干净后才能继续切块。切块要有1~2个健壮的芽。切口距芽眼1cm以上，切块形状以四面体为佳，避免切成薄片。切块可用50%多菌灵可湿性粉剂250~500倍液浸种，稍晾干后拌草木灰，隔日即可播种，播种时将种薯芽眼向上摆好，然后

盖肥覆土。

马铃薯是高产作物，对肥料要求很高，特别是施用钾肥有显著的增产效果。对氮、磷、钾的比例为2：1：（3~4）。以钾素的吸收最多，施用量也最大。马铃薯在幼苗期以氮、钾吸收较多，磷较少。现蕾开花期间，吸收钾最多，生育后期则以氮磷较多，钾较少。要获得块茎较高产量，有机肥与无机肥、基肥与追肥要配合得当。一般基肥占用肥量的2/3，并以腐熟堆肥和人畜粪等有机肥为主，施用猪栏粪22 500~30 000kg/hm²，钙镁磷肥300kg/hm²，草木灰1 500~2 550kg/hm²或火土灰22 500kg/hm²拌和作为盖种肥、盖种后覆盖1~2cm的松土、保证芽尖不外露。苗期一般施尿素225kg/hm²，氧化钾150kg/hm²。开花后，不再追肥，如薯后期有早衰脱肥现象，则可叶面喷施磷钾肥。

全苗是马铃薯增产的基础。出苗后应及早查田补苗，在缺苗附近穴里掰取多苗幼苗补栽，最好从预先密播地段取苗，用带土母薯苗移植，补苗宜在阴雨天进行。此外要及时中耕、除草、培土，改善土壤条件，防止块茎外露影响品质和产量。春季多雨潮湿，要注意排水和防治青枯病、黑胫病、地老虎和块茎蛾等病虫害。

②春玉米。于3月下旬或4月上旬抢晴尾两头播种，在预留行中套种2行玉米，行距33~46cm，株距20~26cm，每穴播2粒，玉米定苗37 500~45 000株/hm²，用种22.5~30.0kg/hm²。施肥猪牛栏粪7 500~11 250kg/hm²，磷肥150~300kg/hm²，氯化钾60~75kg/hm²，复合肥150~225kg/hm²作基肥。4叶1心期浇施尿素60~75kg/hm²，开始拔节时结合中耕施用尿素105~120kg/hm²，5月下旬结合培土施尿素120~150kg/hm²。人工授粉：开花期人工授粉3~4次，用棍棒将一行植株轻压至一边，再摇动邻行植株。病虫防治：玉米蚜虫用10%吡虫啉3 000倍液或25%辟蚜雾600g/hm²对水600kg/hm²，或用氧化乐果对水1 500倍液防治；玉米螟在玉米大喇叭口期（即8~9叶全展）用25%敌杀死600g/hm²对水750kg/hm²喷心叶，或制成毒土点心进行防治。

③红薯。春玉米收获后，整地插两行红薯，行距33cm，株距16~20cm。因薯块大且较长，需要深厚和疏松的土壤环境，深耕增施有机肥尤为重要。采用起垄栽培，高垄双行。红薯根系发达，茎粗叶大，吸肥力强，生物产量和经济产量高，需肥水平也高。因此，要施用22 500~30 000kg/hm²土杂肥和钙镁磷肥375~450kg/hm²作基肥。要适时早插，合理密植，以斜插为主，苗长15~20cm，入土2~3个节，密度为30 000蔸/hm²。红薯栽插后2个星期左右要结合中耕除草，进行培土，以利根系伸展，防止露薯。其病虫防治采用多菌灵、甲基托布津和90%敌百虫防治。

2.春玉米//春大豆—秋马铃薯多熟复种节肥型种植模式

（1）春玉米//春大豆—秋马铃薯多熟种植模式技术特点　该模式充分利用了高矮作物的合理配置，有利于充分利用光热水肥等自然资源，充分利用了玉米为主，进行间作，在保证玉米丰产的基础上间作大豆，通过合理的配置，不仅有利于春玉米和春大豆的稳产、高产，而且有利于充分利用土壤、水分资源，实现用地与养地相结合，达到培肥地力、促进增产的效果。

（2）春玉米//春大豆—秋马铃薯多熟种植模式种植规程　翻耕整地后，按2.4m分厢（包沟）。种4行玉米，采用宽窄行种植，宽行100cm，窄行33cm，穴距23~26cm，每穴播2粒，出苗后定苗52 500~60 000株/hm²。宽行中种植大豆2行，密度33cm×18cm，45 000穴/hm²，每穴播3粒。玉米收获后翻耕整地，即8月底至9月上旬种植秋马铃薯，每厢播5行，种植规格33×28~30cm，每穴种3粒，67 500~82 500穴/hm²。

（3）春玉米//春大豆—秋马铃薯多熟种植模式关键技术

①春玉米。于3月中下旬或4月初土温稳定在10~12℃时播种，用种量22.5~30.0kg/hm²。玉米施肥应掌握"基肥为主，种肥、追肥为辅；有机肥为主，化肥为辅；磷、钾肥作基肥，分期追施氮肥；早施攻秆肥，重施攻穗肥，补施攻粒肥"的原则。整地时要施足基肥，施猪牛粪18 000kg/hm²作基肥，施225kg/hm²复合肥作种肥。播种前应翻晒种子2~3d，用"两开一凉"的55℃左右的温水浸种6~8h，然后在25~30℃下催芽，至种子露白时播种。追肥量一般占氮肥施用总量的60%以上，用量一般施尿素300~375kg/hm²。4叶1心浇施尿素75kg/hm²作苗肥。一般于拔节期施攻秆肥，施用尿素120~150kg/hm²，大喇叭口期重施穗粒肥，施尿素150~225kg/hm²。用通俗的话说"一次追肥一尺高（拔节）、二次追肥正齐腰（大喇叭口），三次追肥出毛毛（吐丝）。春玉米生长期应注意防治玉米螟和蚜虫。玉米螟的防治在大喇叭口期用5%锐劲特悬浮剂600mL对水450kg/hm²对心叶喷雾防治；防治蚜虫则用新农药一遍净防治。

②春大豆。适时早播可以延长营养生长期，繁茂营养体，有利高产。一般在5cm土层的日平均温度达到10~12℃时就可以播种。适宜播种的时间为3月中旬至4月上旬。春大豆播种密度早熟品种45万~60万株/hm²，中熟品种37.5万~45万株/hm²，迟熟品种30.0万~37.5万株/hm²，行距33cm，株距20cm。为避免伏秋干旱，最好以早、中熟品种为宜，播种量视品种而定，一般为75~120kg/hm²。春大豆施肥，基肥以有机肥为主，一般施用有机肥22 500~37 500kg/hm²，瘠薄地加氮、磷、钾复合肥150kg/hm²，结合耕地将

肥料翻入耕层土壤中。盖籽肥施用优质杂肥3 750~7 500kg/hm²，加钙镁磷肥375~450kg/hm²，用人粪3 000~3 750kg/hm²拌匀后堆沤10d以上，开堆摊开备用。播种后直接用土杂肥盖籽。这样，既可满足大豆的前期需肥，又可防止土壤板结，有利出苗整齐。大豆追肥，如土壤肥力条件好的田土上，施用了基肥和种肥的一般不要追肥，如在中、下等肥力的土壤上种植大豆，一般在苗期追施尿素75~105kg/hm²，始花期施用尿素1 500g/hm²、磷酸二氢钾750g/hm²对水喷雾作根外追肥，其增产效果较显著。大豆幼苗期生长缓慢，杂草容易滋生，应及时中耕除草。大豆病虫害主要有花叶病毒病、幼苗根腐病、细菌性斑点病等以及地老虎、豆荚螟、大豆食心虫、斜纹夜蛾为害，要根据当地病虫发生情况，适时进行药杀。

③马铃薯。性喜冷凉，不耐高温，秋季播种，一般于8月下旬至9月上中旬。播种前要翻耕整地，施足基肥，基肥用量占总用量的2/3，以腐熟的有机肥为主，一般施猪牛粪22 500~30 000kg/hm²，钙镁磷肥300kg/hm²，草木灰1 500~2 250kg/hm²或火土灰22 500kg/hm²拌和作为盖种肥。出苗肥施用尿素22.5kg/hm²或清粪水追施芽苗肥，现蕾期结合培土追施一次结薯肥，以钾肥为主，一般施尿素150~225kg/hm²加氯化钾150kg/hm²。开花以后，不再追肥。播种前，种薯必须催芽。催芽方法一般是将整种薯切块。切块要有1~2个芽，而后与湿润砂土分层相间放置、厚3~4层，并保持在20℃左右最适温度和经常湿润的状态下，这样种薯即可发芽。单层排放的切块，幼芽长出土面变绿时即可播种。播种密度67 500株/hm²，采取一厢播4行，每厢中间开一条沟，做成一厢两行高垄，行距33cm，穴距30cm。播种时不要把块茎上的芽碰掉，采用穴播。由于秋马铃薯生长在凉冷季节，日照短，植株生长矮小，必须加大密度，播种2 250~2 700kg/hm²，播种后覆土10~12cm，以防止块茎膨大后外露，影响品质。秋播马铃薯因处在秋后少雨期，搞好抗旱防涝保全苗田间管理特别要注意在生长期内，土壤湿度以田间最大持量的60%~80%为宜。萌芽出苗需水量不多，现蕾开花阶段需水量激增，要保持土壤水分为田间持水量的80%。盛花期后，结薯层间保持田间持水量的60%~65%即可，块茎成熟时要防止避免水分过多。霜冻死苗后3~4d，块茎仍有增长，故应在死苗后4d收获。

（二）稻田节肥农作主导模式

1. 油菜—稻—稻多熟复种节肥型种植模式

（1）油菜—稻—稻多熟种植模式特点

粮油结合，有利于充分发挥湖南省作物生产的优势：水稻、油菜是湖南的优势与传统作物，水稻面积和总产历来居全国首位，油菜面积和总产常年居全国前5位。因此，油菜—稻—稻种植模式的应用有利于资源优势转化为产业优势，对确保国家食物安全至关重要。目前水田三熟制中，该复种方式占80%以上。

有利于集约利用土地和自然资源，充分挖掘稻田的综合生产潜力：油菜—稻—稻种植模式的全生育期在400d以上，为此，双季稻均采用育苗移栽方式，从而使得全年的土地和自然资源得到超额利用。

有利于水旱复种轮作、土地用养结合，培肥土壤，确保耕地质量提升：水稻是用地作物，充分利用了土壤肥力；油菜是兼养作物，有大量的根茬、落叶、落花归还农田，还有饼肥可以还田，有利于维持、恢复和培肥地力。另外，油菜根系分泌的有机酸较多，能溶解土壤中难溶性的磷、钾，增加土壤中有效磷、钾含量。

（2）油菜—稻—稻多熟种植模式关键技术

合理安排茬口衔接，确保全年平衡增产：油菜—稻—稻种植模式的季节紧张，合理安排茬口是确保全年高产的关键。油菜育苗移栽9月中下旬播种，直播油菜10月中旬播种，翌年4月25日左右成熟收割，这样才有利于一年三熟高产。双季早稻3月下旬播种，4月下旬至5月初移（抛）栽，7月中旬收获；双季晚稻于6月中旬播种，7月中旬移栽，10月中旬收获。

农机农艺结合，降低劳动强度：目前土壤耕作的机械化和水稻的机械化收获已经普及，但油菜生产的机械化水平亟待提高，尤其是对油菜的机械化直播和机械化收获要求更加迫切。湖南农业大学经过多年攻关，成功研制了适合油菜免耕直播要求的2CYF（D）-6型油菜免耕直播联合播种机，同时配合农艺上的催熟剂的开发与使用，研制了与高密度早熟油菜品种相配套的4YC-200油菜联合收割机；形成了在南方双季稻区机械化种植油菜农艺操作规程。实现了油菜种植成本降低，种植面积扩大，油菜产量和种植经济效益的提高，一般纯收入可达4 500元/hm²以上。

合理轮作，控制病害：据研究，稻田长期采用油菜双季稻复种制，如果油菜副产品不能全量归返，对土壤肥力有一定影响；另外，油菜菌核病可通过土壤传播，长期连作下油菜菌核病发生趋于严重，故应与其他复种方式进行轮作。

2. 绿肥—稻—稻多熟复种节肥型种植模式

（1）绿肥—稻—稻多熟种植模式特点

用养有机结合，增加有机肥源，节省化肥投入：绿肥是湖南最主要的有机肥源，为湖南省双季稻田土壤肥力的维持立下了汗马功劳。20世纪70年代全省冬播绿肥面积最高时达到了199.1万hm²（1974年），但随着化肥工业的迅猛发展，加之种植绿肥的比较效益低，20世纪80年代以来全省绿肥播种面积锐减，单产急剧下降。据调查统计，2007年湖南省绿肥播种面积仅38.7万hm²。有机肥源显著减少，使得农业生产不得不大量依赖于化肥，这不仅严重污染了农业环境，而且也使化肥增产效率和土壤肥力水平大幅降低，1kg氮的稻谷增产效率已由20世纪60年代的19.6kg降到了目前的9.7kg；土壤有机质含量也呈下降趋势。

绿肥可以肥、饲兼用，促进畜牧业发展：湖南省稻田绿肥主要是紫云英，发展绿肥—双季稻可以增加稻田绿色生物覆盖，解决湖南省冬春季节青饲料短缺问题，增强氮、碳蓄积，减少温室气体排放和养分流失，发展冬季营养体农业，变植物蛋白为动物蛋白，促进草食畜禽业发展，实现农牧结合，提高养殖效益。同时，紫云英花粉是优质蜜源，有利于养蜂业丰产优质。

有利于双季稻稳产高产：冬种绿肥适宜与双季稻茬口衔接，有利于水稻早插早发，促进周年三季作物平衡高产稳产。

不宜长期连作：该模式中，绿肥多为套作，晚稻收获后不能耕翻，加上双季稻生育期间淹水时间较长，土壤还原性较强，易导致土壤的次生潜育化，理化性状变劣，所以不宜长期连作。

（2）绿肥—稻—稻多熟种植模式关键技术

"三花"混播，适期播种：绿肥适播期为9月中旬至10月上旬，一般在晚稻收获前25d左右播种。播种量为22.5~30kg/hm²。也可与油菜或满园花混播，既可提高鲜草产量，又可以增加多种营养成分。油菜籽应在晚稻收割前10d左右趁土壤湿润播种，用种1.5~3kg/hm²，如与满园花混播，可提高鲜草产量，同时增加鲜草的干物质含量，提高青草制作青贮饲料的质量。紫云英用种量15kg/hm²、满园花用种量7.5kg/hm²。晚稻收获后及时开沟，以利排水。

适期刈割和翻耕紫云英：紫云英鲜嫩多汁，干物质中蛋白质含量丰富，营养价值高。饲用时，宜在开花初期刈割。做基肥翻埋应在盛花期进行，此时生物量大，养分含量高。

如果在紫云英茬地上免耕抛栽早稻，则需要对紫云英进行摧枯处理：早稻抛秧10~15d前选择无雨天气，排干紫云英田间积水。使用灭生性除草剂（农达6kg/hm²或克无踪3~3.75kg/hm²）对水1 200kg均匀喷洒紫云英，并保持田间无积水状态，3d后灌满水进行沤制，5~7d后达到全面腐烂即可抛秧。

3. 马铃薯—稻—稻多熟复种节肥型种植模式

（1）马铃薯—稻—稻多熟种植模式特点

①资源利用率高，产量潜力大：该复种方式一年三熟，均为高产作物，土地、季节、温光资源利用充分，全年土地生产力高，是南方稻田过吨粮最容易的复种方式之一。一般双季稻产12~15t/hm²，马铃薯产量15~22.5t/hm²。

②有利于改善稻田土壤结构，培肥土壤：该复种方式下，由于水旱作物的倒茬，在马铃薯种植季内实行土壤免耕和稻草覆盖，使得土壤理化生物性状得到改善。试验结果表明：免耕加稻草覆盖种植马铃薯，可使表层土壤容重减小，孔隙度增大，明显增加土壤微团聚体含量，有改善土壤结构和土壤物理性状；同时稻草和马铃薯秸秆还田，提高了土壤有机质含量。

③用工量和劳动强度较大：双季稻需投入225~270工/hm²，其中割晒用工占50%，双抢期间农耗期短，劳动强度大；马铃薯需投入150~225工/hm²，其中作畦、播种盖草、收获用工占90%，劳动强度也较大。因此，发展机械化，降低劳动强度，提高劳动效率至关重要。

（2）马铃薯—稻—稻多熟种植模式关键技术

①分畦开沟，排湿防涝：在晚稻收割后，按厢宽2m开沟起畦，沟宽30cm、深20~25cm，挖出的土破碎后均匀地放于畦面上，厢面略呈龟背形，以保证沟渠通畅不渍水。

②马铃薯播前处理及播种：种薯50g以下者，不切块，大薯需要切块，每个切块具有1~2个芽眼。种薯切块后用0.2%多菌灵或百菌清药液、或0.1%~0.2%高锰酸钾浸种10~15min，捞起晾干后，采用种薯重量的0.3%多菌灵粉剂或0.1%的甲霜灵粉剂和双飞粉拌种消毒。播种前要进行催芽处理。可采用稻草覆盖催芽：在地板上垫一层稻草，喷0.5%的高锰酸钾溶液消毒，平铺薯块厚度15~20cm，盖上一层稻草。待芽长0.5~1cm时捡出置于有散射光处，芽变紫色后播种。

③播种：适期为12月下旬至翌年元月上旬。种植行距40cm、株距20cm，密度为60 000~67 500株/hm²。播种前，用小锄挖1~2cm深的播种穴，种薯芽眼向上或侧向，随手压种，使种薯与坑面土充分接触，以利扎根出苗。

④合理施肥，覆盖稻草：基肥施优质有机肥（颗粒）15~22.5t/hm²、过磷酸钙600kg/hm²、复合肥375~450kg/hm²、硫酸钾2 250kg/hm²，一次性均匀施于距种薯5cm的株行间，避免与种薯直接接触。追肥视生长情况用水肥淋施，中后期注意多施钾肥。

干稻草用量11 250~12 000kg/hm²。稻草与畦面垂直、草尖对草尖覆盖整个畦面，稻草覆盖厚度为8~10cm，均匀不漏光。为避免稻草被风吹走，可用泥块压在稻草上，但不能压得太多及压在种薯上。盖草结束后，若土地较干，要淋定植水，使稻草完全湿润，或采用沟灌，水深不超过畦高1/3，用瓢勺泼淋。特别注意不能漫灌，防止稻草飘移或畦面渍水烂种。

4. 饲草（黑麦草）—稻—稻多熟复种节肥型种植模式

（1）饲草（黑麦草）—稻—稻多熟种植模式特点

①替代部分化肥的施用，有利于改善稻田土壤结构，培肥土壤：该复种方式下，由于水旱作物的倒茬，于早稻移栽前15~20d对黑麦草进行刈割，适量进行翻压还田，还田量为22 500kg/hm²；一方面，可替代部分化肥的施用，改善土壤理化、生物性状。另一方面，使表层土壤容重减小，孔隙度增大，增加土壤微团聚体含量，改善土壤结构和土壤物理性状；同时黑麦草秸秆还田，有利于增加土壤有机质含量。

②粮饲结合，充分发挥了湖南省农业生产优势：湖南省是全国粮食生产尤其是水稻生产大省；畜牧业在全国也具有重要地位，尤其是生猪生产历来居全国前两位。但湖南的饲料原料生产远不能自给，畜牧业生产结构以耗粮型的养猪业占绝对优势。黑麦草是湖南省面积最大的禾本科牧草，它具有营养丰富、消化性好、适口性好等特点，为各种草食家畜和鱼类喜食。因此，利用湖南省丰富的冬闲田资源，发展饲草—稻—稻复种制，既可确保稻谷生产，又可实现农牧、农渔结合，进一步提高经济效益。

③有利于改善农业生态环境：稻田冬季种植黑麦草，在增加生物产量的同时，可以增加稻田生态系统碳蓄积效应，同时黑麦草有发达的须根，其在土壤表层的数量多，黑麦草生长需要从土壤中吸收氮，从而抑制因降水造成的大量氮淋失。可以在一定程度上遏制南方稻田土壤污染、水体富营养化、温室气体等生态问题。

（2）饲草（黑麦草）—稻—稻多熟种植模式关键技术

①掌握适宜的黑麦草播种期：由于湖南省秋冬干旱发生频率较高，为避开黑麦草的苗期干旱，应选择水利条件较好的稻田，于10月中下旬播种。黑麦草用种量22.5~30kg/hm²，与细沙土或肥料拌匀撒播。

②合理施肥：黑麦草基肥施用高效复合肥450kg/hm²。水稻收获时留茬要低于5cm，以防影响鲜草的刈割；水稻收后及时开沟，排水防涝。翌年2月上旬追施返青肥尿素150kg/hm²。黑麦草每次刈割后均要追施尿素150kg/hm²，追肥时应选在晴天的傍晚或雨前施，干旱时结合灌溉追肥，以提高化肥的利

用率。

③黑麦草的刈割：根据牧草生长特性，一般第一次在牧草高40~50cm时刈割。提早刈割，刺激黑麦草分蘖，一般刈割3~4次，同时可根据饲喂畜禽种类不同确定在牧草不同的生育期刈割，如饲喂牛、羊应在黑麦草的孕穗到抽穗期刈割，此时黑麦草干物质含量高，利于牛、羊等草食家畜的消化吸收；如饲喂猪、鸡应在黑麦草的拔节期刈割饲喂，此时牧草柔软多汁，粗纤维含量低，利于猪、鸡等杂食家畜（禽）的消化吸收。

5. 种养结合循环利用节肥型模式

（1）种养结合循环利用模式特点　在现代农业生产过程中，循环经济所倡导的是一种物质不断循环与再生利用的经济发展模式，即"资源—产品—消费—再生资源—再生产品"的物质循环与能量流动，从根本上消除环境与发展之间的矛盾。其模式可减少化肥等投入和资源的浪费，提高土地生产力；培肥地力，推进农业的可持续发展。在发展现代农业循环经济的思潮引领下，建立并完善以物质良性循环和多级利用为核心的循环利用型农作制度已成为农作制发展的重要方向。

（2）种养结合循环利用模式关键技术　在湖南，影响较大的种养结合循环利用模式有4种。

①"稻—鸭"共作模式：一种综合利用的多生物共生模式，即以水田为基础、种稻为中心、家鸭野养为特点的自然生态和人为干预相结合的复合生态系统。该模式极大地发挥了稻田的生产功能、养殖功能、生态功能，它充分发挥了水禽许多未被认识和利用的潜在功能，减少化肥等农业投入成本，节本增收作用明显，而且生产过程改善生态农业的要求。

②"稻—萍—鱼"共生模式：采用垄栽水稻的方式把传统的稻田养萍和稻田养鱼技术有机地结合起来，构建成"垄面种稻—水面养萍—水中养鱼"的立体结构，以达到"鱼吃萍除草、鱼排泄物肥稻、稻护鱼肥鱼、萍肥田助稻"的循环种养模式，实现了农民增收与环境保护间的良性循环。

③"饲料种植—畜禽养殖—沼气—肥"模式：利用现代沼气工程技术，按照减量化、再利用和资源化的原则，实现对农业废弃物的能源化、肥料化和饲料化的利用。减少化肥等农业投入成本，提高农业的市场竞争能力，为农业生产提供质优价廉的肥料和饲料。

④秸秆菌业循环模式：将秸秆作为食用菌的栽培料，形成一条"秸秆—食用菌—菌渣—有机肥—还田"的生态产业循环链。不仅解决了目前食用菌栽培原料紧缺问题，而且具有极大的生态和社会效益。该模式充分挖掘作物

秸秆的价值，经济合理地开发利用作物秸秆，既减少了化肥等投入和资源的浪费，又提高了土地生产力；既可培肥地力，又能促进农业生产全面发展，从而使农业增效、农民增收，推进农业的可持续发展。

参考文献

陈冬冬，王川，张峭. 2011. 我国粮食生产态势分析及政策选择[J]. 中国食物与营养，17（12）：40-43.

程式华，李建. 2007. 现代中国水稻[M]. 北京：金盾出版社.

青先国，艾治勇. 2007. 湖南水稻种植区域化布局研究[J]. 农业现代化研究，28（6）：704-708.

汤文光，肖小平，唐海明，等. 2009. 湖南农作制高效种植模式及其发展策略[J]. 湖南农业科学，1：36-39.

唐博文，罗小锋，秦军. 2010. 农户采取不同属技术的影响因数分析—基于9省（区）2110户农民的调查[J]. 中国农村经济，6：49-57.

唐海明，肖小平，汤文光，等. 2016. 湖南稻田现代农作制特征及发展对策[J]. 农业现代化研究，37（4）：627-634.

张宪法，高旺盛. 2007. 我国粮食生产能力探析与政策思考[J]. 农业现代化研究，28（2）：140-143.

钟甫宁，叶春辉. 2004. 中国种植业战略性结构调整的原则和模拟结果[J]. 中国农村经济，4：4-9.

Manos B，Begum M A A，Kamruzzaman M，et al. 2007. Fertilizer price policy，the environment and farms behavior[J]. Journal of Policy Modeling，29（1）：87-97.

Khanna M. 2001. Sequential adoption of site-specific technologies and its implications for nitrogen productivity：A double selectivity model[J]. American Journal of Agricultural Economics，83（1）：35-51.

第六章　四川盆地节地培肥型农作制

第一节　四川盆地农业资源利用现状与问题

四川盆地为中国第三大盆地，也是我国主要丘陵农业区（李后强，2009；刘巽浩，1987）。农业的发展直接影响着整个四川和重庆，乃至全国国民经济的发展，而且关系着国家的稳定（杨文钰，2000）。就其原因，四川盆地农业一为四川、重庆两地人民提供生活必需品，二为其他产业（诸如第二、第三产业等）提供原料，三为劳动力市场提供大量就业机会（李益良，2007）。面对21世纪农业新技术革新的机遇和现今农业生产中的一系列资源利用问题，如何促进农业资源集约利用、保证四川盆地农业的可持续发展直接关系到四川和重庆当今和未来的农产品需求、经济持续增长、就业、生活质量和环境的好坏，具有重要的现实意义和深远的战略意义（李仲明，2001）。

一、四川盆地农业资源利用现状

四川盆地是一个近似菱形的盆地，介于东经101°55′~110°12′，北纬27°39′~32°56′，位于四川省东部，长江上游，西依青藏高原和横断山脉，东接湘鄂西山地，北靠大巴山，南连云贵高原，广元、雅安、叙永、云阳为菱形四顶点，现分属四川省和重庆市（谢庭生，2004）。四川盆地因广布紫色砂页岩，有"红色盆地"和"紫色盆地"之称，是我国地势最低的盆地。按照自然地理分区可将四川盆地明显分为边缘山地和盆地底部两大部分，其面积分别约为10万和16万km²。在中国各大盆地中，它的纬度最南，海拔最低，开发最早，物产最富饶。

（一）农业气候资源利用

1. 日照资源

四川盆地日照较少，但日照资源的月、季分配差异大，光能利用率较高（张碧，2004；李来胜，1997）。年平均日照时数仅1 000~1 400h，为全国日照最少的区域，故有"蜀犬吠日"之说，比长江中下游少700~1 000h，尤其秋、冬两季差异更悬殊，仅为长江中下游各地的35%~40%。盛夏7~8月是盆地内日照时数最多时期，与全国日照相近。从9月上旬开始，日照时数急剧下降，10月至翌年2月为全年日照最少时期。

盆地内太阳辐射年总量（334 900~418 600）×10^4J/m^2，由于湿度大，阴天多，到达地面的太阳总辐射量的50%~70%是散射辐射。季节分配上，水稻、玉米等大春作物生长季辐射量达（220 000~250 000）×10^4J/m^2占全年的60%~70%，尤以7、8月最丰富，充分挖掘大春季光、热资源潜力是确保全年粮食增产的关键。小春作物生长季常多云雾，辐射量占全年的30%~40%，但水热条件较好，生产上可采取选用高光效和耐阴的小春作物品种，提高全年的光能利用率。

2. 热量资源

四川盆地地形闭塞，气温高于同纬度其他地区（谢庭生，2004；贺勇，1997），年平均气温16.0~18.5℃，最冷月（1月）平均气温6~8℃，比长江中下游同纬度地区高2~4℃，极端最低气温盆西成都、盆北南充、盆东重庆、盆南泸州分别为-4.6℃、-2.8℃、-1.8℃、-0.8℃，而湖北的汉口、安徽的安庆、江苏的南京、上海分别为-18.1℃、-12.5℃、-14.0℃、-9.4℃。盆地内无霜期较长，除西部约300d外，其余地区达320~340d，长江中下游各地仅240~280d。暖冬有利于柑橘等亚热带作物安全越冬；麦类、油菜等小春作物越冬无明显停止生长期，有利于幼穗分化和形成大穗。

四川盆地春季温度回升快，3月上旬开始明显回暖，3月中旬平均气温可达12~15℃，比长江中下游地区高3~5℃，小春作物生长速度快，成熟期一般比长江中下游提前7~15d，有利于大春作物早播、早栽，如水稻、玉米和棉花的安全播种期平均提早15d左右（李来胜，1997）。盆地内多数地区≥0℃积温6 000~6 700℃，≥10℃积温5 300~5 900℃，比长江中下游高400~800℃。由此表明，四川盆地内热量条件能满足作物一年两熟的需求，沿江河谷低海拔地区可一年三熟，并适宜柑橘、桑树、茶树等亚热带作物的良好生长。夏、秋季盆地内的热量条件不及长江中下游。9月中下旬是四川盆地秋季降温最快的时段，平均气温比长江中下游各地偏低1~3℃。年平均气温17~18℃的地区，6—11月积温仅相当于长江中下游年均温15~17℃地区同期的积温。该时段的热量条件对晚秋作物，尤其对双季晚稻开花灌浆不利。

3. 水资源

四川盆地年降水量1 000~1 400mm，盆地边缘山地降水十分充沛，如乐山和雅安间的西缘山地年降水量为1 500~1 800mm，为中国突出的多雨区，有"华西雨屏"之称。但冬干、春旱、夏涝、秋绵雨，年内分配不均，70%~75%的雨量集中于6—10月。最大日降水量可达300~500mm。"巴山夜雨"自古闻名，夜雨占总雨量的60%以上。盆地区雾大湿重，云低阴天多。峨眉山、金佛山是中国雾日最多地区，年相对湿度之高也为中国之冠（谢庭生，2004；张碧，2004）。

从农作物对水分的需求而言，冬半年（11月至翌年4月）降水量较少，仅100~280mm，占全年的12%~24%，适宜种植喜凉、需水量较少的旱地小春作物如小麦、大麦和油菜等。夏半年（5~10月）降水量较多，达800~1 200mm，占全年的80%~90%，其中又以夏季6—8月最多，可占全年的50%左右，如重庆占44.1%，成都达62.9%，适宜栽培需水较多的水稻等喜温作物，并能满足亚热带经济作物甘蔗、麻类、烟草、茶叶及橘、甜橙、柚子等果树栽培对水分的需求。

长江中下游大部分地区年降水量为1 200~1 400mm，稍多于四川盆地，但季节分配较均匀，冬半年约35%，夏半年65%。四川盆地冬、春季降水量较少，小春作物湿害较轻，对一些经济林木的生长亦有利。但盆地内一些年份盛夏高温干旱严重，秋季又易形成低温连阴雨，后季稻灌浆成熟期的气候条件不及长江中下游优越，对产量和品质均有不利影响（夏建国，2005）。

盆地内河流众多。因盆地地貌使河流呈向心状或辐集型汇入盆地中心。来自西缘、北缘高大山地的河流多且长，盆地的西部和北部河网密布。来自南缘山地的河流少且短，河网稀疏。盆地内长100km以上的河流有50余条，其中长江及其支流嘉陵江、岷江、沱江、乌江、渠江、涪江都超过500km，大多横切山地或蛇行于丘陵地之中，峡多、弯急、滩险。河流航运能力虽低，但水力资源丰富。各河流径流年内变化大，6—10月径流量占全年80%。丰富的河流资源为盆区农业生产提供了有利的灌溉条件（李后强，2009；李益良，2007）。

（二）耕地资源利用

四川盆地耕地面积约493万hm²，占四川、重庆两省市耕地总面积的75%，盆地内地形复杂，山、丘、坝兼而有之，但以丘陵为主（占总面积的61%），山地次之（30%），平坝最少（9%）。土壤比较肥沃，70%以上为紫色土，冲积土占15%，土壤结构良好（杨文钰，2000；李后强，2009）。盆地内部地势相对较低，一般海拔200~700m，地形以丘陵、平坝为主，是西南地区平坝丘陵分布最集中之地。盆地农区面积广阔，差异明显。按地形不同分为盆东、盆中、盆西3个区域。盆东区多平行岭谷，丘陵广布，海拔700~800m，丘间交错分布河谷冲积平原；盆中区为丘陵区，海拔200~600m；盆西区为平原区，由西北向东南倾斜。成都平原是由岷江、沱江从上游高原山地夹带大量泥沙、卵石构成的扇形冲积平原，面积有9 100km^2，地势平坦，并有一定坡度，对自流灌溉和防洪都极为有利，适宜于水稻、小麦等多种粮食作物和经济作物的种植。平原和沿河坝地土壤肥沃，土层深厚，土质疏松，是耕地集中分布的地方，其耕地面积占四川盆地耕地22%。盆内丘陵地土壤多为紫红色砂岩、泥岩风化形成的紫色土，矿质养分丰富，含磷、钾较多，自然肥力较高，生产力高，土质较松，母岩易风化，土壤更新快，对种植农作物和经济林果有广泛的适应性，尤其适宜喜钙作物和林木，特别对豆科作物十分有利。广大丘陵区旱土稍多于水田，为旱地作物和果树提供了充足的土地条件。

有利的地貌、气候等自然条件，加之人均占有耕地少的现实问题，形成四川盆地以耕地为主的利用形式，恳植系数和复种指数高，多数地区的垦殖系数为50%，高的可达70%，复种指数均在200%以上（杨文钰，2000）。如2008年雅安和南充两市复种指数分别达到了326.8%和301.0%。四川耕地资源中，中低产田比重大，据省经济信息中心经济监测处"十一五"以来四川耕地保护状况报告显示（丁延武，2009），中低产田面积占全部耕地面积的70.6%，比全国相应比重高5.6%，部分市州的中低产田比重更高。如：自贡市耕地面积中的高产耕地占16.9%，中产耕地占62.8%，低产耕地占20.3%，中低产田合计占总耕地比重达83.1%。中低产田土开发潜力很大。

此外，四川盆地冬闲地有较大的开发利用潜力。以四川盆地主要省份四川省为例，2008年（四川省农业厅，2008），四川有冬闲地74.41万hm^2，可利用冬闲地25.74万hm^2，其中旱地19.83万hm^2，稻田7.11万hm^2。此外，扩大水稻旱育秧减少秧母田可节省秧田而发展小春作物面积8.66万hm^{2}左右，可开发利用的滩涂荒地16.67万hm^{2}左右。因此，应认真贯彻落实国务院一系列惠农政策，充分调动和保护农民的积极性。在全省耕地面积紧缩的情况下，加快创新农作制模式研究，构建高效利用耕地资源的土地节约型农作制模式，充分开发利用冬闲耕地和中低产田的生产潜力，大力发展周年增产的多熟农作制度，进一步提高复种指数，提升土地资源综合生产能力，实现持续均衡增产（谢庭生，2004；王振健，2003）。

（三）肥料资源利用

肥料是植物的粮食，是农业生产的物质基础。农业生产中，常用的肥料品种很多，根据肥料的来源、性质的不同，一般可划分为化学肥料、农家肥料、生物肥料（菌肥）三大类。每一类中又包括若干品种。由于农用化学肥料具有养分含量高、速效、养分单一等特点而作为农业生产获得高产稳产的一项重要措施，其投入量逐渐增加已表现为一种普遍的趋势（王庆安，2008；黄泽林，2003）。人们使用化肥的品种也由单一化向多元化、复合化等方面发展。就通常而言，农业生产中常用的化肥主要有氮肥、磷肥、钾肥、复合肥、复混肥和中微量元素等。除农用化肥施用的增产作用之外，四川盆地地区还由于耕地资源压力和农村劳动力数量和质量下降的现实问题，化肥施用量持续增加（图6-1）。由图6-1可知，四川盆地所在主要省份四川省单位面积农用化肥施用量由1986年的132.7kg/hm^{2}增至2008年的246.9kg/hm^2，增加了114.2kg，增幅为86.1%（按折纯法计算）。1986—2008年间每hm^{2}农用化肥施用量（y，kg/hm^2）随年份（x）变化的拟合方程为：$\hat{y}=5.767x+124.7$（$R^2=0.943^{**}$），由方程系数可见，1986—2008年，每公顷农用化肥施用量平均以每年5.767kg的速度增加。农用化肥组成中，以氮肥施用量最大，2008年每公顷施用量为131.4kg，占农用化肥施用总量的53.2%，其次为磷肥和复合肥，每公顷施用量分别为50.1kg和49.4kg，分别占总量的20.3%和20.0%，钾肥施用量最少，每公顷施用量为16.0kg，占总量的6.5%。

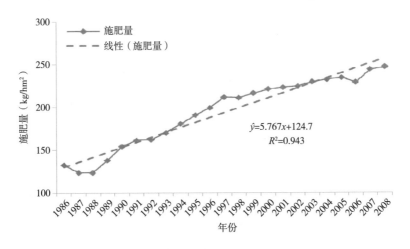

图6-1　四川农用化肥施用量

合理施用化肥通常可以促进集约农业的发展，达到理想的社会、生态和经济效应。然而，不合理施用化肥同样会带来诸多负面影响（刘媛媛，2005）。从供需关系来看，由于短期内增施化肥的增产效果明显，如全国化肥试验网的大量试验结果表明（林葆，1994），施用化肥可提高水稻、玉米、棉花单产40%~50%，小麦、油菜等越冬作物单产提高50%~60%，大豆单产提高近20%。这强有力的刺激人们大量施用化肥，化肥供不应求现象加剧。同时，化肥的大量施用也带来了许多生态方面的问题。首先，化肥淋失后进入水体容易引起水体的富营养化。如湖、塘发生的"水华"现象，近海发生的"赤潮"现象，就是水体富营养化的表现。化肥中的氮和磷元素随着水的流动在江河湖海中聚集，导致水生植物、某些藻类急剧过量增长以及死亡后腐烂分解，耗去水中大量的氧，引起鱼、贝等动物大量窒息死亡。另外，用富营养化的水浇灌农作物，容易引起沤根等病害，影响产品产出。使用化肥的另一个危害是不合理的施肥会使土壤的耕性和酸碱度发生变化，影响农作物的正常生长发育（王庆安，2008）。比如，土壤中使用过多的铵态氮肥和钾肥，会使土壤胶体分散，造成土壤板结的趋向。不合理的施肥还使得肥量利用率低下，近年多点化肥利用率试验资料分析表明（黄泽林，2003），在目前施肥水平下，水稻的氮肥当季利用率31.8%，磷肥当季利用率20.6%，钾肥当季利用率15.2%；小麦的氮肥、磷肥当季利用率分别为31.4%、15.0%；油菜的氮肥、磷肥、钾肥当季利用率各为30.9%、39.5%、34.8%。盆地区肥料利用率比农业发达国家低20%左右。

（四）社会资源

四川盆地不仅是中国人口较多、密度较大、民族众多的地区，而且已成为中国西南地区经济发展水平最高的地区和战略后方基地。该区现有人口8 765.4万，人均耕地0.053hm^2，农业人口7 100多万，人均经营土地面积仅0.2hm^2。盆地地区每平方千米人口超过376人，盆地底部每平方千米在500人以上（杨文钰，2000）。民族有汉、彝、藏、土家、苗、羌、回、蒙古、满、傈僳等52个民族。主要城市有成都、重庆、绵阳、宜宾、泸州、内江、南充、乐山等。盆地内农业发达，农副产品丰富多样。粮食作物以水稻、小麦、玉米、薯类为主，是中国主要农业区之一。经济作物以油料、棉、蔗、麻、烟为主，是中国最大的油菜籽生产基地。盆地西昌的苹果在全国最先上市（9月），攀西的芒果在全国最晚上市（10月），安岳的柠檬、广元的橄榄、成都的水蜜桃和枇杷、川西的川芎、川贝等都是全国最大或唯一的生产基地（陈国阶，1994；谢庭生，2004）。此外，盆地内盛产的桑蚕、茶叶、柑橘，在全国同样占有重要地位。畜牧业发达，生猪、黄牛、水牛产量居全国前列。因此，四川盆地农业的发展，为全国的粮食安全和农产品供给作出了重要贡献，具有重要的现实意义和战略地位（郭强，2010；刘斐，2010）。

二、四川盆地农业资源利用存在的问题

（一）光热水资源配置不合理，人地矛盾日趋尖锐

四川盆地光热水土资源配置不合理，区域组合错位，是四川农业资源开发利用的一个基本特征，是影响四川农业生产乃至整个国民经济发展的重要因素（张碧，2004；李来胜，1997）。资源要素组合错位尤以东西部之间的差异表现最为突出，如东部地区热量条件丰富，年平均气温15.3~18.6℃，≥10℃积温5 000~7 500℃。但光照资源不足，全年日照时数1 100~1 400h，是全国的光能低值区之一。降水总量充足，年均降水量达1 000~1 200mm，但时空分布不均和径流损失大，水资源利用率低和短缺现象同时存在。光照资源的不足和水资源的短缺限制了该区土地资源及其他资源的开发利用；西部地区光照充足，年日照时数达1 600~2 600h，是全国的光能高值区。但其热量条件差，年均气温1.9~8.7℃，≥10℃积温不足2 000℃。由于受热量条件的限制，光能资源不能得到充分有效的开发和利用。区域光热水资源的组合错位，严重影响了农业资源的合理开发和高效利用，制约了四川盆地经济的可持续发展。

近年来，由于生态环境建设和保护力度的加大，生态退耕面积的大幅度增加，以及经济建设和农业结构调整占用一定数量的耕地面积，加之耕地抛荒、灾毁耕地等因素所致，耕地面积不断减少，人地矛盾日趋尖锐（赵齐阳，2006；张建强，2003）。其中耕地抛荒是农村发展过程中出现的新问题，抛荒现象有扩大的趋势。如：2007年达州市撂荒耕地面积231hm²，占耕地面积的0.8%，出现耕地撂荒的原因一是种粮效益低、种粮积极性下降，二是农村劳动力数量减少及大量转移。耕地质量持续降低是四川盆地耕地资源利用中又一重要问题。近年来，虽然加大了中低产田改造的力度，但随着污染日益加重和自然灾害频发，耕地肥力不断下降（王建，2005）。据统计（丁延武，2009），盆区内50%的耕地少氮、58%的耕地缺磷、73%的耕地缺钾、77%的耕地缺锌、72%的耕地缺钼、99%的耕地缺硼，土壤酸化、板结现象逐渐加重。

（二）肥料利用效率偏低

随着人口数量的增多和耕地面积的减少，粮食供给的压力越来越大，提高粮食单产的要求更加迫切，化肥使用量持续增加（张素兰，2007；黄泽林，2003）。通过对四川1998—2007年10年间的化肥施用情况以及相关影响因素的分析，发现化肥施用量持续上升，化肥利用率却不断降低。一些区域化肥施用负荷大，化肥施用相对生产力较低，化肥施用相对适宜度过度（王庆安，2008）。如2006年四川化肥使用量平均达到582.6kg/hm^2，是发达国家安全上限225kg/hm^{2}的2.59倍。而近年多点化肥利用率试验资料分析表明，在目前施肥水平下，水稻的氮肥当季利用率31.8%，磷肥当季利用率20.6%，钾肥当季利用率15.2%；小麦的氮肥、磷肥当季利用率分别为31.4%、15.0%；油菜的氮肥、磷肥、钾肥当季利用率分别为30.9%、39.5%、34.8%，肥料利用率比农业发达国家低20%左右（黄泽林，2003）。化肥的大量施用和不合理施用，导致土壤板结、耕作质量差，肥料利用率低，土壤和肥料养分流失，并造成对地表水、地下水的污染，引起库泊富营养化。以库泊地表水为主要饮用水源的广大农村地区，化肥施用造成的农业面源污染已成为村镇饮用水安全的重要威胁。大量施用化肥，已成为以地表水富营养化为特点的农村面源污染问题日益突出的重要影响因素之一。

施用农家肥等有机肥料是传统农业的精髓，在现代农业发展中具有十分重要的意义和作用（李树军，2009；刘媛媛，2005）。农家肥中含有丰富的腐植酸，能促进土壤团粒结构的形成，使土壤变得松软，改善土壤水分和空气条件，利于根系生长；增加土壤保肥保水性能；提高地温，促进土壤中有益微生物的活动和繁殖等。因此，注重多种肥料混合施用，坚持走有机肥无机肥结合的路子，通过增施有机肥料，逐步提高有机肥在施肥中的比重，将是提高肥料利用效率的重要措施。而目前从事农业生产的劳动力比例在下降，并呈老弱趋势。因为化肥施用总量比传统农家肥少得多，使用时方便省力，见效快，老弱劳动力更愿意使用化肥；另一方面，留守农村人口老弱化，也影响了农村家庭大型牲畜养殖，相应农家肥的肥源减少。这也是导致化肥用量增加和有机肥料施用不断减少的原因之一。

第二节　四川盆地粮食生产现状与潜力

一、四川盆地粮食生产现状

四川盆地是一个典型的农业区，粮食总生产能力居全国第四位，占全国粮食总生产能力的10.04%（张晋科，2006；刘玉杰，2007）。农业总产值1 839亿元，全年粮食总产量4 618万t，单产为4 300kg/hm²，人均粮食400kg。经济作物等农产品持续增产（杨文钰，2000）。其中，油菜籽产量120万t；茶叶产量6万t；药材面积3.23万hm²，产量占全国的2/5；棉花、黄红麻、甘蔗等农产品种植面积减少，产量下降。林业生产继续发展，林产品产量增加，绿化面积增加，森林覆盖率偏低。畜牧业生产稳定增长，全年生产猪牛羊肉480万t，但猪肉占去95%。渔业生产保持较快增长，以淡水产品为主。乡镇企业多而产值不高，在全国处于较低水平。盆地内农业基础设施有待进一步加强，农业机械总动力不高，处于全国的较低水平；有效灌溉面积250万hm²；农用拖拉机、喷灌机械、联合收割机、机动脱粒机的台数不多，处在全国的落后水平。四川盆地热量资源丰富，四季宜种，近年来复种指数有了很大提高，但是跟发达的浙江和江西地区相比还存在很大的差距，粮食单产水平也并不高，水稻、小麦、玉米单产仅在全国分别排第7位、第16位和第7位，人均粮食生产量极低。

二、四川盆地粮食未来需求

四川和重庆是四川盆地粮食主要消费区域。近年来，随着人口持续增长和人民生活水平不断提高以及膳食结构的改善，粮食需求同样出现了刚性需求的增长和结构性需求的转变（王振健，2003；黄成毅，2008）。从总体形势看，消费总量却刚性增加，消费结构不断升级，消费档次不断提高，口粮自给有余，工业转化和饲料用粮缺口日趋增大，使四川盆地粮食供求形势不容乐观（张素兰，2007）。此外，四川、重庆等地地处内陆，交通不便，通过国际市场调节的难度很大，尤其是2006年遭受特大旱灾以后，四川粮食供求形势将更加严峻，粮食供求既有远虑又有近忧（李益良，2007）。

从四川省近几年的供需关系来看，粮食需求缺口逐渐加大（表6-1）。1999—2000年，粮食生产大于需求，加之以前年度有余粮，总体上是粮食需求小于供给，粮食略有赢余；2001—2007年，因粮食消耗增长较快，以前年度库存粮食耗完，粮食生产起伏不定，全省粮食供小于求，出现粮食缺口，最大年度粮食欠缺650万t。重庆市是国家确定的粮食产需平衡省市。从成立直辖市以来，粮食消费在1 200万t以上，以稻谷为主的主要口粮品种能基本实现自给。但是，随着人们生活水平的提高、畜牧业和加工业的进一步发展，小麦、玉米和两薯（马铃薯、红苕）缺口将进一步加大（李益良，2007）。

表6-1　1999—2007年四川省粮食供需情况　　　　　　（单位：10⁴t）

年	粮食产量	粮食需求	供需差
1999	3 551	3 343	235
2000	3 372	3 363	54
2001	2 927	3 375	−375.6
2002	3 132	3 390	−136.1
2003	3 054	3 404	−175.6
2004	3 326.5	3 743	−416.5
2005	3 409.2	3 511	−101.8
2006	3 249.8	3 902	−652.2
2007	3 448.4	4 060	−611.6

目前，粮食的消费需求主要包括六个方面：食用消费（口粮）、饲料用粮、工业用粮、种子用粮、贸易用粮及粮食损耗等。近几年来，随着市场需求的变化，粮食消费结构不断升级、消费档次不断提高、工业饲料等转化用粮快速增长。从消费结构来看：口粮约200亿kg，占57%；饲料粮约101亿kg，占29%；酿酒和食品工业等用粮约40亿kg，占11%；种子用粮约9亿kg，占3%（图6-2）。消费结构呈现三大变化：

一是人均口粮直接消费有所下降。由于人民生活水平不断提高，食物结构变化，肉、禽、蛋、奶、油等间接消费增加，人均口粮直接消费逐年减少。据有关部门测算，城镇居民年均口粮消费从10年前（1995年）的95kg下降到了79kg左右，人均减少约15kg以上；农村居民则从208.9kg下降到230kg以下，人均减少接近30kg。

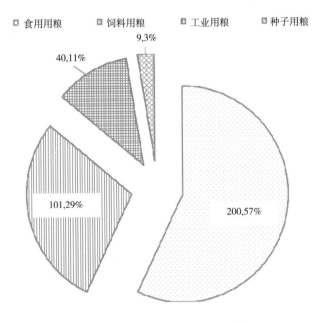

图6-2 粮食消费结构饼状图（10⁸kg）

二是市场对优质粮、精细粮的需求不断增加。一方面，商品粮消费迅速增长。由于城乡人口流动，农村人口大批进城，学校和建筑等企事业单位普通大米供应量增加，增加了市场品种调剂和余缺调剂的范围。另一方面，粮食消费的层次不断提升。过去在粮食短缺、温饱问题尚未解决的情况下，粮食消费以温饱为主，现在逐步富裕起来的消费者对粮食优质性和多样性提出了新要求。市场优质、精细粮需求量增大。粳稻畅销，籼稻滞销，泰国香米、优质小麦、各种小杂粮等就比一般品质的粮食价格高出一大截。口粮需求结构发生明显变化，商品的品种已不能完全满足消费需求（图6-3）。

三是工业、饲料等转化专用粮缺口日趋增大。畜禽、水产养殖一直是四川、重庆农民增收致富的重要来源，以酿酒为主的食品饮料工业又是工业强省的重要支柱。近几年来，畜牧养殖业、酿酒工业和制药等的快速发展，转化用粮的比重不断增长、需求总量迅猛增加，初步统计仅四川每年需求量达到140亿kg左右。粮食产不足需，每年都要从外地购进大量粮食弥补缺口。根据铁路部门统计，2005年外省进入四川的各类粮食已达到50亿kg左右，是5年前的2倍。随着市场经济进一步发展，工业、饲料等转化用粮需求还将持续快速增长，盆区内粮食产需缺口将继续扩大，对外地粮食的依赖程度将进一步加深。

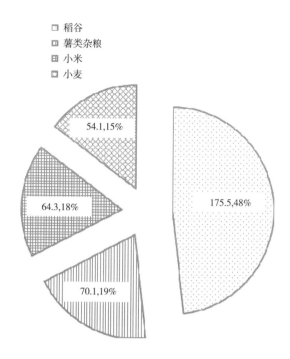

图6-3　粮食产量品种结构饼状图（10⁸kg）

三、四川盆地粮食增产潜力

四川盆地粮食增产可以从两个方面挖掘潜力，一是加强突破性品种选育和应用，改善粮食作物生产条件，致力研究推广配套栽培技术、良种良法配套模式及高效施肥技术等，充分挖掘粮食单产潜力，二是保护好现有的粮田面积、充分开发利用冬闲地、增加粮食作物复种指数、合理调整作物种植结构、减少粮食作物成灾面积，稳定或扩大粮食作物播种面积，挖掘面积增产潜力。

（一）四川盆地粮食增产单产潜力

四川盆地单产提高的品种潜力巨大。从目前粮食作物实际产量与潜在产量之间的"产量差"看，水稻、小麦、玉米等主要粮食作物实际单产仅为品种区试产量的58%~78%，为区域高产示范水平的48%~63%，粮食单产提高潜力很大（图6-3）。

以目前盆区粮食总产量最高的南充市为例（表6-2），2008年，该市三种主要粮食作物小麦、水稻、玉米大田生产水平单位面积产量比审定品种平均产量低1 300.7kg/hm²，仅为审定品种平均产量的81.9%。其中，两者之间的差值以玉米最大，比审定品种平均产量低了2 672kg/hm²，仅为后者的66.5%。随着育种水平的提高，这种差值还可能扩大，由此可知，四川盆地单产的提高还有较大的潜力可以挖掘。

表6-2　南充市主要粮食作物产量与四川省审定品种区试产量比较（2008）

作物	大田生产水平产量（南充市）（kg/hm²）	审定品种平均产量（kg/hm²）	差值（kg/hm²）	为审定品种平均产量（%）
小麦	4 875	5 408	533	90.1
水稻	7 545	8 242	697	91.5
玉米	5 295	7 967	2 672	66.5
平均	5 905.0	7 205.7	1 300.7	81.9

从高产创建典型和大田实际生产水平来看，2008年，四川省农业科学院在川东北宣汉县峰城镇创造了17 724.0kg/hm²的四川盆地和西南地区玉米最高产纪录。不仅如此，还在简阳市东溪镇创造了11 592.0kg/hm²的川中丘陵干旱地区玉米最高产纪录，在川西平原的广汉市西高镇创造了12 805.5kg/hm²的四川盆地水稻最高产纪录。从点到片，在创建超高产的同时，四川省农业科学院特别注意将成功的超高产品种和栽培技术拷贝到千亩和万亩规模上进行扩大示范，以进一步熟化和展示技术成果、促进大面积粮食作物增产。2009年，在宣汉县峰城乡，四川省农业科学院科技人员和当地农技人员一道，在800hm²耕地上扩大示范超高产玉米生产技术，平均单产达到了10 911.0kg/hm²，比当地前3年平均增产33.6%；同样，在简阳东溪镇进行玉米高产攻关，也在80.7hm²旱地上示范高产技术，产量高达9 156.0kg/hm²，比前3年平均增产47.1%。广汉市连山镇锦花村是四川省农业科学院30多年的中试基地，2008年，全村70多公顷小麦产量高达7 395.0kg/hm²，比全镇平均单产高1 440kg，增产24.2%。在锦花村和连山镇的示范带动下，广汉市和德阳市的小麦单产水平长期位居全省第一。这些高产纪录的创造，充分展现出四川省农业科学院近年来科技创新的成果，同时也展示了今后进一步提高四川盆地粮食增产的巨大潜力。

（二）四川盆地粮食增产面积潜力

挖掘四川盆地粮食增产的面积潜力首先要从基础设施建设入手，加强中低产田的改造，确保粮食作物播种面积。以自贡市为例（丁延武，2009），该市耕地面积中的高产耕地占16.9%，中产耕地占62.8%，低产耕地占20.3%，中低产田合计占总耕地比重达83.1%，中低产田土开发潜力很大。因此，针对目前四川盆地农田基础设施差，损坏、老化严重，沟渠、田埂等田间设施不配套等现象，大力加强农田基础设施建设，进而通过实施沃土工程、优粮工程、土壤有机质提升等项目，耕地质量监测网络体系建设为依托，加快耕地质量政策保障体系建设，增强耕地防灾减灾能力，全面提升耕地内在质量和粮食生产潜力（刘永红，2005；王振健，2003）。此外，还应注重冬闲地增产潜力的开发和利用。

　　调整作物结构，提高复种指数是挖掘粮食增产面积潜力的又一重要措施（牟锦毅，2002；刘永红，1993）。以四川旱地和稻田不同熟制种植面积变化为例，1986—2008年，四川旱地多熟制种植面积的比重在不断增加（图6-4）。

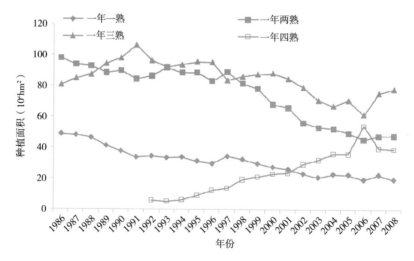

图6-4　1986—2008年四川省旱地多熟种植模式种植面积变化

　　1986年一年一熟制种植面积为48.85万hm²，占旱地总播种面积的21.5%，2008年为19.83万hm²，仅占旱地播种总面积的10.7%。同期，一年两熟种植面积则由97.94万hm²减少到48.05万hm²，减少了近一半，其所占旱地播种面积比例由43.0%下降到25.9%。一年三熟制播种面积虽然由1986年80.89万hm²减少到2008年的78.26万hm²，但是播种面积所占旱地总播种面积的比例则由35.5%上升至42.3%，比重提高了6.8个百分点，这是由于全省旱坡地总播种面积呈逐渐减小的趋势所致。1992年开始，四川省农业统计年鉴上便有了一年四熟制种植模式种植面积的统计，但比重较小，仅为6.05万hm²，随后其种植面积迅速扩大，2008年达到39.07万hm²，增加了33.02万hm²，达到1992年的6倍之多，其占旱地作物播种总面积的比例由2.7%上升至21.1%，提高了18.4%。

四川稻田多熟制种植面积的比重同样在不断增加。1986年一年一熟制种植面积为104.76万hm²，占稻田总播种面积的43.9%，此后，种植面积不断下降，到2008年只有33.65万hm²，减少了71.11万hm²，种植面积不足1986年的1/3，仅占稻田播种总面积的16.2%。同期，一年两熟种植面积则由121.13万hm²减少到81.47万hm²，减少了39.66万hm²，减幅为32.7%，所占同期稻田播种面积比例由50.7%下降到39.1%。相反，一年三熟制种植面积则由1986年的12.89万hm²增加到2008年的93.07万hm²，增加了80.18万hm²，种植面积为1986年的7倍之多，其种植面积占同期稻田总种植面积的比例由1986年的5.4%上升至2008年44.7%，约占稻田种植面积的一半（图6-5）。

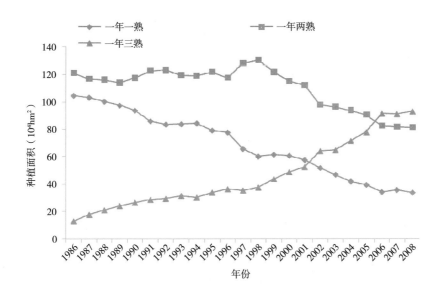

图6-5　1986—2008年四川稻田多熟制种植模式种植面积变化

四川旱地及稻田一年一熟、一年两熟制农作模式所占比例仍然较大，随着气候变暖，年有效积温增加和科技进步，增加复种的潜力仍然较大。因此，应加强资金、科技、劳力、物质的集约化投入，充分利用光、热资源潜力，实现正季三熟、四熟，提高耕地周年生产能力。

第三节　四川盆地节地培肥型农作制途径

当前，四川盆地农作区人口增长、人均占有耕地资源数量下降难以逆转，肥料的不合理施用，利用效率不高，大量残留污染，农业生态环境持续恶化，已成为制约四川盆地农业经济发展的重要因子。因此，积极探索和构建节地和节肥型农作模式，致力发展资源集约型农作制度，不断提高耕地及肥料资源利用效率，实现农业增效和农民增收，促进农业的生产、经济、生态三个持续性的统一。

一、四川盆地节地型农作制途径

四川盆地节约利用耕地资源可以从三个方面入手，一是加大耕地质量建设力度，强化耕地占补平衡管理，重视耕地质量的占补平衡，实现有地可节和工程节地；二是通过合理的耕作措施如格网式垄作、聚土免耕垄作和"目"字型等垄作保墒技术，提高耕地生产能力和抵御不利自然灾害的能力。三是优化种植结构调整，充分利用光、热、水、土资源，提高复种指数，实现农艺节地。

（一）耕地质量建设工程技术

1. 坡改梯工程技术

四川盆地以丘陵山地为主，是坡耕地的主要分布区域，其主要问题是"陡、薄、瘦、蚀、旱"，产量仅为水平梯地的60%左右。为提高坡耕地综合生产能力，必须对地面坡度25°以下的坡耕地集中连片进行规模治理，以治理水土流失，改善农业生态环境，实现农业可持续发展。坡改梯则是坡耕地治理工程技术的重要内容。

坡耕地治理要坚持以流域或集流区为治理单元，集中连片，统一规划，分期分批进行山水田林路综合治理（图6-6）。在治理过程中，坚持工程措施为主，注重配套设施建设；坚持工程措施与生物措施，农耕农艺措施相结合，实现经济效益，生态效益和社会效益的统一。

为加强坡耕地治理工作，四川省农业厅和四川省农业科学院根据国家有关项目的要求，集四川各地坡耕地改造的实践经验和最新研究成果，对坡耕地改造的关键技术进行了长达10余年研究。制定了《四川省坡改梯工程建设技术规程》。该规程集科学性、实用性、系统性、规范性为一体，制定了建设"平、厚、壤、固、肥"梯地的43个一级标准和55个二级标准，为四川省中低产田改造提供了技术依据（四川省农业厅，1996）。

图6-6 四川盆地坡改梯工程效果图（摄于宣汉、万源）

2. 增厚土层技术

我国紫色土多分布在南方山地与丘陵区，紫色泥页岩系河湖相沉积，含粉砂粒多，泥钙质胶结，固结力不强、矿物成分复杂，除含长石、云母、石英外，富含深色矿物及方解石、石膏、钙芒硝等可溶盐类。黏土矿物以2∶1型的水云母，蒙脱石类为主，吸水膨胀和失水收缩性强，各种矿物热膨胀系数差异大，在冷热干湿的水热作用下，微细风化裂隙发育，一旦裸露，极易产生球状、碎块状和片状风化，迅速崩解剥落。

表6-3 不同土层厚度径流与土壤水分含量变化情况

土层厚度（cm）	20	40	60	80	100	120
地表径流（mm）	85.6	76.6	70.6	60.1	51.5	49.2
地下径流（mm）	80.0	66.6	61.2	52.5	40.6	34.1
总径流量（mm）	165.6	143.2	131.8	112.6	92.1	83.4
土壤水分含量（重量含水量）（%）	8.7~20.0	10.4~20.2	11.5~20.9	11.9~21.1	12.0~21.5	12.7~22.1

根据郭永明研究结果表明（郭永明，1991），在2个月内，除难崩解的飞仙关组和夹关组泥页岩仅产生较多裂缝和部分崩解碎块外，其余地层组泥页岩普遍崩解。特别是沙溪庙组、遂宁组、蓬莱组和城墙岩群等地层，风化一年后粗砾（>3mm）以上部分，在70%以下，小于1~2mm的细粒部分，在10%以上，最高达50%~65%。崩解速率趋势是遂宁组>沙溪庙组>蓬莱镇组>城墙岩群。崩解后的岩屑粒径大小也直接影响风化成土速率，粒径愈小，成土愈快，不同地层相同粒径岩屑，风化一年的，成土率和化泥率以遂宁组（81.45%~88.75%和63.95%~68.7%）、蓬莱镇组（91.65%~97.55%和77.50%~91.35%）和城墙岩群最高（88.25%~94.00%和72.95%~82.45%），

夹关组（60.30%和47.70%）和沙溪庙组较低（61.05%~73.50%和46.00%），一般成土化泥速率为城墙岩群＞蓬莱镇组＞沙溪庙组＞遂宁组。紫色土风化崩解成土速率较快的特性，为坡耕地增厚土层创造了良好条件。

试验表明（赵燮京，2002），加厚土壤后，通过土壤蓄水保水，既显著减少降雨径流损失，也显著提高了农作物产量。120cm厚的土壤比20cm厚的土壤平均每年多拦截82.2mm的降雨，相当于每1hm²土壤多蓄822m³的水（表6-3），作物产量大幅度提高，小麦、玉米和甘薯年均分别增产48%、91%和50%（表6-4），这种效果尤其在干旱年份和降雨分布较差的年份特别显著。

表6-4　不同土层厚度对作物产量的影响

土层（cm）	20		40		60		80		100		120	
作物产量	(kg/hm²)	%	(kg/hm²)	%	(kg/hm²)	%	(kg/hm²)	%	(kg/hm²)	%	(kg/hm²)	%
玉米	2 892.0	0	4 099.5	42	5 034.5	74	5 386.5	86	5 301.0	83	5 533.5	91
甘薯※	12 600.0	0	15 361.5	22	17 200.5	37	20 001.0	59	21 760.5	73	18 901.5	50
小麦	2 700.0	0	3 600.0	33	4 399.5	63	4 600.5	70	4 099.5	52	4 000.5	48
油菜	600.0	0	979.5	63	1 000.5	37	1 579.5	163	1 699.5	183	1 897.5	213

※甘薯为鲜重

5°以内的浅薄地，重点是增厚土层，叫全层爆破或推行横向聚土改土垄作，深啄基岩或底土，逐年增厚；5°~25°的坡耕地，采取爆破改土和聚土改土相结合的办法改成5°以下土层深厚的水平梯地。

在土壤的紧实度比较高，人工整地费力费工的地区，爆破整地方式显示出较大的优势和效益。根据林地深翻改土的原理，利用炸药在一定压力下产生爆炸时所产生的巨大能量，使坚实的土体破碎，增加了土壤孔隙度，扩大了土内气体的交换，增加了土内水分的含量。一方面加剧了土壤母质的物理风化作用，增加土壤养分的释放；另一方面又促进了微生物的活动。据研究，土壤中的微生物，大多数为好气性生物，包括细菌、真菌、放线菌和藻类。随着土壤微生物环境的改善，大量的真菌类微生物可产生植物酸，它们将土壤中有机磷分解成磷酸和肌醇，促进了有机物中有效酸的释放。另外，大量的杆菌将产生有机酸并与硝化细菌、硫化细菌等氧化产生的硝酸、硫酸一起将周围环境中的难溶性磷酸盐溶解成可溶态磷酸盐。微生物不仅可将有机质中的钾释放出来，它们产生的酸还可将长石、云母等含钾矿物中的钾溶解出来，供作物利用。同时，一般在爆破松土的工程中使用的硝铵炸药还可以起到施肥的作用。

（二）垄作保墒技术

在旱地横坡垄作耕作的基础上，提出的适合于山丘区坡耕地的格网式垄作、聚土免耕垄作和"目"字型等垄作保墒技术，其共同特点是尽可能多地拦截降雨使其就地入渗，延长降雨停留下渗时间，变超渗产流为蓄满产流，变地表径流为地下径流，减弱径流冲刷力，有效增加土层厚度和土壤水分含量，减少地表径流与泥沙流失量，增强土壤抗旱能力。

1. 格网式垄作技术

格网式垄作技术是在四川丘陵区农民实践经验上发展起来的一种保土蓄墒耕作法，也是与麦玉薯农作模式相配套的较好的耕作技术。其具体做法是：开厢宽度为1.65m或2m，小麦为顺坡种植，其中小麦播面占50%，播4~6行，退穴15~20cm，预留空行可休闲，也可种植蔬菜、大麦和豌、蚕豆，以满足玉米不同播期的选择。空行作物收后移栽玉米，双行单株（或双株）1hm²植45 000~60 000株。小麦收后横向与玉米带垂直作垄，垄沟带宽83cm，形成封闭式垄沟结构。垄上双行错窝栽苕，1hm²栽45 000穴左右。在早夏玉米种植区，小麦可满土种植，麦收后1m开厢，移栽玉米，单行双株，1hm²植52 500株左右。其他农艺措施按常规进行（熊见红，2004）。

表6-5　不同耕作方式监测结果

处理	土壤侵蚀量（kg/hm²）		径流量（kg/hm²）	
	平均	与CK比	平均	与CK比
横坡垄作（CK）	5.46	1.00	37.08	1.00
格网式垄作	1.72	0.32	12.2	0.33
格网式垄作覆盖	1.45	0.27	13.86	0.37
顺坡垄作	16.88	3.09	86.3	2.33

多年研究结果表明（表6-5、表6-6），8°坡地土壤侵蚀量为2.91t/（hm²·年），径流深为10.4mm，比横坡垄作减少径流66.5%，减少泥沙流失70.6%，可将土壤侵蚀控制在允许范围内，并能增产4.0%~7.7%。研究发现，玉米实行宽窄行种植，由于窄行叶片密集，交叉过行以及叶片伸向角度等因素，玉米宽行叶尖带为田间降水的叠加地带。格网式垄作采用封闭垄沟结构，垄沟能直接拦截降水，使其就地入渗，大幅度地减少水土流失。垄沟有效容积一般为80~150m³/hm²，其有效容积随坡度增大而减弱。格网式垄作的调控能力，随坡度增大而减弱：苕沟8°时为100m³/hm²，20°时为20m³/hm²（张奇，1997）。

表6-6　不同耕作方式监测结果

耕作方法	产量构成（kg/hm²）					
	小麦	大麦	玉米	甘薯	周年合计	增产（%）
横坡垄作	1 536	1 162.5	4 051.5	1 960.5	8 805	—
格网式垄作	1 705.5	1 162.5	3 951	2 326.5	9 153	4.0
格网式垄作覆盖	1 659	1 183.5	3 969	2 668.5	9 480	7.7

2. 聚土免耕垄作技术

聚土免耕垄作技术是从川中丘陵实际出发，深入剖析资源特征，生产问题和开发潜力，总结历史经验提出的一种旱坡地开发生态工程技术。该项技术生态上具有防蚀、抗旱、培肥和自调能力，可与坡改梯工程结合实施；经济上具有增产增收、节劳省工的高效耕作技术。聚土耕作是在坡地上（坡度＜20°）平行于等高线方向聚土成垄，在聚土沟内每隔一定距离筑一土挡，层层垄沟的阻挡作用，能有效地减少或遏止多雨产生的地表径流对土壤造成的侵蚀，形成了一个良好的土壤自我保护体系。聚土耕作法改变了土壤的物理性状，使土壤容重降低，孔隙度增加，团粒结构增多，团聚体稳定度提高，土壤渗透性变好，渗透能力增强，在减少土壤侵蚀量的同时，也增加了自身的土壤水库容。其主要技术环节如下：

（1）全土翻耕后沿等高线起垄，1m为垄，1m为沟，沟内土壤的一半或大部聚于垄上，垄为弧形，垄高30cm，最高不得超过40cm。沟内深耕25cm，炕土。在夏季，沟内每隔5~7m，筑高10cm，底宽15cm的土挡，以增强沟的拦洪作用。比较黏重易积水的土块也可以与等高线呈一定角度斜聚，以利沟内排渍，垄沟比按不同作物可以调整，但垄不宜小于75cm。

（2）垄沟强化培肥。垄、沟要利用有机物料进行强化培肥，每公顷使用有机物料（渣肥、树叶、秸秆、土杂肥均可）约15 000kg，垄带在聚土翻耕时施入，而沟带在聚走土后深耕时施入。以后除正常的作物施肥外，在垄、沟互换时再投入有机肥。

（3）垄上夏季留茬免耕、秋季浅耕，沟内深耕，3~5年后垄沟互换。

（4）垄沟分带进行立体种植，垄上一般安排矮秆、怕渍、块茎作物。沟内安排需水较多的高秆作物。布局作物时要考虑垄沟间协调，减少或躲过同时争光时段，要考虑用养结合，培肥地力，形成垄、沟各自的轮作体系。

一般认为，由于增厚土层和土壤结构性改善，聚土垄作后会增大土壤水库容120~150m³/hm²。而陈实等人研究后则认为，除土壤水库容外，还应重视垄、沟、档结合形成的网格状微地貌拦蓄迳流330m³/hm²的地表库容作用，换言之，1hm²聚土免耕可增加约450m³左右的蓄水库容（陈实，2001）。

李明伟研究后认为（1993），由于聚土免耕垄作有着良好的弧形垄结构，多雨时爽水排渍，遇旱时则有沟内土壤水库容通过毛管水形式供给。同时，受热面增大，升温快，可以减少湿渍和低温对垄上作物的危害。聚土后，垄、沟和平作土壤含水量（玉米生育期15d观测平均值）分别为32.1%、37.6%、34.8%，土壤日均温（耕层5cm，10cm，15cm，20cm处平均值）聚土垄作较平作高0.4~1.1℃，垄上土壤有着良好的水温状况，玉米产量较平作增产；小麦聚土耕作试验也表明，垄上土壤含水量为18.3%，比平作的21.1%低3%（苗期观测），土壤日均温比平作高0.2~0.3℃。垄沟立体布局，高低错落，垄上土壤光温条件和含水量与沟内土壤有显著差别，为不同特性的作物生长创造了良好的立地条件，增强了系统内作物的抗逆能力。

3. "目"字型垄作技术

"目"字型垄作技术的种植方法为：横坡等高2m开厢，沟垄相间，窄沟（0.8m）宽垄（1.2m），浅沟低垄（垄高10~15cm），沟端封闭以截留径流（暴雨可敞开排洪）。因其形状如"目"字，故以此命名。

作物按沟、垄带状间套布局：小春期间垄上种茬口较晚的小麦，沟内种大麦等早茬作物，以调节后作茬口；小春收获后，沟内免耕双行单株定向栽玉米，垄上双行错窝栽红薯。由此形成高低带交错分布的立体作物群体结构。对照为当地常规平作种植，大春即"马槽厢"玉米套红薯，其作法仍为2m开厢，但玉米与红薯呈水平间套（中间2行玉米，两侧各1行红薯），厢沟是仅为单纯排水的深窄沟。

表6-7 "目"字型种植与常规种植土壤抗旱能力比较

处理	玉米 生育期	回归模拟方程T：抗旱天数 X：土壤含水量×100%	抗旱天数 （d）	产量	
				kg/hm²	%
"目"字 型微膜 玉米	拔节晚期	$T=-0.288x+18.44$（$R=-0.9596^{**}.n=6$）	12.4	—	—
	孕穗前期	$T=-0.53x+20.45$（$R=-0.9730^{**}.n=9$）	23		
	孕穗后期	$T=-0.40x+17.67$（$R=-0.9822^{**}.n=10$）	23.6	7.697	128.7
	抽穗期	$T=-0.85x+17.09$（$R=-0.9791^{**}.n=5$）	10.4		
"目"字 型露地 玉米	拔节晚期	$T=-1.11x+19.20$（$R=-0.9669^{**}.n=6$）	11.3	—	—
	孕穗前期	$T=-0.75x+18.89$（$R=-0.9873^{**}.n=8$）	17.6	6.692	111.9
	孕穗后期	$T=-0.51x+16.48$（$R=-0.9576^{**}.n=11$）	19.2		
	抽穗期	$T=-0.88x+14.95$（$R=-0.9723^{**}.n=7$）	9.4		

（续表）

处理	玉米生育期	回归模拟方程 T: 抗旱天数 X: 土壤含水量 $\times 100\%$	抗旱天数（d）	产量 kg/hm²	产量 %
常规平作玉米CK	拔节晚期	$T=-1.16x+17.74$（$R=-0.940\,4**.n=5$）	9.5	—	—
	孕穗前期	$T=-0.93x+20.19$（$R=-0.966\,7**.n=7$）	5.982	5.982	100
	孕穗后期	$T=-0.76x+17.05$（$R=-0.985\,0**.n=9$）	13.6	—	—
	抽穗期	$T=-0.76x+13.00$（$R=-0.973\,0**.n=6$）	8.3	—	—

庞学勇等（2002）对玉米各生育期田间水分测定研究表明，"目"字型露地种植较常规平作种植各生育期抗旱天数多1.1~5.6d，平均多3.3d；"目"字型覆膜地较常规平作种植各生育期抗旱天数多2.1~10d，平均多6.3d。分析表明"目"字型露地较对照有较强的抗旱能力，而"目"字型覆膜地有更好效果的原因，可能是由于"目"字型种植较常规平作种植能拦蓄更多的天然降水。

"目"字型配套覆膜技术有抑制土壤水分蒸发、增加土壤温度、保持水土等作用。较常规平作减少水流失量77.6%，减少土流失量81.1%。"目"字型种植技术较对照有明显的蓄水抗旱能力，"目"字型较对照增产11.9%，而"目"字型配套覆盖较对照增产28.7%（表6-7）。

4. 垄播沟覆保墒培肥耕作技术

垄播沟覆保墒培肥耕作技术是针对四川盆地坡耕地土层厚度差异较大、生育期内季节性干旱发生频率高严重影响小麦、玉米和甘薯产量，同时传统栽培水土流失严重、费工等问题，研究集成的一项提高土地持续生产能力的耕作技术。四川省农业科学院作物所旱粮栽培课题组在简阳开展了麦玉薯主体模式不同土层厚度垄作定向轮耕技术的定位试验研究。

表6-8　主体模式不同耕作方式产量表（简阳，2009）

土层	处理	小麦 产量（kg/hm²）	小麦 比对照±	玉米 产量（kg/hm²）	玉米 比对照±	甘薯 产量（kg/hm²）	甘薯 比对照±	全年 产量（kg/hm²）	全年 比对照±
40cm	A（CK）	1 123.4	—	3 328.2	—	2 194.5	—	6 646.1	—
	B	1 171.8	4.30%	3 806.3	14.36%	2 744.6	2.86%	7 722.5	16.20%
	C	1 446.8	28.78%	3 731.1	12.11%	2 133.5	28.65%	7 311.3	10.01%

（续表）

土层	处理	小麦		玉米		甘薯		全年	
		产量（kg/hm²）	比对照±	产量（kg/hm²）	比对照±	产量（kg/hm²）	比对照±	产量（kg/hm²）	比对照±
70cm	A（CK）	1 650.2	—	4 238.4	—	3 169.1	—	9 057.5	—
	B	1 756.8	6.46%	4 843.2	14.27%	3 073.5	19.33%	9 673.5	6.80%
	C	1 572.6	−4.70%	4 644.2	9.57%	2 655.8	15.73%	8 872.5	−2.04%
100cm	A（CK）	2 155.1	—	5 483.7	—	3 440.1	—	11 078.9	—
	B	1 971.8	−8.51%	5 644.4	2.93%	3 315.8	12.58%	10 931.9	−1.33%
	C	2 199.3	2.05%	5 444.9	−0.71%	3 055.7	8.51%	10 699.8	−3.42%

注：A传统栽培技术（翻耕不覆盖）；B垄播沟覆+秸秆整株还田；C周年免耕+秸秆还田

产量变化结果表明（表6-8），垄播沟覆耕作技术能显著提高各作物和全年粮食产量，其中：土层厚度是影响坡耕地作物产量的第一因素，采用垄播沟覆+秸秆还田耕作技术能有效提高旱地作物产量，特别是在40cm土层增产效果最为明显。

垄播沟覆保墒培肥技术提高了自然降水利用率。由图6-7知不同土层间差异显著，不同耕作方式间差异不明显。作物周年降水利用率随土层厚度增加而增加，而不同耕作处理间垄播沟覆高于免耕高于传统耕作模式。

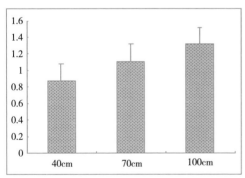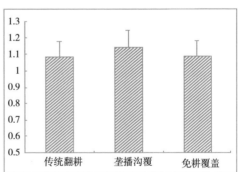

图6-7　不同处理对自然降雨利用效率的影响

此外，全国各地关于垄作覆盖保墒技术的研究还很多，例如马红菊等（2007）通过垄、沟覆膜和积聚熟土措施，对冀西北高原主栗钙土的小南瓜产量及土壤水分的影响进行了研究，结果表明：沟覆膜方式能更好地聚集降水和保蓄土壤水分，作物收获后1m土体贮水量比播前盈余30.07mm，比垄膜处理少耗水87.53mm，水分利用效率（WUE）也显著提高，并且认为：沟膜+聚40cm厚度熟土处理，也可作为旱作高效种植模式。

（三）调整种植结构，建立多元多熟高效种植模式

多熟种植指的是在一块土地上种植两种或几种作物，是作物种植在时间与空间上的集约化，它包括复种、间套作两个方面（黄国勤，2001，2000）。多熟种植通常能提高土地利用率，提高农民经济效益和就业率。同时，多熟种植还能提高土地生产力，促进可持续发展（刘永红，2007；汤永禄2007）。首先，多熟增产缓解了进一步开垦荒地的压力，减少了土地的退化、沙化和草原与林地的破坏，保护了生态，促进了农业可持续发展。其次，多熟种植要求有良好的农田基本建设与水利建设，促进了土地生产条件与生产力的提高，减少了旱涝等自灾害的危害。当然，多熟种植是一种集约的精耕细作法，要求高投入、高技术、高产出、高效益。

从当前四川、重庆粮食消费需求来看，粮食消费总量刚性增加，消费结构不断升级，消费档次不断提高，口粮自给有余，工业转化和饲料用粮缺口日趋增大，名优特新农产品匮乏，因此，四川盆地应积极调整种植结构，大力发展多熟种植制度，不断满足人民日益增长的物质需求。种植结构调整的方向应以市场为导向，适应食物结构改善、生活环境改善、农民增收状况改善和资源环境质量改善的要求，结构进一步调优、调活、调新。

二、四川盆地节肥型农作制途径

目前四川盆地耕地负荷日益增重，粮食增产给肥料施用施加了巨大的压力，肥料施用特别是化肥施用逐年剧增，肥料供需矛盾越发尖锐，农用化肥的大量不合理施用使其利用效率偏低并带来了诸多环境问题，因此，积极探索和构建节肥农作制度，节约化肥施用，大幅提高肥料利用效率，是缓解肥料供需矛盾、促进农民增产增收农产品的重要战略举措（王庆安，2008；黄泽林，2003）。具体做法是：注重有机肥料、微生物肥料等与化学肥料平衡施用，以及水肥调节技术的研究和完善，积极调整种植结构，加大种植模式中绿肥及豆科养地作物引入力度，发展种养结合型新型农作制度，不断提高肥料利用效率，实现农业节肥增效。

（一）增施有机肥、微生物肥

有机肥料又称农家肥，是农村中就地取材、就地积制而成的自然肥料。它们大多是动植物残体、人畜排泄物、生活垃圾等，经过微生物分解转化堆

腐而成。具有肥源广、成本低、肥效长、施后保持增产增收等特点。有机肥料是一种完全肥料，它不仅含有许多大量元素和微量元素，而且还含有一些植物生长所需的激素（如维生素、生长刺激素、胡敏酸等）和多种有益土壤的微生物。由于有机肥料中含有较多的有机物、腐殖质，所以它是培肥地力、改良土壤的好肥料，而且能促进土壤团粒结构的形成，增强土壤的保肥保水能力，改善土壤的水分和空气条件，提高土壤对酸碱物质的缓冲能力，促进土壤中有益微生物的活动和增殖，从而能全面改善土壤的多种物理、化学、生物性状，为作物生长发育创造良好的环境。

增施有机肥能显著提高土壤中的有机质含量，而土壤中的有机质含量与土壤速效养分含量和易氧化有机质含量以及土壤有机质的吸肥保肥能力均有极其密切的关系，且达到极显著水平（刘媛媛，2005）。施用有机肥，可形成有机无机复合体和微团聚体既提高了土壤有机质的数量，又能更新和活化老的有机质，改善腐殖质品质，从而全面提高土壤肥力（袁可能，1981）。长期定位施肥试验研究表明（袁可能，1981；魏朝富，1995），有机肥与无机氮肥配施的土壤有机质含量高于有机肥单施，配施磷、钾肥可以在一定程度上增加土壤有机质含量，随有机肥特别是有机无机氮肥配施的年限延长，土壤易氧化有机质的含量逐渐增加，有机质的氧化稳定系数下降，土壤松结态腐殖质含量和胡敏酸的比例提高，促进土壤腐殖化进程，改善有机质的品质。相关研究表明（傅高明，1996），施用有机肥对氮磷钾等无机肥料在土壤中的转化也会产生不同程度的影响。随土壤有机质含量的提高，大约占土壤全氮含量95%的可矿化氮量也随之增加，土壤供氮能力增强（田茂洁，2004；王艳杰，2005）。

微生物肥料是人们利用土壤中有益微生物制成的肥料，包括细菌肥料和抗生菌肥料，如根瘤菌、固氮菌剂、磷细菌剂、复合菌剂、抗生菌剂等。它的性质与其他肥料不同，本身并不含有营养元素。主要是以微生物生命活动的产物来改善植物的营养条件，刺激植物的生长，或抑制有害病菌在土壤中的活动，以充分发挥土壤潜在肥力的作用，从而获得农作物的增产效果（邝中山，2009）。可见，微生物肥料本身是一种辅助肥料，它不能代替其他肥料。

在生产中，由于有机肥肥效缓慢，养分含量低，不能满足作物在旺盛生长时期对养分的需求。而化学肥料的养分含量高，肥效快，可以及时满足作物高产对营养元素的需要，并能促进土壤微生物活动，加速有机肥的转化和分解。施用微生物肥料可更好地发挥有机肥和化肥的作用。因此，应有机肥与化肥配合施用，同时辅之以微生物肥料，可使改土和供肥结合，达到取长补短，缓急相济，更好地发挥肥效，提高肥料利用效率，进而提高作物产量和品质。因此，增施有机肥和微生物肥、注重配方施肥是发展优质、高产、高效农业的当务之急。

（二）水肥调控技术

水肥是农业生产中投入的两大主要因素，也是可以调控的两大重要技术措施（肖自添，2007）。俗话说"有收无收在于水，收多收少在于肥"。充分说明水分和养分对作物生长的作用不是孤立的，而是相互作用、相互影响的。但是长期以来，人们把增加化肥用量作为提高农业产量的重要手段。重视了适宜的水分条件和合理的养分供应才是作物高产优质的基本保证，水分胁迫、养分缺乏以及二者供应的不同步性均不利于作物生长。因此，提高肥料利用效率可依赖于对水肥因素之间的耦合机理的深入研究。因地制宜地调节水分和肥料，使其处于合理的范围，使水肥产生协同作用，达到"以水促肥"和"以肥促水"的目的，是实现农业生产节水节肥和高产高效的主要途径（徐振剑，2007）。

施肥可以缓解干旱胁迫对作物生长的伤害。刘思春等（1996）对不同肥力水平下土壤—植物—大气连续系统水势温度效应进行研究指出，施用化肥和有机肥可提高土壤肥力，明显提高植株水势，随土壤肥力提高，植物水有效性相应增加。

肥料的施用可以提高水分的利用效率。水分胁迫下施氮肥后小麦叶片短时水分利用效率有所提高，甚至与正常供水的相当。这说明因水分胁迫导致的短时水分利用效率的降低可通过增施氮肥得到补偿，但严重干旱条件下高氮肥处理反而降低短时间水分利用效率（段爱旺，1996）。李生秀等（1994）认为，干旱胁迫下施肥可促进作物根系发育和摄取转运土壤水分的能力，扩大作物觅取水分和养分的土壤空间，提高作物蒸腾量和水分利用效率。

水分和养分之间随着各自用量的不同还表现出协同效应和拮抗效应。梁智等（2004）进行滴灌施肥条件下长绒棉水肥耦合效应研究时指出，在低施肥水平下，灌溉的增产效应较小；随着施肥水平的提高，灌溉的增产效应增大，说明施肥可以发挥灌水的增产作用。灌水水平较低时，随着施肥量的增加棉花产量逐渐下降。随着灌水水平的增加，肥料产量效应增加，且呈现先增后减的报酬递减规律。表明灌水量是决定施肥效应方向和大小的一个因素。

水分和肥料营养元素之间的耦合效应对作物生长的影响程度各不相同。王翠玲等（2000）认为水、N、P各因素对小麦产量影响的顺序，水的作用居于首位，其次是N和P，两因素交互作用效应为：N水>NP>P水。这充分证明了作物对所施氮肥的反应，高度依赖于生育期土壤有效水含量，较高的土壤水分结合较高的 N 肥施用量能获得较高产量，可以利用更多的有效 N。田军仓等（1997）认为，各因素影响膜上灌玉米产量的顺序为灌水量>施磷量>施氮量。灌水量与施氮量的交互作用较显著，高氮配以高水、低氮配以低水产量高。

　　近年来发展起来水肥一体化技术就是水肥调控技术研究发展的结晶，它是一项将施肥和灌溉结合进行的技术，是把固体的速效化肥溶于水中并以水带肥的施肥方式（曹一平，2009）。一般在田间将化肥溶解并混合于水池中，以水为载体，灌溉的同时完成了施肥。肥料养分随灌溉水渗入到土壤中，再通过质流、扩散和根系截获等方式到达根表，为作物吸收利用。这种灌溉施肥方式的特点是达到了水肥一体化，施肥效率提高，可以减少施肥总量。每次施肥的多少，要根据作物种类和不同生育期需肥量的差异来配制，并且与所灌的水量相匹配。这项技术的优点是灌溉施肥的肥效快，养分利用率提高，可以避免肥料施在较干的表土层易引起的挥发损失、溶解慢，最终肥效发挥慢的问题；尤其避免了铵态和尿素态氮肥施在地表挥发损失的问题，既节约氮肥又有利于环境保护。所以水肥一体化技术使肥料的利用率大幅度提高。据华南农业大学张承林教授研究，灌溉施肥体系比常规施肥节省肥料50%~70%。

　　作为典型季节性干旱的四川盆地农作区，降雨与作物生育期耗水严重不协调，水分、肥料利用效率不高，因此有必要对该区水分状况对土壤养分有效性的影响，水分状况对肥料施用有效性的影响，水分状况对土壤微生物的影响，水分状况对"肥料释放作物吸收耦合"的影响进行系统研究，以及水肥耦合对高产作物群体形成的影响，合理配合水肥因子，提高水分、肥料等农业资源利用效率，降低肥料施用量，实现农业生产节本增效。

（三）调整结构，积极构建用养地结合种植模式

　　调整种植模式中养地作物的比例，大力发展种养结合型新型农作制度，不断提高肥料利用效率，是实现肥料资源节约利用的重要途径（刘永红，2007；牟锦毅，2003）。养地作物通常是指可保持并提高土壤肥力的一类作物。如豆类作物、绿肥作物、十字花科油菜等。

　　豆类作物通常具有固定游离氮素的共生固氮菌根瘤，根瘤中的共生固氮菌能将空气中的氮转化为植物能利的用形态，增加和补充土壤含氮量，对间套作物及下茬作物均有利，这种"免费"氮在豆科植物收获后仍有部分留在土壤中，相关研究表明，大豆根瘤菌固氮自给率一般可达50%，固氮总量的25%随根茬残留在壤中（孙晓辉，2002）。大豆茎叶（干）含氮量1%左右，每形成100kg豆粒，根茬和落叶残留在土壤中的氮素含量在1kg以上。大豆属

直根系作物，能吸收深层土壤中的磷、钾随根茬落叶残留于表层土壤，种植大豆能有效提高土壤肥力减少氮肥施用量，因此在低投入农业中经常被推荐使用（郭伟，2010）。

绿肥是指被用作肥料的绿色植物，含有氮、磷、钾等多种植物养分和有机质，其共同特点是属偏氮有机肥料，是农业生产中一项非常重要的有机肥源。大力发展绿肥，不仅可明显地改良中低产田，提高土壤的肥力，而且可缓解化学肥料供不应求的矛盾，还可有效地促进农牧业的综合发展。绿肥有机质含量一般为12%~15%，含氮量为0.3%~0.6%。若按每公顷产鲜植物体22 500kg计，则含有机质3 375kg，氮素67.5~135kg。另外，固氮量为45~90kg，相当于225~450kg硫酸铵。

因此，调整养地作物在种植模式中比例，大力发展种养地结合型种植模式，扩大油菜、绿肥、豆科作物等养地作物的种植面积，是四川盆地肥料节约利用的重要途径。

第四节　四川盆地节地培肥型主导模式及潜力

一、四川盆地节地农作主导模式及潜力

从四川盆地现阶段和今后一段时间的实际情况看，一方面人口增长对农产品需求量的刚性增加，另一方面人民生活水平的提高对农产品质量、种类需求上的弹性增加。后者对今后农作制度的影响越来越大，具有长远的意义。除了满足人口日益增长所必需的粮食需求外，为满足人民生活水平持续提高、用于发展畜牧业的饲料粮和工业用粮将大幅度增长。除粮食外，生活水平的提高对油料作物，豆类和小杂粮作物，麻类、烟茶桑的工业原料作物，花卉园林等观赏作物，以及蔬菜和瓜果作物都有增量需求。如何在四川人均占有耕地资源较少且耕地面积不断减少的情况下，保证全省农产品的安全供给和正常输出，完成四川新增50亿kg粮食生产能力的艰巨任务，粮食安全型多熟农作制度势必发挥主导作用。因此，今后工作中，一方面应充分挖掘冬闲耕地的生产潜力，进一步提高复种指数，同时，加大中低产田改造力度，大力发展旱地三熟三作或三熟四作、稻田薯—稻—薯等新三熟主导种植模式，努力减小多熟种植模式中各作物的光、温、水、肥等生长限制因素，提高多熟农作模式各个作物的单产，实现全年持续高产，保证粮食安全。

（一）旱地三熟三作或三熟四作种植模式

1. 中带三熟三作模式

麦玉（花）薯三熟三作种植模式是针对丘陵旱地"小麦连作夏玉米"两熟制中夏玉米经常遭遇七至八月"卡脖子"高温伏旱产量不高不稳，以及丘陵旱地光、热、水、土资源利用较差的问题，改净作复种为中带（5~6尺开厢）间套种植，改夏玉米为春玉米，改麦玉、玉薯、麦花等两熟为麦玉薯、麦花薯等三熟三作，并注重冬季预留行用养结合。其出发点是提高玉米、稳定小麦和甘薯、增种饲料绿肥，并以定型带植为基础，养地培肥为前提，达到三熟三高产。旱地三熟三作中带轮作高产高效的关键是规范开厢带植。具体做法是：采用5~6尺开厢，"双二五"、"双三0"、"三五二五"分为甲、乙两个种植带。秋季开始，甲带种植5~6行小麦，小麦收后于芒种前后栽插2行甘薯；乙带增种绿肥，在玉米最佳移栽期前收割绿肥抢墒移栽2行玉米苗，或播种春花生，玉米收后有条件的地区可增种一季绿肥或秋菜；在乙带点播下茬小麦，甘薯收挖后甲带作为预留行增种绿肥，从而实现分带轮作。

2. 宽带三熟四作模式

旱地三熟四作宽带轮作新型种植模式是在旱地三熟三作基础上发展起来的以调整开厢宽度为基础，以解决旱地冬秋季资源利用、粮经饲协调发展、养地培肥等重大问题为目标，以麦玉玉薯、麦玉薯豆、麦芋花菜三熟四作为主体的新模式。

该模式的关键是改窄带距（116.6cm）、中带距（166.5~200cm）为宽带距（333.3~399.6cm），即以333.3~399.6cm为一个复合带，每带对半开厢分成甲、乙两带即"双五0""双六0"种植。秋后甲带种小麦，乙带种洋芋、短季饲草、大麦等短季作物，春季乙带收获后栽4行春玉米或同时冬大豆，春玉米收后可种秋豆、秋洋芋等，夏季甲带小麦收后栽甘薯和夏玉米或者花生等经济作物，下一年度甲乙两带相互轮作种植。根据自然生态和社会条件、种植习惯选择或灵活配置种植模式。从自然生态来看，夏旱高发、伏旱次发区（即迟春、早夏玉米区）以"用足小春、巧用晚秋"为原则，即以麦麦玉薯、麦草玉薯为主体种植模式，春玉米区以"小春养地，大春足用"为主，以麦玉玉薯、麦玉薯豆、麦芋花菜为骨干种植模式（表6-9）。

表6-9　宽带种植模式典型田块产量及效益比较表

种植模式	小麦（kg/666.7m²）	冬季空行间作产量（kg/亩）	春（夏）玉米（kg/亩）	红薯（kg/亩）	秋闲土增种（kg/亩）	全年粮食产（kg/亩）	复种指数（%）	总生育期（d）	年光能利用率（%）	抽样田块
A	212	121.3	540.5	235	112	1 220.8	280	715	3.537	20
B	205	175.0	523.4	250	100	1 253.4	280	710	3.379	15
C	247.5	805.6	493.5	165.6	0	906.5	270	585	2.534	10
D	258.8	0	341.4	119.3	0	719.5	260	445	2.011	20
E	168.2	0	204.8	105.4	0	478.4	260	430	1.337	1

注：A宽带小麦//蚕豆/玉米/甘薯//秋豆；B宽带小麦//大麦//玉米/甘薯/秋大豆；C中带小麦//萝卜/春玉米/甘薯；D窄带小麦—夏玉米/甘薯（CK）；E窄带小麦—夏玉米/甘薯（无肥区）

表6-10　旱地不同种植模式能量产投比和经济效益比较

种植模式	能量投入（×10¹⁰J/hm²）			能量产出	产出投入比	纯收益（元/hm²）
	化学能	机械能	生物能			
A	26.763	0.135	1.436	58.202	2.05：1	862.6
B	28.372	0.135	1.627	67.207	2.23：1	918.2
C	26.963	0.135	1.310	42.703	1.50：1	592.2
D	29.444	0.135	2.016	54.438	1.72：1	702.9

注：①A.小麦/春玉米/甘薯//秋豆；B.小麦/春玉米//夏玉米/甘薯；C.小麦/春玉米/甘薯（CK）；D.小麦/春玉米//夏玉米/甘薯；②A、B处理4m带距分为两个2m种植带，C、D处理2m带距分为两个1m种植带

　　旱地宽带三熟四作模式全年粮食产量和产投比明显提高，据试验和大面积示范平均，新模式比原来的麦玉薯三熟每亩增粮150~200kg，平均增产135.6kg，增幅15.9%，年光能利用率提高0.8%~1.0%。由于增种一季作物，其化学能和生物能投入增加，但由于增收产出能也增加，能量产投比和经济效益显著提高，其中：宽带小麦/春玉米/甘薯//秋豆和小麦/春玉米//夏玉米/甘薯产投比分别为2.06：1和2.24：1比传统模式提高了38.26%和50.34%；每公顷纯收益显著提高（表6-10）。

　　由此可知，旱地中带三熟三作发展为旱地宽带三熟四作，能有效地缓解间套作物之间共生矛盾，使小麦建立在玉米苗期的边际优势，玉米建立在甘薯前期的边际优势，通过宽带把玉米苗期、甘薯前期的边际劣势缓解；能推动空行利用的进程，使预留空行利用的时间和空间更广阔；还便于田间操作、管理，为旱地田间耕作向机械化、现代化发展提供了条件。

（二）稻田新三熟种植模式

四川稻田种植模式目前仍以"油（麦）—稻"两熟为主体，该模式下油菜10月下旬移栽，5月中旬收获，小麦10月底播种，5月中旬收获，水稻于5月中下旬移栽，8月底9月初收获。从全年来看，油、麦占地时间较长，日产量在2kg以下，且水稻收获至小春播栽之前存在2个月左右的空闲时间，全年光热资源利用率偏低。因此，稻田新三熟种植模式将成为今后的主体模式，特别是"马铃薯/油菜—水稻"模式，该模式在原有"油菜—水稻"两熟的基础上，增加一季粮，一定程度上缓解了粮油争地矛盾，实现既增粮又增收的目标（汤永禄，2007）。其配套关键技术有三点，一是适宜密度，要实现薯、油双高产，必须保证各自密度适宜，尽量降低共生期内相互间的抑制。马铃薯单产受密度影响较大，以种植15万株/hm^{2}左右产量最高，但单穴结薯数和块茎重偏低，商品性较差；油菜以种植90 000株/hm^{2}左右为宜。二是规范开厢及采用适宜套作规格，窄厢利于排水，特别是土壤黏重、秋季多雨的情况下，宜开窄厢，1.0~1.2m。厢面种植油菜的行数，可根据薯、油价格进行权衡，马铃薯价高则宜种2行油菜，油菜籽价高则宜种3行油菜。如果质地偏壤或偏沙，排水良好，不易出现涝害，则宜选开厢1.6~1.8m。厢面上种4行马铃薯，实行宽窄行栽培，窄行行距0.30m，宽行行距0.60m，边行与厢面边缘0.20m，马铃薯穴距0.20m。10月中下旬在厢面中间种植2行油菜、行间距0.30m、厢面边缘各种一行油菜，油菜穴距0.23m，每公顷植9.5 × 10^{4}株。这种方式的马铃薯产量较高，薯块较大，且油菜也能获得高产。三是配套高产技术，马铃薯和油菜均采取免耕栽培。8月底9月初水稻收获过后随即开厢，免耕露地播种马铃薯，并用稻草进行覆盖。10月中下旬免耕套栽油菜。水稻采用旱育秧技术，在5月下旬油菜收获后及时整地移栽水稻。此外，稻田"油—稻—菜""菜—稻—菜""薯—稻—薯"等新型种植模式将会成为稻田种植模式的重要组成部分。

2006—2009年，在广汉市西高镇对不同稻田新三熟种植模式进行了4年的定位试验。比较不同模式的原粮产量，各模式均比对照增产（表6-11）。其中，薯—稻—薯（增粮型）比对照增产262.23kg，增幅44.93%；薯/油—稻（增效型）增幅20.35%；菜—稻—菜（粮经型）增幅19.00%；稻—麦→稻—油（节本生态型）增幅2.49%。方差分析表明：粮粮型比节本生态型和CK增产极显著，与增效型、粮经型增幅不显著，节本生态型比CK增产不显著。

表6-11　各模式4年的粮食产量比较

种植模式	2009产量（kg/亩）		4年产量（kg/亩）		4年产量比CK ±			
					水稻		粮食	
	水稻	粮食	水稻	粮食	kg	%	kg	%
A	642.62	642.62	694.60 A	694.60 AB	110.91	19.00	110.91	19.00
B	578.98	638.98	602.32 B	845.92 A	18.63	3.19	262.23	44.93
C	552.52	580.52	600.48 B	702.48 AB	16.79	2.88	118.79	20.35
D	540.78	540.78	598.21 B	598.21 B	14.51	2.49	14.51	2.49
E（CK）	538.98	538.98	583.69 B	583.69 B	/	/	/	/

注：A.菜—稻—菜（粮经型）；B.薯—稻—薯（增粮型）；C.薯/油—稻（增效型）；D.稻—麦→稻—油（节本生态型）；E.稻—油（CK）；下同

综合4个周年的效益计算，粮经型增效979.83元（表6-12），比CK增效697.94元，增幅247.59%，粮粮型节本增效1 237.31元，比CK增效955.42元/666.7m²，增幅338.93%，增效型节本增效598.03元，比CK增效316.14元/666.7m²，增幅112.15%，生态型节本增效329.19元，比CK增效47.30元/666.7m²，增幅16.78%。

表6-12　各模式4年的纯收益比较

种植模式	2006年效益	2007年效益	2008年效益	2009年效益	平均效益	4年效益比CK ±	
						元	%
A	−59.47	1 838.17	1 450.00	690.6	979.83	697.94	247.59
B	369.33	2 242.70	1 915.00	422.2	1 237.31	955.42	338.93
C	303.06	1 212.22	690.00	186.85	598.03	316.14	112.15
D	123.56	843.50	147.20	202.5	329.19	47.30	16.78
E（CK）	94.52	765.88	102.35	164.8	281.89	/	/

由此看出，在成都平原稻油（麦）两熟的基础上通过品种选择和茬口安排，可以增加一季作物的种植，实现正季三熟；增粮型和增效型的模式，通过种植马铃薯实现增粮增收；粮经型的蔬菜为水稻提供了早茬口，依靠超高产强化栽培技术大幅度提高水稻单产；节本生态型在改良地力增加稻谷产量的基础上，还通过免耕技术减少投入，提高效益。

二、四川盆地节肥农作主导模式及潜力

　　四川盆地人多地少，素有精耕细作传统，农业生产集约化程度较高，且耗地型农作模式占主导，对土地资源长期以掠夺式开发为主，同时，由于劳动力减少，无机化肥、除草剂等的大量施用使农业生产环境严重恶化，因此，必须建立用地和养地作物结合的肥料节约型农作制度。在耕作方式上，加大秸秆覆盖还田力度，以改善土壤结构，保护土壤不受降雨的直接冲刷，以确保土壤有机质及矿物养分的平衡和良好的土壤物理状况。在种植模式上，调整种植业结构，大力发展种养地结合种植模式，扩大油菜、绿肥、豆科作物等养地作物的种植面积，同时，通过农作物和耐瘠抗逆品种的合理搭配，减少农药化肥投入，提高肥料利用效率，扭转农业生态环境恶化趋势。因此，积极发展种养结合的环境友好型节肥农作制度，对保持和改善农业生态环境，合理、永续利用自然资源，保证地力常新持续利用，以适应四川盆区经济的逐年增长和满足人民生活水平需要具有重要战略意义。

（一）麦/玉/豆节肥农作模式

　　麦/玉/豆种植模式是针对传统麦/玉/薯模式中小麦、玉米、甘薯3种作物均是耗地作物，连年复种致使土壤贫瘠、退化，而且甘薯栽插时的翻土起垄会造成大量水土流失等问题，以经济效益和养地效果较好的大豆替代传统模式中经济效益较差的甘薯而形成（雍太文，2006）。"麦/玉/豆"模式采用免耕、秸秆覆盖栽培，有效减少了水土流失；通过秸秆还田，增加了土壤有机质，改善了土壤肥力，提高了土壤含氮量，减少氮肥的施用，通常可减少氮肥（尿素）施用量60~90kg/hm^2。

　　四川农业大学连续三年在径流监测场对麦/玉/豆种植模式进行了定位研究。试验共设置四个水平，分别为NTM："小麦/玉米/大豆"全程免耕全程秸秆覆盖（小麦、大豆、玉米均为免耕秸秆覆盖）；PTM："小麦/玉米/大豆"半程免耕半程秸秆覆盖（小麦、玉米翻耕不覆盖秸秆，大豆免耕麦秆覆盖）；TWM："小麦/玉米/大豆"全程翻耕不覆盖秸秆；TWMS："小麦/玉米/甘薯"全程翻耕不覆盖秸秆。三个区组，区组Ⅰ坡度为5°、区组Ⅱ坡度为15°、区组Ⅲ坡度为25°。采用顺坡种植，套种作物带宽1.6m，每种作物幅宽均为0.8m。试验小区实际面积为10m×3.2m。通过三年定位监测试验研究了不同种植模式对坡地水土保持、土壤肥力及作物产值的影响。结果表明，在水土保持方面，"小麦/玉米/大豆"全程免耕全程秸秆覆盖模式的三年平均土壤侵蚀量和地表径流量最低，显著低于其他处理，分别为1 189kg/hm^2，

$215m^3/hm^2$，比"小麦/玉米/甘薯"全程翻耕不覆盖秸秆模式分别低10.6%，84.7%（表6-13）。

表6-13　不同种植模式条件下连续三年平均土壤侵蚀量、地表径流量结果

处理		5°	15°	25°	平均
土壤侵蚀量（kg/hm²）	NTM	892 Ab	1 196 Bb	1 478 Aa	1 189 Cc
	PTM	902 Ab	1 256 ABa	1 560 Aa	1 240 BCb
	TWM	992 Aa	1 275 ABa	1 565 Aa	1 277 ABab
	TWMS	1 016 Aa	1 307 Aa	1 622 Aa	1 315 Aa
地表径流量（m³/hm²）	NTM	212 Dd	214 Dd	218 Dd	215 Dd
	PTM	239 Cc	241 Cc	241 Cc	240 Cc
	TWM	276 Bb	277 Bb	288 Bb	280 Bb
	TWMS	396 Aa	397 Aa	399 Aa	397 Aa

土壤肥力上，三种"小麦/玉米/大豆"模式都能增加土壤有机质、全氮、速效钾和碱解氮含量，以"小麦/玉米/大豆"全程免耕全程秸秆覆盖模式增加幅度最人，分别为15.7%，18.2%，55.2%和25.9%，显著高于其他模式，"小麦/玉米/大豆"半程免耕半程秸秆覆盖模式次之，小麦/玉米/甘薯全程翻耕不覆盖秸秆模式最低（表6-14和表6-15）。

表6-14　试验结束时不同种植模式的土壤主要养分含量

处理	有机质（g/kg）			平均	全氮（g/kg） N			平均	全磷（g/kg） P			平均	全钾（g/kg） K			平均
	5°	15°	25°		5°	15°	25°		5°	15°	25°		5°	15°	25°	
NTM	17.4	15.0	14.6	15.7 Aa	0.9	0.9	0.9	0.9 Aa	4.7	4.4	3.3	4.1 Aa	13.4	15.2	17.3	14.6 Aa
PTM	16.0	14.5	13.0	14.5 Bb	0.9	0.9	0.9	0.9 Ab	4.1	3.7	4.5	4.1 Aa	15.2	15.2	12.8	14.4 Aa
TWM	15.1	13.5	12.8	13.8 BCc	0.8	0.8	0.7	0.8 Bc	4.5	4.1	3.8	4.1 Aa	13.9	13.3	18.0	15.7 Aa
TWMS	14.3	13.2	11.9	13.1 Cd	0.8	0.8	0.7	0.8 Bd	3.9	4.2	4.3	4.2 Aa	15.2	15.7	16.5	16.5 Aa

表6-15　试验结束时不同处理土壤速效养分含量

处理	速效钾（mg/kg）N			平均	有效磷（mg/kg）P			平均	碱解氮（mg/kg）K			平均
	5°	15°	25°		5°	15°	25°		5°	15°	25°	
NTM	110.0	117.5	102.5	110.0 Aa	20.2	18.2	18.0	18.8 Aa	169.0	166.1	157.9	164.3 Aa
PTM	107.1	103.1	97.1	102.4 Aa	18.2	17.5	16.5	17.4 Aab	156.6	149.7	150.9	15.4 Bb
TWM	114.6	92.5	87.5	98.2 Aa	18.3	17.1	16.9	17.4 Aab	136.0	136.0	132.1	134.7 Cc
TWMS	69.9	67.8	66.4	68.0 Bb	16.2	16.5	17.7	16.8 Ab	128.3	127.2	125.0	126.9 Dd

　　作物产值上，以"小麦/玉米/大豆"全程免耕全程秸秆覆盖模式三年平均总产值和纯收入最高，分别为18 809元/hm²，12 619元/hm²，较其他几个处理增幅分别为2.2%~20.6%，3.8%~32.9%，总体效益最好。总之，"小麦/玉米/大豆"新模式比"小麦/玉米/甘薯"能更好地保持水土，减少土壤侵蚀量和地表径流量，增加土壤肥力和作物产值（表6-16和表6-17）。

表6-16　不同种植模式条件下的三年作物平均产量　　　　（kg/hm²）

处理	小麦			平均	玉米			平均	大豆（甘薯）			平均
	5°	15°	25°		5°	15°	25°		5°	15°	25°	
NTM	3 160Aa	3 302Aa	3 299Aa	3 254Aa	6 610Aa	7 476Aa	6 443Aa	6 843Aa	2 039	2 208	2 039	2 096
PTM	3 230Aa	3 259Aa	3 110Aab	3 200Aa	6 755Aa	7 473Aa	5 554Aab	6 594Aa	1 936	2 345	1 906	2 063
TWM	3 086Aa	3 294Aa	3 065Aab	3 148Aab	6 085ABb	6 849Bb	4 999Aab	5 978ABb	1 782	2 164	1 697	1 881
TWMS	3 123Aa	3 019Ab	3 044Ab	3 062Ab	5 875ABb	6 143Cc	4 609Ab	5 543Bb	19 911	215 53	18 386	19 950

表6-17　不同种植模式下的三年平均产值、总成本及效益

处理	产量（kg/hm²）			年总产量（kg/hm²）	年产值（元/hm²）			年总产值	总成本	纯收入（元/hm²）
	小麦	玉米	大豆（甘薯）		小麦	玉米	大豆（甘薯）			
NTM	3 254	6 843	2 096	12 192	5 259	10 321	8 589	24 168 Aa	5 360	18 809 Aa
PTM	3 200	6 594	2 063	11 856	5 163	9 923	8 546	23 633 Aa	5 542	18 090 Aa
TWM	3 148	5 978	1 881	11 006	5 089	8 996	7 634	21 719 ABb	5 725	15 994 Ab
TWMS	3 062	5 543	19 950	28 554	4 965	8 347	5 877	19 189 Bc	6 570	12 619 Bc

（二）地四熟节肥种植模式

在原有三熟种植模式的基础上，开展了四熟养地农作模式的定位研究。设置"麦/玉/苕+大豆""麦/玉+豆/豆""麦/蚕豆+大豆/苕""麦/洋芋—花生/红苕"四种用养结合高效种植模式和对照"麦/玉/苕"种植模式共五个处理。分别在南充市嘉陵区龙泉乡五村丘陵一台地和二台以上坡耕地进行试验，一台地试验采用"双六尺"带比，小区面积32m²，二台以上坡耕地采用"双五尺"带比，小区面积26.8m²。两个试验点均设三次重复，随机区组排列，区间、重复间留走道0.5m。试验结果表明（表6-18）：几种模式的全年经济效益均较传统麦/玉/苕模式高。一台地"麦/芋—花生/苕"模式全年增收最多，较对照增加收入473.7元，增效64.51%，但该模式的成本投入也最高，是对照的1.54倍，其他三种模式较对照的增收效果差异不大（160~190元），"麦/玉/苕+大豆""麦/玉+豆/豆""麦/蚕豆+大豆/苕""麦/洋芋—花生/红苕""麦/玉/苕（对照）"五种模式的产投比分别为2.16、2.42、2.07、2.40和2.00，以"麦/玉+豆/豆"最高；二台地也以"麦/芋—花生/苕"模式收入最高，较对照增加收入289.5元，增效44.58%，"麦/玉/苕+大豆""麦/玉+豆/豆"模式次之，二台地五种模式的产投比分别为2.17、2.32、1.84、2.17和1.89，仍以麦/玉+豆/豆最高。经一个种植周年试验后对土壤耕作层（0-20cm）测定："麦/玉/苕+豆""麦/玉+豆/+豆""麦/蚕豆/大豆/红苕"三个模式的土壤容重均有不同程度下降，有机质、全N，速效N、P、K均有提高，"麦/洋芋—花生/红苕""麦/玉/苕"两个种植模式预留带的土壤容重、有机质、全N，速效N、P、K与试前基础测定值相当（表6-19）。

表6-18 全年粮食、蔬菜、饲料、经济作物产量及效益比较

（单位：kg/hm²）

处理	小麦	玉米	红薯	玉米间大豆	大豆	蚕豆	全年粮食 产量	全年粮食 增减	洋芋	花生	饲料	全年效益 投入	全年效益 产出	全年效益 纯收入	全年效益 增减
一台地 麦/玉/薯＋豆	2 968.5	5 956.5	3 741.0	/	888.0	/	13 554.0	856.5	/	/	9 606.0	11 635.5	25 204.0	13 569.0	2 554.5
麦/玉＋豆豆	2 947.5	6 444.0	/	607.5	1 770.0	/	11 769.0	-933.0	/	/	/	9 672.0	23 431.5	13 759.5	2 745.0
麦芋—花生/薯	2 926.5	/	4 455.0	/	/	/	7 381.5	-5 316.0	11 031.0	2 176.5	9 150.0	16 845.0	34 965.0	18 120.0	7 105.5
麦蚕豆—豆/薯	2 968.5	/	4 140.0	/	1 957.5	742.5	10 213.5	-2 334.0	/	/	9 150.0	9 649.5	23 184.0	13 534.5	2 520.0
麦玉薯（CK）	2 968.5	5 604.0	4 125.0	/	/	/	12 697.5	/	/	/	10 350.0	10 945.5	21 960.0	11 014.5	/
二台地 麦玉/薯＋豆	2 400.0	6 600.0	3 720.0	/	852.0	/	13 572.0	1 695.0	/	/	9 157.5	11 635.5	25 260.0	13 624.5	3 885.0
麦/玉＋豆豆	2 392.5	7 237.5	/	525.0	1 506.0	/	11 661.0	-216.0	/	/	/	9 672.0	22 474.5	12 802.5	3 063.0
麦芋—花生/薯	2 388.0	/	4 140.0	/	/	/	6 528.0	-5 349.0	8 800.5	2 085.0	9 262.5	16 845.0	30 927.0	14 082.0	4 342.5
麦蚕豆—豆/薯	2 374.5	/	4 065.0	/	1 522.5	807.0	8 769.0	-2 508.0	/	/	8 850.0	9 649.5	20 997.0	11 347.5	1 608.0
麦玉薯（CK）	2 299.5	5 362.5	4 140.0	/	/	/	11 877.0	/	/	/	9 300.0	10 945.5	20 685.0	9 739.5	/

注：小麦1.4元/kg，玉米1.52元/kg，红薯按5：1折原粮2.0元/kg，饲料（薯藤）0.1元/kg，大豆4.0元/kg，花生4.6元/kg，洋芋1.0元/kg，蚕豆3.0元/kg。

表6-19　一个种植周年后土壤养分变化表

试验点	取样日期	处理	容重 (g/cm³) 增减 (g/cm³)	有机质 (g/kg) 增减 (g/kg)	全氮 (g/kg) 增减 (g/kg)	速效氮 (mg/kg) 增减 (mg/kg)	速效磷 (mg/kg) 增减 (mg/kg)	速效钾 (mg/kg) 增减 (mg/kg)
一台地	2008.10.3	试前混合样	1.90 —	11.6 —	0.88 —	82 —	7.7 —	75 —
	2009.10.8	麦/玉/苕＋豆	1.78 -0.12	13.3 +1.7	0.95 +0.07	102 +20	7.9 +0.2	100 +25
		麦/玉＋豆/豆	1.77 -0.13	13.5 +1.9	0.98 +0.10	105 +23	7.9 +0.2	99 +24
		麦/芋－花生/苕	1.88 -0.02	11.5 -0.1	0.88 0	83 +1	7.8 +0.1	+100 +25
		麦/蚕豆－豆/苕	1.75 -0.25	13.5 +1.9	0.98 +0.10	105 +23	7.9 +0.2	99 +24
		麦/玉/苕（CK）	1.89 -0.01	11.3 -0.3	0.85 -0.03	80 -2	7.7 0	7.9 +4
二台地	2008.10.3	试前混合样	1.78 —	10.5 —	0.88 —	60 —	4.68 —	69 —
	2009.10.8	麦/玉/苕＋豆	1.76 -0.02	11.2 +0.7	0.92 +0.04	78 +18	5.54 +0.86	90 +21
		麦/玉＋豆/豆	1.75 -0.03	11.4 +0.9	0.95 +0.07	+79 +19	5.45 +0.77	88 +19
		麦/芋－花生/苕	1.79 +0.01	10.5 0	0.87 -0.01	62 +2	4.7 +0.02	89 +20
		麦/蚕豆－豆/苕	1.63 -0.13	12.0 +1.5	0.93 +0.05	82 +22	5.18 +0.5	+89 +20
		麦/玉/苕（CK）	1.78 0	10.4 -0.1	0.87 -0.01	60 0	4.70 +0.02	75 +6

参考文献

陈国阶. 1994. 四省自然资源优势与产业发展[J]. 自然资源学报，9（3）：200-211.

陈实，刘刚才，等. 2001. 论聚土免耕生态工程在川中丘陵区农业生态系统中的地位和作用[J]. 山地学报，19（增刊）：20-25.

段爱旺，沈银萱，崔文军，等. 1996. 页面喷施磷酸二氢钾对玉米杂交种掖单13幼苗水分利用效率的影响[J]. 作物学报，22（3）：382-384.

傅高明. 1996. 黑麦有机氮在土壤中矿化与淋洗的研究[J]. 土壤肥料（3）：1-6.

郭强，陈东梅. 2010. 四川现代农业进程研究[J]. 安徽农业科学，38（11）：5 960-5 962.

郭伟，邓虹. 2010. 麦/玉/苕+大豆"种植模式经济效益及养地效果初探[J]. 西南大学学报
（自然科学版），32（5）：6-9.

郭永明. 1991. 四川盆地紫色岩风化成土的研究[J]. 西南农业大学学报，13（5）：
527-530.

贺勇，郑全红. 1997. 成都地区种植制度的热量条件分析[J]. 四川气象（1）：24-25.

黄成毅，邓良基，李宏，等. 2008. 基于灰色系统理论的区域耕地供需动态变化预测与模
拟——以四川盆地中部丘陵区为例[J]. 四川农业大学学报，26（1）：64-69.

黄国勤. 2001. 中国耕作学[M]. 北京：新华出版社.

黄国勤. 2000. 中国集约型农作制可持续发展[C]. 南昌：江西科学技术出版社.

黄泽林，陈琦，任树友. 2003. 四川农田施肥现状评价与对策研究[J]. 西南农业学报，16
（增刊）：12-14.

邝中山. 2009. 微生物肥在烤烟上的应用效果[J]. 广东农业科学（6）：84-85.

李来胜. 1997. 四川盆地农业气候资源的合理开发利用[J]. 自然资源（1）：41-46.

李明伟. 1993. 旱地聚土耕作试验示范效果[J]. 湖北农业科学（1）：12-14.

李生秀. 1994. 施用氮肥对提高旱地作物利用土壤水分的作用机理和效果[J] 干旱地区农业
研究，12（1）：38-46.

李树军. 2009. 浅谈有机肥与化肥平衡施入[J]. 农村实用科技信息，8：19.

李仲明. 2001. 四川盆地可持续农业发展途径探讨[J]. 山地学报，19：9-13.

梁智，周勃. 2004. 滴灌施肥条件下长绒棉水肥耦合效应分析[J]. 中国棉花，31（8）：
6-7.

林葆，林继雄，李家康. 1994. 长期施肥的作物产量和土壤肥力变化[J]. 植物营养与肥料学
报，1：7-18.

刘斐，吕友利. 2010. 四川发展农业循环经济的现状及问题[J]. 再生资源与循环经济，3
（1）：25-28.

刘思春，张一平，高俊凤，等. 1996. 不同肥力水平下土壤—植物—大气连续系统水势温
度效应研究[J]. 西北农业学报，5（4）：49-53.

刘巽浩，韩湘玲. 1987. 中国耕作制度区划[M]. 北京：北京农业大学出版社.

刘永红，曾祖俊，何国亚，等. 1993. 四川盆地旱粮持续增产与耕制改革[J]. 西南农业学报
（3）：62-68.

刘永红，汤永禄，梁远发，等. 2007. 四川盆地2.5熟产粮22.5t/hm2种植技术研究[J]. 耕作
与栽培（4）：12-13.

刘玉杰，杨艳昭，封志明. 2007. 中国粮食生产的区域格局变化及其可能影响[J]. 资源科

学，29（2）：8-14.

刘媛媛. 2005. 有机无机肥交互作用对设施土壤养分和盐分含量变化的影响[D]. 成都：四川农业大学.

马红菊，李淑文，等. 2007. 聚土集水措施下小南瓜耗水特征及产量效应[J]. 河北农业大学学报，30（2）：32-62.

牟锦毅，赵玉庭，刘述斌. 2002. 四川旱地宽带改制多熟种植技术研究与应用[J]. 西南农业学报，15（3）：43-46.

庞学勇，刘世全，等. 2002. 四川盆中丘陵坡地保土抗旱措施探讨[J]. 山地学报，20（3）：338-342.

孙晓辉. 2002. 作物栽培学（各论）[M]. 成都：四川科学技术出版社.

汤永禄，黄钢，郑家国，等. 2007. 川西平原种植制度研究回顾与展望[J]. 西南农业学报，20（2）：203-208.

田军仓，郭元裕. 1997. 苜蓿水肥耦合模型及其优化组合方案研究[J]. 武汉水利水电大学学报，30（2）：18-22.

田茂洁. 2004. 土壤氮素矿化影响因子研究进展[J]. 西南师范大学学报（自然科学版），25（2）：36-40.

王翠玲，郭世昌. 2000. 旱棚控制条件下的水肥耦合效应[J]. 南京农专学报，16（2）：39-47.

王建，吴军. 2005. 四川盆中丘陵区坡耕地的水土流失与粮食增产措施[J]. 四川水利，2：46-48.

王立祥. 2003. 农作学[M]. 科学出版社.

王庆安，谭婷，杨渺. 2008. 四川省农业生产环境因素——化肥施用状况宏观分析[J]. 四川环境，27（16）：18-24.

王艳杰，邹国元，付桦. 2005. 土壤氮素矿化研究进展[J]. 中国农学通报，21（10）：203-208.

王振健，李如雪，邓良基. 2003. 四川省耕地资源可持续利用与粮食安全对策[J]. 国土与自然资源研究，4：29-30.

王振健，李如雪，邓良基，等. 2003. 四川省耕地资源可持续利用与粮食安全对策[J]. 国土自然资源研究，4：29-30.

魏朝富，陈世正，谢德体，等. 1995. 长期使用有机肥对紫色水稻土有机无机复合性状的影响[J]. 土壤通报，32（2）：159-166.

夏建国. 2005. 四川农业水资源评价及优化配置研究[D]. 重庆：西南农业大学.

肖自添，蒋卫杰，余宏军. 2007. 作物水肥耦合效应研究进展[J]. 作物杂志，6：18-22.

谢庭生，谢树春，魏晓，等. 2004. 四川盆地综合农业发展方向与建设途径[J]. 经济地理，

4（1）：95-99.

熊见红. 2004. 长沙市农业干旱规律分析及旱情预报模型探讨[J]. 湖南水利水电，3：
　29-31.

徐振剑，华珞，蔡典雄，等，. 2007. 农田水肥关系研究现状[J]. 首都师范大学学报（自然
　科学版），28（1）：83-88.

杨文钰. 2000. 试论四川盆地持续农业的发展对策[J]. 四川农业大学学报，18（3）：
　277-280.

雍太文，任万军，杨文钰，等. 2006. 旱地新3熟"麦/玉/豆"模式的内涵、特点及栽培技
　术[J]. 耕作与栽培，6：48-50.

袁可能. 1981. 土壤有机矿质复合体研究[J]. 土壤学报，18（4）：12-13.

张碧，张素兰. 2004. 四川省农业资源开发利用现状及可持续利用对策[J]. 成都信息工程学
　院学报，19（4）：579-583.

张建强，刘小兵，杨红薇. 2003. 论四川发展生态农业和保护农业生态环境的对策[J]. 四川
　环境，22（3）：19-22.

张晋科，张凤荣，张迪，等. 2006. 2004年中国耕地的粮食生产能力研究[J]. 资源科学，
　28（3）：44-50.

张奇，杨文元，等. 1997. 川中丘陵小流域水土流失特征与调控研究[J]. 土壤侵蚀与水土保
　持学报，3（3）：38-45.

张素兰，王昌全，高成凤. 2007. 四川省农业资源开发利用变化特征[J]. 西南农业学报，20
　（4）：676-680.

赵齐阳，邓良基，张世熔. 2002. 四川省土地退化的现状及防治对策[J]. 四川农业大学学
　报，20（4）：357-361.

赵燮京，刘定辉. 2002. 四川紫色丘陵区旱作农业的土壤管理与水土保持[J]. 水土保持学
　报，16（5）：6-10.

第七章　西南中高原区节水节地培肥型农作制

第一节　西南中高原区农业资源利用现状与问题

西南中高原区北起秦岭南麓，南至中亚热带与南亚热带分界线，西界青藏高原，东止巫山、武陵山。包括秦巴山地、渝鄂湘黔丘陵山地、云贵高原与川西高原。共包括陕西南部、鄂西、湘西、四川盆地周围地区、贵州、云南等288县，耕地650.9万hm²，人均耕地0.077hm²。一般平坝及丘陵低处为水田，丘陵山区上部坡地为旱地，水旱交错，农业立体性强。该区受太平洋、印度洋气流影响，年降水量800~1 400mm，年均温度大于15℃，≥0℃积温4 600~6 200℃，≥10℃积温4 000~5 500℃，无霜期250~280d。本区光照条件差，属太阳辐射低值区。大部分地区为黄壤红壤地带，只有秦巴山区与汉水河谷属黄棕壤地带，土壤肥力不高。本区主要作物有水稻、玉米、小麦、薯类、油菜、烟叶等。水田以一年两熟为主，旱地为两熟、套作三熟或一熟，平均复种指数为158%。

西南中高原区境内山高坡陡谷深、地形崎岖破碎、生态环境脆弱，环境承载力低下，给当地农业生产和人民生活带来诸多的困难，至今仍是全国贫困地区主要聚集地区之一。该农业区水资源和森林资源丰富，生态的屏障地位十分重要，该区又是我国少数民族聚居的主要地区，全国重要的农、林、牧业生产基地，因此，实现该区农业的可持续发展，对促进全国农村经济的繁荣、人民的富裕和民族团结，巩固农、林、牧生产基地具有重要的经济意义和政治意义。

一、西南中高原区农业资源利用现状

一个地区要实现农业的可持续发展，必须首先研究该地区的农业资源与农业生态环境特征对农业生产的影响和制约程度；其次，人们在长期的农业

实践中，也深深打上环境特征的烙印，从而形成了农业的区域特点，充分认识和发挥农业区域特点，正是扬长避短，发挥农业资源优势所在；第三，良好的生态环境是农业发展的重要条件和基础。由于人类社会频繁的经济活动对农业资源和农业环境因素给予了强烈的影响，改善或者破坏着农业资源环境，在一定程度上促进或是期约着农业资源的高效利用效率和转化效率，影响着农业的可持续发展。

（一）农业自然资源

本区处于我国地形的第二级阶梯上，多数地区海拔1 000~2 000m，相对高差一般为200~500m，高的可达700~1 000m。极端最高处玉龙雪山5 596m，最低处的河谷区在200m以下，绝对高差在5 000m以上。本区农业立体性强，区内西高东低，存在比较明显的四级阶梯：铜仁、玉屏一线以东，海拔600m以下的丘陵为第一级，向西进入贵州高原海拔800~1 400m地区为第二级，再向西进入云南高原海拔1 600~2 200m地区为第三级，再往西北越过金沙江河谷，进入川西南高原与横断山地，海拔一般在2 500~3 000m为第四级。

区内由于地势、地形的差异，构成了本区5个较大的地貌单元区，即：

（1）川西南高原与横断山区，地势最高深切割，相对高差1 000~2 000m，山地气候冷凉，河谷区的宽谷盆地农业条件较好。

（2）云南高原，多为丘原，地势平缓，大坝较多，如昭鲁坝、昆明坝、陆良坝、楚雄坝、保山坝、丽江坝等，海拔1 600~2 500m，以2 000m左右的滇中高原画积为最大。

（3）贵州高原，岩溶面积大，地形破碎，坝子很小，海拔800~1 400m。

（4）渝鄂湘黔山地丘陵，河谷、丘陵区海拔300~500m，山顶海拔一般600~1 000m，个别山体高达2 200m，是本区热量条件景好的区域。

（5）秦巴山地，包括秦岭、米仓山、大巴山区，海拔一般为1 000~2 000m，太白山为3 767m，汉水盆地海拔500~700m。这种地貌差异，成为区内农业地域分异的基本因素。

本区纬度较低，南部接近北回归线，绝大部分地区处于北中亚热带气候的纬度内，加之北有秦岭、大巴山两道屏障阻挡寒潮侵袭，热量条件较好，年均温一般在15℃，>0℃积温4 600~6 200℃，≥10℃积温4 000~5 500℃，多数为4 500~5 000℃。其中，云南高原年均温14~18℃，≥10℃积温4 200~5 000℃。贵州高原年均温14~16℃，≥10℃积温4 000~5 000℃。

川西南高原原年均温11~14℃，≥10℃积温2 500~5 000℃。秦巴山地年均温10~14℃，≥10℃积温3 500~5 000℃。渝鄂湘黔山地丘陵年均温16~16.5℃，≥10℃积温5 000~5 300℃。本区适于水稻、玉米、薯类、小麦、油菜、蚕豆等多种作物生长，实行一年二熟制或"旱三熟"制。金沙江河谷、南盘江红水河河谷等地势低的河谷区，为反垂直带气候，具有南亚热带气候特征，年均温19~21℃，≥10℃积温在6 000℃以上，可种植双季稻、甘蔗、香蕉。地势较高的地区，只能一年一熟，高寒地区已是寒温带气候，只能种喜凉作物，如马铃暮、荞麦、燕麦、青稞等，多为一年一熟制。

本区由于受低纬度、高海拔及秦岭、大巴山对寒潮的阻挡等因素的影响，形成冬暖夏凉，年较差较小的气候特点。冬季比同纬度的长江中下游区的平均温度高1~4℃，1月平均温度4~9℃，多年极端最低气温平均多在-6~-3℃。冬作物生长期的气温高于长江中下游区，夏收作物早熟15~25d。夏秋季的温度强度不够，7月平均气温昆明为19.8℃、玉溪21℃、保山21℃、大理23℃、贵阳24℃、遵义25℃、西昌22.7℃、会理21.2℃，即在20~25℃，而同纬度的长江中下游区为27.5~30℃。水稻等农作物的生育期较长，且秋季降温快，秋收作物生长季的条件比长江中下游区差。积温的有效性差，如杭州≥10℃积温为5 079.9℃，可以实行冬作双季稻三熟制，云南玉溪≥10℃积温5 014.9℃，四川西昌为5 245℃，贵州贞丰为5 027℃。这些地区则不具备种植双季稻的气候条件，而是一季中稻区，实行冬作物与水稻一年二熟制。

本区与太平洋、印度洋的距离大致相等，兼受两洋气流的影响，年降水较多，大部分地区平均年降水量1 100mm左右。在高原的边缘及山地的迎风面阵雨较多，形成多雨中心。云南西北的贡山达到1 300~1 600mm，云南罗平达到1 700mm，贵州的织金—兴义一线为1 400~1 670mm，都匀—丹寨一带为1 400~1 500mm。云南西部地区的河谷区与地形闭塞区少雨，宾川—元谋一线，年降水量仅500~600mm，峨山—新平为700~800mm。贵州威宁、赫章、毕节降水为850~950mm。年降水量能满足一年二熟制需要，但降水的季节分布不均，农业受旱灾的威胁很大，成为导致年际间农作物总产量丰欠的主导因素。云南高原与川西南高原由于受西风南支气流及西南季风的交替影响，干湿季交替明显，冬春干旱的季节长。从10月下旬至次年5月下旬为旱季，降水量仅为年降水量的15%，故形成冬作物以小麦、蚕豆为主的作物布局，喜湿的油菜种植面积较少。5月下旬至10月中旬为雨季，有利于秋收作物稳产丰收。贵州高原全年湿润，年平均降降水160~220d。尤以冬季小雨日多，湿度大，对油荣生长有利，小麦生长的条件较差。夏秋降水多，对秋收作物有利，但伏旱比较严重，造成秋收作物产量不稳定。渝鄂湘黔山地丘陵区春雨多，小麦拔节至抽穗期降雨200~300mm，抽穗期多雨，造成小麦赤霉病严重，故冬作物以油菜为主，夏季伏旱更严重。秋收作物一般采用早中熟品种以避开伏旱的威胁。

　　区内日照强度差异很大，云南高原与川西南高原较强，年总辐射量28~33kJ/cm²，年日照时数1 800~2 600h；贵州高原为全国低日照中心区之一，年总辐射量19~24kJ/cm²，年日照时数1 000~1 400h。光照资源较差，对作物布局有一定的影响。

　　本区地带性土壤主要为红壤、黄壤及少量的黄棕壤。非地带性土壤主要有石灰性土壤与紫色土。稻田面积约占耕地的40%，主要集中于坝区、沟谷、河谷阶地，也有较大面积的山地梯田。由于稻田所处的地形、母质等的不同，主要有黄泥田、胶泥田、鸭屎泥田、砂泥田、紫泥田、冷浸田等。本区红壤、黄壤面积大，土壤肥力较低，"酸、黏、瘦、薄"等低产田土面积较大。贵州低产田的比例占30%~40%，云南旱地红壤有25%的有机质低于1%，稻田有1/3的低产田。陡坡开垦比较严重，贵州的旱地中，坡耕地占78.2%。其中坡度25°~35°的占15.5%，35°以上的占8.32%，部分地区开荒到山顶，坡度垦到45°~60°。少数边缘地区仍有刀耕火种轮歇耕制，加之森林覆盖率低，水土流失较严重，流域的侵蚀模数达到1 000~5 000t/（km²·年），部分地区滑坡与泥石流常有发生。云南的小江流域是我国泥石流最频繁和危害最严重的地区之一。云南的澜沧、南涧一带以及贵州毕节地区、六盘水市等水土流失严重，红水河的含沙量居全国第二位。严重的水土流失使耕层变浅，土质变粗，养分淋失，肥力下降，严重制约着山区农业生产的发展。

　　本区是我国岩溶地貌最集中的地区之一，贵州省岩溶区占总土地面积的75%，云南占44%，四川盆地的盆边山区占13.8%。岩溶区生态环境较脆弱，石灰岩风化慢，成土过程迟缓，土层较薄。加之地下河、落水洞、溶斗的发育，不易蓄水，地表水少，地下水渗漏流失严重。抗旱能力弱，短期不下雨，即易造成旱灾。如贵州在夏季一周不下雨就出现轻旱，两周不下雨就出现旱情，三周不下雨就会出现较严重的旱情，对农业生产影响较大。

　　（二）农业社会资源

　　农业社会资源，即农业社会经济条件，对农业自然资源利用和农业生产力发展有着重要的意义。社会、经济和技术因素中可用于农业生产的各种要素，主要包括人口和劳动力，农业物质技术装备，城市、工业、运输、通讯等发展状况，农业资金条件，农村经济体制和农业经济政策、法规、信息与管理等。西南中高原区农业社会资源具有如下特点：人口众多，农业人口比重大，由于人地矛盾突出，农村剩余劳动力数量庞大，尽管劳动力后备资源相当丰富，但受教育程度不高；农业技术装备条件逐步改善，但仍有待提高，近年来，农用机械总动力与农村用电量逐年增加，从农业机械化装备来看，大型农机数量呈下降趋势，而小型机械化设备逐年增加，特别是农用水泵、机动脱粒机、农用运输车等呈明显增加，但与发达农业区相比，仍存在较大差距；随着交通运输以及通讯事业的发展，农村运输和通讯条件有了较大改善。这为农业信息的发布和农业技术的快速推广提供了支撑，但由于山区地形地貌的限制，乡镇及农村交通落后的面貌尚未得到根本改变。

二、西南中高原区农业资源利用存在的问题

本区地形复杂，人口众多，人地矛盾突出。2008年云南总耕地面积607.21万hm²，总人口4 543万，人均耕地0.13hm²，比全国平均值高44%；贵州2008年有耕地面积436.62万hm²，总人口3 960万，人均耕地0.11hm²，比全国平均值高22%。但是落后的生产条件限制了该区农业资源的开发。

（一）耕地面积减少，人地矛盾加剧

在西南中高原地区，农业生产结构中仍然以粮食生产为主，人口的逐年增长使得人地矛盾加剧。云贵高原岩溶石漠化主要发生在坡度较陡的旱作区。据对乌江流域的遥感观测，该流域1989年以来新增石漠化面积均由陡坡旱耕地演变而来，因此石漠化面积的扩大，必然意味着可耕地面积的大幅度减少。西南岩溶旱区落后的生产方式对自然生态系统有着不利影响，这固然与当地农民的素质和环境意识密切相关，但更主要的是人口增长超过了土地的承载力，使得人地矛盾加剧，可耕地面积进一步减少的后果。

（二）水资源短缺，水资源利用开发难度大

尽管西南地区水资源总量比较丰富，但地区间分布严重不均，且开发利用率很低。如考虑水资源开发利用率，其人均和地均水资源的实际利用量低于全国平均水平。总体来看，本区水资源利用面临以下主要问题：

（1）严重的水土流失　本区山地面积广，地形起伏大，加之降水分布不均、强度大、多暴雨，造成严重水土流失。对土地资源过度垦殖造成森林植被破坏、陡坡种植普遍，使水土流失进一步加剧，农田土层变薄，生态环

境逐步恶化。据调查，西南五省（市、区）的水土流失面积约51.4万km²，占全国水土流失总面积（173.99万km²）的29.54%。另据观测，长江上游水土流失面积35.2万km²，年土壤侵蚀量达16亿t，年均土壤侵蚀量相当于每年33.3多万hm²耕地丧失耕作层。

（2）水资源开发难度大，工程性缺水严重　西南地区虽然水系发达，人均水资源和地均水资源相对较丰富，但由于地形错综复杂，山地、丘陵比重很高，如四川、重庆、云南、贵州的山地丘陵占土地面积的比重分别达94.7%、97.6%、94.0%和97.0%，造成田高水低，水资源开发利用难度大，水利工程建设基础相当薄弱，水资源供需矛盾突出。由于缺乏控制性水利工程，西南地区水旱灾害频繁，使农业生产经常遭受重大损失。

（3）水资源污染问题愈来愈突出　随着城市和工业的逐步发展，以及农业和农村面源污染的日益加剧，地表水与地下水资源环境呈恶化趋势。据1999年长江片水资源公报，在西部地区约10 000km的河长中，超过水环境质量标准Ⅲ类水的河长达1 500km，占15%。2000年第三季度监测长江各断面水质情况，长江西部16个断面有11个断面优于Ⅲ类水质，而5个断面劣于Ⅲ类水质。在西南诸河全年期总评价的8 869km河长中，劣于Ⅲ类水的河长占总评价河长的10.2%。全国三大重点治理湖泊之一的滇池，至今仍属超Ⅴ类水。水污染问题不仅影响当地的水资源开发利用，而且对流域下游的生态安全构成严重威胁。

（三）耕地质量差，土地生产效率低

由于地形地貌的影响，该区农业生产大多处于广种薄收的状态，特别是贵州，耕地资源具有"少、瘦、薄、碎"的特点。"少"就是人均耕地少，特别是人均旱涝保收耕地少，宜耕后备资源匮乏，耕地资源珍贵；"瘦"就是耕地肥力低，保肥供肥能力差，中低产田占耕地总量的70%以上；"薄"就是土层浅薄，坡耕地多，水土流失严重和石漠化程度高；"碎"就是土地破碎，山地面积占61.7%，丘陵地面积占30.8%，山间平地占7.5%，集中连片耕地少。

（四）农业资源优势没有得到有效利用

虽然该区可耕地资源少，但非耕地资源丰富，西南高原山地畜牧业发展的资源潜力很大。在科学合理饲养密度下，畜牧业有较好的生态环境效益和中短期经济效益，易于被广大农民接受。特别是在退耕还林计划实施区域，优先发展林草结合的畜牧业具有明显高于单纯林业生态建设的经济效益。另

外，该区的生物资源也非常丰富，林业、中草药生产均具有巨大的潜力。但是目前这些具有优势的农业资源还没有得到充分、高效的开发利用。

（五）农业生产仍以粗放经营为主

由于该区的农业基础设施薄弱，农户生产与市场有时发生脱节，农户生产的目的主要是满足自己与家庭的生存需要，追求粮食产量的最大化。另外该区自然条件恶劣，农耕作业条件相对落后，农业劳动强度大，迫使农户生育更多的子女以减轻劳动负担和分散养老风险，进而加速人口增长，增加粮食供给压力，造成耕地面积持续减少、陡坡耕地比重大、毁林开荒现象普遍发生。

（六）农业现代新技术应用缓慢

长期以来，西南高原地区自然生态环境恶劣，农耕生产条件差，农民收入少，生活贫困。农业劳动力文化素质低，对新技术难以消化吸收，从而增加了新技术推广应用的成本，而农户经济承受能力弱，没有能力承担采用新技术的风险。因而，许多农民不能接受新技术和新观念，在科技示范推广活动中缺乏主动性、积极性，导致西南高原地区农业生产长期停留在以粗放耕作为主的传统农业阶段，生产效益低下。

第二节　西南中高原区粮食生产现状与潜力

一、西南中高原区粮食生产现状与未来需求

本区总土地面积$65 \times 10^4 km^2$，耕地9 763万亩，其中稻田占31%左右，旱地约占69%，人均耕地一亩左右。地形地貌复杂，垂直高差变化大，立体农业特征显著。2009年农业产值结构为：种植业占63.69%、林业占9.47%、畜牧业占34.84%。这一结构说明，林业与畜牧的比例低于全国平均数（2009年全国林业占44.54%，畜牧业占35.97%），林牧业具有很大的发展潜力；种植业的基础虽然较差，但仍是农村经济的主体，主要作物有水稻、玉米、小麦、油菜、薯类、烟草、大豆。种植面积较少的作物有大麦、蚕豆、豌豆、甘蔗、荞麦、燕麦、花生、向日葵、芝麻、红麻、黄麻、苎麻、绿肥及中药材等。作物熟制以一年二熟制为主体，一年一熟制的比重较大，一年三熟制有少量分布。

粮食作物播种面积占农作物总播种面积的85.6%，粮食作物以水稻、玉

米为主，两者约占农作物总播种面积的50%以上。小麦的地位也比较重要，占总播种面积的14.6%，以秦巴山地与汉中盆地区的小麦比重为最大，云南高原次之。薯类面积约占12.5%，海拔较低地区（800m以下）以甘薯为主，海拔较高地区1 600m以上）以马铃薯为主。大豆则面积较小，仅占3.5%，且多与玉米间混作。

水稻以单季中稻为主。西南地区双季稻的面积很小，仅在低热河谷区有少量种植，面积仅占水稻种植的1%~3%。一季中稻面积占97%~99%，大多数地区为单季中稻区，以籼稻为主，实行稻麦、稻油、稻蚕豆一年两熟，高寒地区以粳稻为主。

目前，西南中高原区粮食供需矛盾突出。如在2000—2008年，云南省农作物总播种面积由578.60万hm²增加到605.62万hm²，粮食作物播种面积由423.87万hm²减少到409.59万hm²，粮食作物面积比重由73.3%下降到67.6%；粮食总产量由1 467.8万t增加到1 518.6万t，增产幅度为3.5%；人均粮食由342.3kg下降到335.0kg，下降幅度为2.1%。同期，贵州省农作物总播种面积由469.67万hm²减少到461.94万hm²，粮食作物播种面积由315.13万hm²减少到291.96万hm²，粮食作物面积比重由67.1%下降到63.2%；粮食总产量由1 161.3万t减少到1 158.0万t，减产幅度为0.3%；人均粮食由329.4kg下降到307.0kg，下降幅度为6.8%。按人均400kg的需求标准，云南、贵州两省2008年粮食自给程度分别只有83.8%和76.8%。预测结果表明（表7-1），未来20年（2010—2030年）西南中高原区的大部分区域仍将面临严峻的粮食供需矛盾。

表7-1 云南、贵州两省2010—2030年粮食需求预测

年份	省区	总人口（万）	人均粮食需求标准（kg）	粮食需求（万t）	粮食预测产量（万t）	自给度（%）	余缺（万t）
2010	云南	4 738	400	1 895	1 658	87.5	-236
	贵州	4 090	400	1 639	1 260	77.1	-379
2020	云南	5 240	400	2 096	1 889	90.1	-206
	贵州	4 200	400	1 680	1 350	76.4	-350
2030	云南	5 741	400	2 296	2 087	90.9	-209
	贵州	5 300	400	2 120	1 802	85.0	-318

二、西南中高原区粮食增产潜力

(一) 影响粮食增产潜力的要素分析

由于人增地减，农业生产基础较弱，自然灾害频繁等诸多因素的影响，在粮食需求的压力不断增大的状况，西南地区粮食生产发展仍是一项长期而艰巨的任务。应合理利用该区农业资源和有利条件，加强粮食综合增长能力建设，构建粮食生产的长效机制，充分发挥以下农业生产潜力。

1. 耕地资源潜力

严格建立耕地保护制度，确保粮食发展。首先，认真按照《基本农田保护制度》，严格土地利用规划，努力提高耕地占土地总面积的比例，奠定粮食持续稳定增长的基础。其次，加强以水利建设和实施坡改梯工程为重点的基本农田建设，增强抗御自然灾害的能力，提高耕地质量。第三，加强以培肥地力为中心的中低产田（土）改造，全面提高耕地肥力。通过增施有机肥，大力发展绿肥，推行秸秆还田，结合进行"瘦变肥、薄变厚、坡变梯"的土地整治和推广等高带状种植、绿肥聚垄、免耕栽培、生物固埂等措施，从根本上改善土壤环境，提高单产。第四，加强防治土地水土流失，合理开发后备耕地资源。农业发展要根本解决长远的粮食问题，有效地增强粮食发展后劲，必须树立依靠全部土地的观点，合理开发"四荒"耕地。

2. 生态条件潜力

该区总的来说由于受亚热带季风湿润气候的影响，气候较温暖，冬无严寒，夏无酷暑，无霜期长，雨量充沛，为农业综合开发与粮食生产提供了极为有利的条件。

3. 生产条件潜力

开发冬季农业，利用冬闲耕地扩大复种面积；利用秋粮收后的时空，增种一季晚秋粮食作物；利用热量条件较好的区域，完善改制力度，增加粮食产量。旱地可利用间套作多熟制，扩大两熟与三熟或三熟四作面积。

4. 科学技术潜力

加快粮食品种更新步伐，提高种粮效益。生产实践证明，采取更换和更新粮食作物品种在多项增产技术措施中，可起到15%以上的作用；坚持良种良法，普及推广先进适用技术，提高粮食单产；突出抓好稻、玉、芋、麦作物生产，确保粮食总量稳定增长。

（二）开发粮食生产潜力的途径

基于西南中高原区的自然条件，开发该区粮食生产潜力应该从以下几个方面着手。

1. 积极发展旱地分带轮作多熟制度，提高复种指数

旱地分带轮作多熟制度促进了旱粮的发展。贵州高原属于典型的喀斯特地形地貌，没有平原支撑，旱地多于水田，旱地约占总耕地面积的58%，旱粮以玉米、小麦、薯类为主，由于坡地多、耕层薄而瘦、基础较差，加上投入少、种植技术落后，长期以来旱粮生产水平很低，单位面积产出少，劳动生产率低。从20世纪80年代初期开始，贵州、重庆等地狠抓了以麦／玉／薯一年3熟为主的旱地分带轮作多熟制的推广，实践证明，3熟比2熟年单产增加30%~50%。

2. 注重粮食作物种群内在生产力的提高，加大科技创新力度，增强农业科技对粮食生产的支撑作用

包括粮食作物种群在内，所有的农业生物种群的内在生产力，应是环境能以实现的最大生产力的基础。我国农业科技发展的历史证明，良种、良法的配套应用是粮食生产能力不断提高的强大动力。矮化育种技术、遗传育种技术、生物技术、信息技术等，每一项农业技术的突破，都带来了粮食生产能力的提升。作物品种的更新换代与粮食生产水平的提高密切相关。因而，要针对该区的自然条件状况，培育和推广抗逆性强、优质、产量高的作物品种。

3. 控制坡耕地农田径流的非目标性输出

该区农田主要是坡耕地，受制于地形地貌，自然降水相当程度地化作地表径流，随坡逐流侵蚀土壤，使有限的降水和宝贵的土壤化作非目标性输出，导致农田旱薄相连，水分利用效率低下。因此，要借助于农业工程、生物和农业技术控制径流，提高降水利用效率，缓解水土流失，改善生态环境，来提高粮食生产能力。

4. 重视耕地质量建设，提高耕地对粮食生产的保障能力

一是要加强耕地的土壤肥力建设，通过科学合理利用有机肥料和平衡施用化肥，提高耕地有机质含量和肥料利用率，还要处理好工程措施、生物措施和耕作措施的关系，注重耕地的用养结合，提高耕地的保水保肥能力。二是要加强耕地的污染治理工作，实施作物秸秆、畜禽粪便还田，"变废为宝"，处理好城乡生活垃圾、工厂排污等问题，禁止使用"三高"农药，减

少和杜绝耕地污染来源，净化耕地，保证耕地的可持续利用。三是要加强农田水利等农业基础设施建设，健全和完善农田排灌系统，建设一批具有区域特色的小型实用的水利工程，减少旱涝灾害对粮食生产的影响，加强节水设施建设，提高我国农业用水的利用率。四是加强农业生态建设，抓好耕地周边山地的退耕还林、还草工作，防止水土流失，抓好田间道路、农田林网、生态防护林的建设，改善耕地环境。

第三节　西南中高原节水节地培肥型农作制途径

一、西南中高原区节水型农作制途径

针对西南地区水资源状况和季节性干旱的气候特点，在农业生产中除了运用工程措施加强水资源开发利用、运用生物措施提高农作物抗旱性能等手段外，还要通过保护性耕作、节水灌溉、化学抗旱等措施，构建与本区农业资源状况相适应的节水型农作制度，以达到抗旱节水、防灾减灾的目的。

（一）以保土保水为重点的保护性耕作技术

西南地区农业生态环境脆弱，水土流失严重。对于占耕地面积一半以上的旱作坡耕地而言，土层浅薄、保水保土能力差，成为农业生产发展的重要制约因素。对此，推行保护性耕作措施，控制农田土壤、水分和养分的流失，是节水型农业的重要方面。

对本区而言，推行横坡耕作、植物篱护边、垄作、秸秆覆盖、地膜覆盖等技术，均有良好的保土保水效果。在横坡垄作耕作的基础上，提出的适合于本地区以及各丘陵山地坡耕地的聚土免耕垄作法、格网式垄作法和"目"字型垄作法等耕作技术，其共同特点是尽可能多地拦截降水使其就地入渗，变超渗产流为蓄满产流，变地表径流为地下径流，提高土壤的含水量。试验表明，格网式垄作、横坡垄作覆盖与横坡垄作相比，每年可分别减少地表径流61%和50%，节水抗旱效果十分显著。

在农田覆盖技术方面，地膜和秸秆覆盖是改善农田小气候的重要措施之一，不仅具有明显的保墒蓄水、防止蒸发、减少径流、保持水土的功能，还有保护土壤结构、调节地温、抑制杂草等多种作用，是旱地农业中一项行之有效的耕作栽培技术措施。对于"麦—玉—薯"三熟制，利用小麦秸秆对玉米苗期覆盖、玉米秸秆对甘薯封垄后的全田覆盖，从技术、成本和实用的

角度讲，这两种覆盖是最为有效和最易推广的覆盖方式。多熟条件下的周年覆盖技术研究结果发现，无论是"小麦—水稻—秋菜"模式或"马铃薯/油菜—水稻"模式，采用周年免耕、作物秸秆全部还田技术，平均周年节水2 600m³/hm²以上，增加经济效益15 000~21 000元/hm²，实现了节水高产高效。在季节性干旱严重的丘陵地区进行的稻田麦秸覆盖节水效应研究发现，等面积的小麦秸秆全量覆盖宽行的技术模式，可节水30.4%，增产5.88%，水分生产率提高0.52kg/m³，灌溉水的水分生产率提高1.24kg/m³，全程节本增效1 129.7元/hm²。

（二）以水资源高效利用为重点的节水灌溉与集雨补灌技术

西南地区因受复杂的地形地势所限，农业水资源利用呈投资大、效益低的状态，因此，对于灌溉农田尤其是山旱地，应积极发展节水灌溉。旱地灌溉方式应以软管浇灌和微型自压喷、滴灌为主，具体灌溉方式应根据地形和种植作物种类进行选择。对于多年生经济作物，利用自然地势落差，以滴灌为主进行灌溉；蔬菜作物和常规旱地作物。利用自然地势落差，结合小型加压设备进行喷灌。经济条件差的地区可采用软管浇灌，解决季节性干旱的灌溉。

此外，大力发展旱坡耕地集雨补灌工程，是开源节流、实现降水资源时空调配、提高区域降水资源化程度、增强旱地农作系统抗御自然灾害能力的有效途径。贵州省自1986年开始发展以小水窖、小水池、小山塘为主的"三小"微型水利工程，到2002年累计建设微型水利工程50万个，年可供水量近5 300万m³，解决了8.67万hm²旱地补灌用水。实践证明，"三小"工程具有投资少、就地取材、技术简单、管理方便等特点。通过实行集水工程与坡改梯、人畜饮水、水土保持、节水灌溉工程的结合，为贵州发展旱坡耕地农业生产提供保障，为种植业调整奠定基础。

（三）以提高农作物抗旱性能为重点的化学抗旱保水技术

化学抗旱保水技术是利用抗蒸腾剂、地面蒸发抑制剂、吸水剂等化学物质，通过调控植物叶面气孔开张度以降低蒸腾强度，促进根系发育以增强作物吸水能力，增强土壤蓄水保墒性能以扩大土壤水库容量，抑制地表蒸发以减少水分无谓消耗等方式，达到抗旱、节水、增产、增效的目的。据研究，利用"抗旱剂1号"、"旱地龙"等对农作物拌种、浸种或叶面喷施，可使农作物增产5%~20%，产投比达10~20：1。利用聚乙烯醇树脂等高分子有机聚合物可有效提高土壤的保水能力。化学抗旱保水技术具有使用方法简便、使用时期灵活的特点，对于季节性干旱区而言，可根据不同年份干旱发生的时期、干旱等级和不同作物的生长发育特性，进行灵活安排使用，以适应季节性干旱的波动性和变异性。

二、西南中高原区节地型农作制途径

（一）以农业资源合理开发为重点的立体农业技术

西南地区土地立体性显著，具有农林牧立体布局、综合发展的优势。以重庆市涪陵区紫色土丘陵坡地为例，该区农业资源开发利用以坡地水保型立体生态农业模式为主，同时配合坡地旱田和坡地"三田"（坑田、条田、垄槽田）的水土保持型立体种植模式。具体做法：上层（山顶或高坡带）为保护层，采用林木和草本覆盖，主要起到防止水土流失的作用；中间为半开发保护层，此层因地营造各种针阔叶混交用材林或部分经果林，合理布局增加经济收入；下方山脚为综合开发利用层，该层以农为主，种植粮、油、茶、桑、果、菜、药、绿肥等，同时发展农户养殖猪、牛、羊、鸡、鹅等畜禽，形成典型的果—草—畜水土保持型立体农业模式。通过合理布局，实现山顶发展生态防护林，山腰发展名特优新经济林或速生林，山脚、沟谷主要发展粮食生产，形成一个山顶戴顶"绿帽子"、山腰系条"金带子"、山下建个"粮屯了"的可持续的农林复合生态经济系统，既提高了农民的经济效益，又发挥了复合系统的生态经济功能，是山区农业发展的最佳选择。

此外，可利用一定区域范围内因海拔高度不同而造成温度等农业环境条件的差异，发展垂直梯度立体蔬菜生产，在高海拔区可以延迟春季菜上市的时间，增加夏季市场花色品种，提早秋季菜上市时间，从而克服蔬菜产销的"淡季"，实现蔬菜均衡供应。

（二）积极发展轮间套种，提高复种指数

西南地区热量资源相对优越，≥10℃年积温5 000~8 000℃，无霜期300~365d，其中四川盆地和重庆是西南的热量高值区，有利于多熟种植的发展。在充分利用土地资源的前提下，要发挥本区光、温、水的同步协调的农业资源优势，积极发展高效多熟种植模式，以提高复种指数，达到实现该区光、温、水高效利用的目的。从具体种植模式出发，旱三熟和两熟制是该区发展的主要模式。其中，以"小麦/玉米/甘薯"为代表的旱作三熟制在四川盆地、重庆和云贵高原等地得到广泛应用。尽管该模式劳动强度较大，比较效益相对较低，但夏季（旱季）对土地覆盖度较高，无论在保水、保土、保

肥方面还是在抗旱能力上都具有明显的优势，对一家一户圈养的养猪业发展至关重要，加之随着能源危机的凸现，甘薯作为生物质能源作物受到重视，对发展能源产业具有非常重要的作用。近年来在四川旱作丘陵带推广较为普遍的"小麦/玉米/大豆"新三熟模式。该模式提倡少免耕，发展轻型简化栽培，省工省时，在改良培肥土壤方面优势明显，在四川资阳、内江、遂宁、眉山等地推广面积已超过0.67万hm²以上，特别是在2006年遭遇严重干旱的情况下，套作冬大豆喜获丰收，凸显了该模式良好的抗旱减灾效应。

此外，根据海拔和热量差异，还可因地制宜地发展马铃薯/玉米/大豆、蔬菜/玉米/大豆、小麦/花生/蔬菜、豌豆（蚕豆）/玉米/甘薯、豌豆（蚕豆）/玉米/大豆、小麦—玉米、油菜—玉米等多种类型的两熟或三熟种植模式，充分利用该区的光、温、水资源，提高农业资源利用效率。

三、西南中高原区培肥型农作制途径

（一）推广秸秆还田

秸秆还田是农田生态系统物质与能量转化和平衡过程中重要的一环，它对土壤有机质含量的提高，土壤和作物间对养分的供需平衡有重要的作用，秸秆还田是补充有效钾与培肥土壤的重要途径。据统计贵州全省每年可利用的作物秸秆达1 000万t以上，但其中有10%以上的秸秆就地焚烧处理，浪费了资源，污染了环境。因此，应大力发展沼气，既可解决广大农村对能源的需求，又可提供大量优质有机肥源。若全省30%的农户应用沼气，80%以上的作物秸秆可直接或间接归还农田，则有利于农田土壤养分保持平衡，特别是钾素的平衡和肥力的提高，还可有效地保护森林植被。

（二）有机无机肥均衡施用

充分利用农业废弃物、城市生活垃圾等沤制成的优质有机肥，以便土壤养分缺乏的地块能够及时补充各种养分，以提高土壤肥力。在施用高浓缩有机肥的同时，配合氮、磷、钾及微肥，推广使用养分释放缓慢的新型有机无机复合肥或利用生物菌肥分解土壤中的矿物钾，从而达到均衡施肥的目的。

（三）生物梯化措施

本区山地丘陵占总土地面积的90%以上，坡度>25°的耕地占总耕地面积的50%以上，生态系统脆弱。由于人口急剧增长对粮食需求的巨大压力以及伴随经济的发展对土地的占用，滥垦滥伐，粗放耕作，导致水土流失面积逐年增加。据在贵州罗甸20°左右坡耕地试验测定结果，多雨年份，采用传统耕作法种植玉米，年土壤侵蚀量达95.45t/hm²时，相当于冲失肥沃表土层0.8cm。随径流与土壤冲刷损失氮磷钾养分达1 089.7~1 247.1kg/hm²，为当年所施肥料养分总量的3~4倍。这也是导致旱地土壤养分含量下降的重要原因。在以坡耕地为主的西南中高原地区，防治农田水土流失，对改善生态环境培养地力，实现农业的持续稳定发展具有重要意义。因此以坡耕地为主的土壤，应采取生物梯化（即种植等高植物篱）措施，防止农田水土流失，培养地力，改善生态环境，实现农业的可持续发展。长期定位试验结果表明，生物梯化（等高植物篱）技术是一项能有效保护水土养分资源的增产措施，应因地制宜予以推广。

（四）大力发展冬季绿肥生产

充分利用气候与土地资源，发展冬季绿肥生产与生物固氮，对广大山区扩大有机肥源，解决运肥困难，降低生产成本，肥地、改土、增产都有重要作用，目前西南中高原区还有20%~30%的冬闲田土，发展冬季绿肥生产还有很大的潜力。本区属亚热带气候，无霜期280~350d，水热资源较丰富，利于冬季绿肥生产的发展。据试验，绿肥的当季肥效相当于等量厩肥2倍以上；连续5年采用油菜间作绿肥—玉米间作大豆的种植方式，周年产量平均较对照增产5.3%~7.9%，后作玉米较对照增产21.7%~27.3%，改土增产效果十分显著。

（五）用地养地结合，合理轮作、间套作

在土壤的利用改良方面，应重视用养结合。一是采取合理的生物措施。如在垦植之初，要选择适应性强的作物，轮作中加大绿肥和豆科作物的比例等。在制定具体轮作方案时，既要考虑当季作物产量，也要注意提高土壤肥力，既要选择粮油经作与豆科作物及绿肥轮作，又要选择合适品种，使作物生长旺盛期与当地雨季相一致，以减少土壤侵蚀和水土流失。只有充分合理地安排作物茬口和间作套种，才能充分发挥生物学因素的积极作用，以生产更多的有机物质使生态平衡转入良性循环，使土壤肥力和生产力都得到不断的提高。二是采取合理的耕作和培肥措施。对于西南中高原地区，由于土壤耕层浅薄、土体紧实、通透性差，既不利于土壤保蓄水分，作物根系也难以伸展。所以要深耕施用有机肥以加厚耕层，改善其通透性，增加其保水性。在深耕方面应避开雨季深耕，以大大减少水土流失的机会。

第四节　西南中高原节水节地培肥型主导模式及潜力

一、西南中高原区节水农作主导模式及潜力

（一）集水农业模式

西南地区因受复杂的地形地势所限，农业水资源利用呈投资大、效益低的状态。因此，除了软管浇灌、微型自压喷、滴灌为主的节水灌溉方式在当地得到积极推广。此外，大力发展旱坡耕地集雨补灌工程，是开源节流、实现降水资源时空调配、提高区域降水资源化程度、增强旱地农作系统抗御自然灾害能力的有效途径。集水农业工程技术实施，不但可以解决区域降水量少、时空分布不均匀和易引起干旱、洪涝灾害等问题，而且使收集到的有限的雨水资源充分用于生活、生产，从这个意义上讲，集水农业技术实际上是一项雨水高效利用技术。近年来，在西南山地丘陵区推广了一套以引为主的"长藤结瓜"灌溉系统，这种类型的灌溉系统的优越性在于：广辟水源，提高水资源的利用率，"长藤结瓜"系统中的塘库由渠道充水，可以进行多次运用，具有较强的复蓄能力，提高了地表水的利用率；增强了抗旱能力，扩大了灌溉效益，在平时将渠道的余水或非用水季节的水充满库塘，一旦渠首水源不足时，就能及时利用塘库水灌溉，缓解了渠首引水不足而造成供水紧张的矛盾。

（二）保护性耕作模式

西南中高原地区水资源状况和季节性干旱的气候特点，在农业生产中除了运用工程措施加强水资源开发利用、运用生物措施提高农作物抗旱性能等手段外，保护性耕作是重要的节水耕作技术。

西南大学王龙昌等在重庆紫色土丘陵区开展了持续多年的"旱三熟"农田保护型耕作模式研究（表7-2），其中，2007—2008年度采用麦/玉/苕种植模式，2007—2008年度采用薯/玉/苕种植模式，试验处理包括常规平作（T）、垄作（R）、平作+秸秆覆盖（TS）、垄作+秸秆覆盖（RS）、平作+秸秆覆盖+腐熟剂（TSD）、垄作+秸秆覆盖+腐熟剂（RSD）五种，研究了不同保护性耕作模式对西南"旱三熟"农田水分利用率和产量效益的影响。结果表明，各处理的两年系统平均产量排列顺序为：RSD＞RS＞TSD＞TS＞R＞T（CK）。垄作处理包括RSD、RS、R能显著增加薯类作物的产量，在

2008—2009年"薯/玉/苕"试验阶段表现最为明显。在小麦与玉米产量上可以看出，秸秆覆盖+腐熟剂处理增产优势明显强于秸秆覆盖。在整个试验期内，处理R、TS、RS、TSD、RSD的耗水量比T（CK）均有减少的趋势。各个处理水分利用效率与生产效益为：RSD＞RS＞TSD＞TS＞R＞T（CK）。说明秸秆覆盖与垄作耕作措施有助于增加粮食产量与提高水分利用效率。

表7-2　保护性耕作对旱三熟体系产量及水分利用率的影响

年度	作物	处理	耗水量（mm）	生育期间降水量（mm）	粮食产量（kg/hm²）	WUE（kg/（hm²·mm））	降水生产效率（kg/（hm²·mm））
2007—2008	小麦	T（CK）	215.64	258.50	2 416.2b	11.20	9.35
		TS	219.18	258.50	2 574.5a	11.74	9.96
		TSD	220.29	258.50	2 611.4a	11.85	10.10
	玉米	T（CK）	381.61	388.00	7 417.3c	19.44	19.44
		TS	389.19	388.00	8 070.5b	20.74	20.74
		TSD	376.29	388.00	8 154.8a	21.67	21.67
	甘薯	T（CK）	407.68	408.60	4 191.4e	10.28	10.26
		R	415.91	408.60	4 459.3d	10.72	10.91
		TS	430.65	408.60	4 508.6cd	10.47	11.03
		RS	432.10	408.60	4 583.3bc	10.61	11.22
		TSD	443.40	408.60	4 616.3ab	10.41	11.30
		RSD	431.90	408.60	4 620.1a	10.70	11.31
2008—2009	马铃薯	T（CK）	341.53	368.20	1 695.7b	4.96	4.61
		R	340.53	368.20	1 983.2ab	5.82	5.39
		TS	342.66	368.20	1 695.7b	4.95	4.61
		RS	341.66	368.20	2 270.8a	6.65	6.17
		TSD	340.65	368.20	1 794.8b	5.27	4.87
		RSD	335.65	368.20	2 260.9a	6.74	6.14
	玉米	T（CK）	558.64	526.50	7 754.5b	13.88	14.73
		TS	553.03	526.50	8 513.1ab	15.39	16.17
		TSD	552.71	526.50	8 723.8a	15.78	16.57
	甘薯	T（CK）	862.40	850.00	4 139.9c	4.80	4.87
		R	856.74	850.00	4 883.6b	5.70	5.75
		TS	846.16	850.00	4 214.3c	4.98	4.96
		RS	827.35	850.00	5 453.8a	6.59	6.42
		TSD	835.67	850.00	4 487.0c	5.37	5.28
		RSD	822.43	850.00	5 404.2a	6.57	6.36

（续表）

年度	作物	处理	耗水量（mm）	生育期间降水量（mm）	粮食产量（kg/hm²）	WUE（kg/（hm²·mm））	降水生产效率（kg/（hm²·mm））
	系统	T（CK）	2 156.88	2 154.60	27 783.6c	12.88	12.90
		R	2 144.54	2 154.60	28 745.6c	13.40	13.34
		TS	2 136.11	2 154.60	29 113.1c	13.63	13.51
		RS	2 115.40	2 154.60	31 929.6a	15.10	14.82
		TSD	2 123.01	2 154.60	30 339.5b	14.29	14.08
		RSD	2 004.42	2 154.60	31 943.8a	15.18	14.83

注：甘薯、马铃薯产量按块根鲜重的1/5折算成粮食；系统的产量=小麦产量+玉米产量+甘薯产量+马铃薯+玉米；处理间标记字母不同，表示差异显著（$P < 0.05$）

　　水田自然免耕法的技术措施主要有：改平作为等高垄作，做到种植作物的垄连续不断地受上升毛细管水的漫润，从而改善土层内部通气、透水、保温、供肥的灵敏度和连续性，保证水分、养分同时供应作物生长发育的需要，为高产优质奠定基础；与等高垄相邻的等高沟，为雨水创造了向沟内下渗，并在土层深处储存的条件，同时也为垄部创造了源源不断供应上升毛管水的条件，实现了滴水归田，奠定了免灌免排的基础；为了最大限度地减少地面蒸发，有必要实行全面覆盖的措施，全面覆盖提高了土壤水分的利用率，保证了土壤和作物对水分供求关系的正常。谢德体等研究结果表明（表7-3）：自然免耕水稻达到最高苗的时间，比淹水平作的提前3~10d；自然免耕水稻的有效穗比淹水平作的每公顷增加18万~60万穗，而有效穗与产量的相关系数达0.891 8。

表7-3　不同耕作方式的水稻分蘖时间和速度比较

土壤	水稻品种	处理	最高苗（苗/穴）	分蘖时期（天）	分蘖速度（苗/穴天）	有效穗（穗/穴）
灰棕紫泥田	杂交稻	自然免耕	18.6	20	0.54	11.3
		淹水平作	15.7	23	0.36	10.7
	常规稻	自然免耕	21.0	16	0.31	14.0
		淹水平作	16.8	23	0.36	12.0

二、西南中高原区节地农作主导模式及潜力

（一）旱地分带轮作多熟制模式

　　该模式是西南中高原区旱地节地农作的主导模式。从20世纪90年代以

来，旱地分带轮作推广面积不断扩大，对粮食增产起了巨大作用。例如，1990年贵州省旱地分带轮作面积21.67万hm²，占旱地面积的27%；2000年达到62.97万hm²，占全省旱地面积的59.6%。旱地分带轮作的复合单产也有较大提高，2000年对贵州省48个重点县（市、区）验收材料统计，复合单产12 390kg/hm²，比1995年10 259.25kg/hm²增产2 130.75kg/hm²，增幅20.83%，为贵州省2000年创历史粮食最高产量（1 161万t）起了较大的作用。2003年贵州省"吨粮田"已经达245万hm²，旱地分带轮作多熟制的应用与推广是贵州省发展粮食生产的突破性措施。

西南中高原地区旱地多瘠薄缺肥，投入较少，为解决用地与养地的矛盾，保持地力持续发展，除了发展以麦/玉/苕、薯/玉/苕（薯指马铃薯；苕指红苕）等粮粮型种植模式外，还积极探索进行粮肥型种植模式的研究与应用，取得了较大的突破。通过在预留行上种植绿肥、豆科作物和绿叶蔬菜等，同时结合秸秆还地、增施肥料等措施，使地力得到恢复，保持土壤肥力的供求平衡。出现了麦/玉/大豆、肥/玉/苕、胡豆/玉/苕、麦/烟/苕、肥/烟/苕、麦/玉/菜等多种组合形式，此外还总结出了绿肥聚垄免耕、坡地横坡起垄栽培等方法。据2003年贵州省农业技术总站对粮肥型种植方式的验收：肥（马铃薯）/玉米（甘薯）型单产值750~800元/亩，投产比为1∶2.5；蔬菜（豆类）/苕（蔬菜）型单产1 000~1 300元/亩，主要是养畜为主，投产比为1∶2.8；肥（麦）/玉（甘薯）型单产800~850kg/亩，产值750~800元/亩，投产比1∶1.5左右。2003年绿肥面积已达31.4万hm²。上述方式方法的应用都对用养结合、防止水土流失起到了很好的效用，并使旱地生产水平上了一个新台阶，取得了极好的经济效益和生态效益。

该区人多地少，旱地中除了发展粮食以外，还有烤烟、油菜、蔬菜、粮食、饲草、中草药等多种作物。旱地分带轮作制的推广较好地协调了粮经争地矛盾，随着市场经济体制的逐步建立和完善，各地大力发展集粮经饲于一体的高产高效高功能的种植模式，粮经型面积逐年增加，形式越来越多，除麦/烟/苕外，还有粮菜型、粮油（料）型、粮药型、粮蔗型、粮林（幼林）型，粮烟型等多种组合形式，使人们在有限的土地上实现了"钱粮双丰收"，使部分群众实现了脱贫致富，也为高产高效持续农业的发展奠定了基础。

（二）稻田多熟制度模式

以发展粮食为主的稻田多熟种植制度模式为提高水稻产量，提高综合效益起到了巨大的作用，并且在推广实践过程中，形成了许多高产高效的种植模式。3熟地区主要有麦／稻／稻、油／稻／稻、薯／稻／薯、麦／玉／稻、麦／稻／再生稻、薯／稻／再生稻、麦／稻／荁等多种形式。2熟地区主要有麦／稻、玉／稻、稻／再生稻、薯／稻等形式，还有肥（豆）／稻等用养结合的形式。以贵州省为例，由于稻田多熟制的推广，高产田面积迅速扩大，2003年单产吨粮田面积2.6万hm²，对全省粮食持续增产起到一定的作用。

（三）粮经型稻田多熟制度模式

各地推广稻田多熟制形式主要有菜／稻、菜／稻／菜、油／瓜／稻、油／稻／稻、菜／早玉米／稻、肥／瓜／稻等，均取得较高的经济效益和生态效益，有的栽培模式已成为农民经济收入的主要来源。如贵州榕江县的油／瓜／稻3熟制已有多年历史，成为车江坝区农村经济发展的支柱。目前面积较大的是菜／菜／稻模式，综合利用的形式主要有稻田养鱼、养鸭、稻田种菇（食用菌）、稻+水生蔬菜等。

三、西南中高原区培肥农作主导模式及潜力

（一）农牧结合模式

西南中高原地区荒山荒坡面积广阔，草地资源丰富，畜牧业历来在本区农业中占据重要地位。但随着耕地面积的锐减，部分草场被开发为耕地，加上自然环境的恶化，能为牲畜提供草料的牧场也逐渐减少；干旱季节，牲畜饲料短缺是目前限制本区畜牧业发展的主要因素之一。因此，将畜牧业和种植业结合起来，充分利用种植业为畜牧业提供的饲料资源，以及畜牧业为种植业提供的有机肥源，推行农牧结合的发展模式，可实现资源集约利用化和产出最大化。

1. 粮—饲模式

该模式包括一粮一饲、两粮一饲和两饲一粮模式，如黑麦草—单季稻或早稻—中稻—黑麦草种植模式比较适合在稻区推广，玉米—光叶紫花荁模式则比较适合在该区旱地推广，而小麦（饲料用）—玉米（饲料用）—晚稻模式则在以规模化养殖业为核心的区域比较适用。据端木斌等研究表明，黑麦草—单季稻模式的单位面积营养物质产出量、蛋白质分别比全粮模式高16.0%和42.9%；冬小麦（饲料用）—春玉米（饲料用）—杂交晚稻模式每公顷可收获青绿饲料105t，稻谷7 500kg（最高达9 000kg），单位面积营养物质产出

量，蛋白质为2 151kg/hm²，脂肪为234kg/hm²，碳水化合物为16 105kg/hm²，比全粮型种植模式分别高44.7%，134%和62.4%。据调查显示，马铃薯—光叶紫花苕模式在四川省凉山州推广600多公顷，玉米—光叶紫花苕模式在云南省保山市推广200多公顷，光叶紫花苕鲜草平均产量均达90kg/hm²以上，为养殖业提供了大量、优质的青饲料，同时也加强了循环农业、生态农业的推广应用。

2. 经—饲模式

可采用果—草模式、菜—草模式、黑麦—花生或西瓜模式等。充分利用本区大面积的果园地，间作牧草（如黑麦草），为牲畜提供饲料来源。彭燕等在"果—草—兔"模式研究指出，与单纯果园相比该模式节约肥料50%，土壤需水量提高2.9%，杂草含量减少49.6%，单位面积经济效益提高了3.34倍。此外，该区水浇地和冬闲田面积较大，可以充分利用这些闲置土地种植饲料作物，如黑麦—花生或西瓜的种植模式。任素坤等研究结果表明，利用沙土冬闲田种植越冬牧草黑麦，早春提供青绿饲料喂畜，夏季畜粪还地种花生（或西瓜），平均产鲜绿饲料3.9万kg/hm²，产花生3 000kg/hm²，比对照田（冬闲后种一季花生）提高27.6%；平均每公顷净产值5 500元，经济效益提高87.3%；用鲜草喂羊，日平均增重78.9g，用鲜草喂牛，日平均增重880g；每公顷可提供有机肥3.8万kg，土壤有机质达6.22g/kg，比对照田提高48.1%。

3. 粮—经—饲模式

如烟草—牧草—玉米模式、粮食—蔬菜—牧草模式、大豆—水稻—油菜模式等。据端木斌等[1]研究表明，粮食—蔬菜—牧草（黑麦草）间作，每公顷可产粮7 500kg，收新鲜蔬菜5 000多千克，收割鲜草3万~7.5万kg，用鲜草喂奶牛，可生产奶约2 000kg。此外，将坡耕地分带种植小麦—玉米—薯类，中间预留行套种豆类或肥饲兼用型绿肥（如紫云英、箭舌豌豆等），当秸秆未收获时可用绿肥和豆秆豆荚喂牛，秸秆收获后一部分直接喂牛，一部分采用青贮处理。该模式大大提高了耕地利用率，复种指数可达200%以上；绿肥及豆科作物的间作套种，使土壤肥力得以恢复和提高，达到用养结合；同时可减轻耕地的水土流失，保护整个地区的生态环境。据调查显示，烟草—牧草—玉米模式在云南省文山州得以推广近4 000hm²，光叶紫花苕鲜草平均产量达77.6kg/hm²，推动了当地农牧结合农作制度的发展。

（二）草田轮作制模式

积极推广草田轮作制，发展绿肥作物生产。绿肥作物一般适应性强，生长迅速，如夏季绿肥柽麻，在保证每公顷可产鲜草15 000~225 00kg；生长良好的紫云英、苕子等冬季绿肥，一般每公顷产鲜草30 000~37 500kg，高的可达60 000~75 000kg。各种绿肥作物均含有较多的有机质以及多种大量营养元素和微量营养元素，施用后可为后茬作物提供各种有效养分，是一类优质的有机肥源。绿肥作物可以充分利用荒山荒地种植，利用自然水面或水田放养，利用空茬地进行间种、套种、混种、插种，可以就地种植就地施用，降低施肥成本，有利于改良边远低产田，使农田均衡增产。

生产上种植的绿肥作物多为豆科作物，具有较强的固定空气中游离氮素的能力，种植豆科绿肥作物可以充分利用其生物固氮机制增加土壤氮素含量，加速扩大农业生态系统中的氮素循环。资料表明，每公顷豆科绿肥可固氮90~150kg，节约尿素200~300kg。其次，豆科绿肥作物一般都具有强大的根系，主根入土较深，能吸收深层土壤中不易为其他作物吸收的养分，当绿肥翻压入土分解后，大部分养分又重新以有效形态保留在耕层中，增加了耕层土壤的养分。据分析，每施用1 000kg的光叶苕子鲜草，可为土壤提供N 5kg、P_2O_5 1.3kg、K_2O 4.2kg，相当于10.8kg尿素、8.1kg普钙和8.4kg硫酸钾的肥效。

贵州省铜仁通过"绿肥—马铃薯—玉米—高淀粉红薯"高产高效栽培模式，结果表明：该栽培模式马铃薯平均单产11 190kg/hm^2，玉米平均单产5 284.5kg/hm^2，高淀粉红薯平均单产48 870kg/hm^2；贵州威宁自2005年以来，每至秋收季节，通过对绿肥聚垄免耕玉米的测产验收，最高单产7 800.06kg/hm^2，比直播玉米的平均单产6 534kg/hm^2增产1 266.06kg/hm^2，增产率为19.37%；最低单产4 245kg/hm^2，较直播玉米增产840kg/hm^2，增产率为16.23%。

（三）秸秆还田模式

秸秆还田技术，增加秸秆还草量，对于增加有机质含量，提高土壤肥力具有十分重要的作用。该地区农作物秸秆资源丰富，还田潜力很大。为了充分利用秸秆资源，解决秸秆弃置、焚烧所造成的环境和大气污染等问题。近年来，西南各地积极推广了留高茬、切碎还田、垫栏还田、覆盖、快速腐熟发酵等技术。据测定，每100kg秸秆肥产氮3.47kg、磷0.46kg、钾5.39kg。相当于每亩施用尿素7.54kg、普钙2.87kg、氯化钾10.78kg，其价值达30元左右。秸秆还田的方式主要有以下几种：

1. 秸秆堆沤肥还田

堆肥可分为普通堆肥和高温堆肥，普通堆肥一般混土较多，堆腐时温度较低且变化不大，所需堆置时间较长，适用于常年积肥；高温堆肥以纤维素较多的有机物为主，加入一定量的畜粪尿等物质，以调节碳／氮比，适用于集中处理大量农作物秸秆物料，使之在短期内迅速成肥，堆肥中有机质丰富，碳／氮较低，是土壤的有机肥料，除含氮、磷养分以外，堆肥中还富含钾，因此在缺乏钾肥资源的地区，施用堆肥对补充农作物钾素营养有重要作用。堆肥宜作基肥，可结合翻地施入，做到土肥相融，对改良耕层土壤性质和供肥能力极为重要，在平衡土壤有机质方面起着重要的作用。由于沤肥速率较快，有机质和氮素损失较少，且积累了一定量的腐殖质，因而质量较好。

2. 秸秆牲畜过腹、厩肥还田

秸秆直接喂养牲畜后产生的家畜粪尿（过腹还田）中含有机质较多，为15%~30%，其中氮、磷含量比钾高，畜尿中含氮较高而缺磷，而厩肥是农畜粪尿和各种垫圈材料混合积制的肥料，在农村一般称为"圈肥"，其有效养分含量较高，由于厩肥肥效好且原料来源广泛，是农村广泛积制的主要有机肥，家畜粪尿和厩肥的腐解，可供给作物必需的有机、无机养分等各种营养元素，并且在提高土壤肥力方面也起着积极的作用，它能改善土壤物理性、化学性和生物活性，提高土壤的缓冲能力，更好地满足植物生长的需要。在贵州，过腹还田的玉米秸秆占总玉米秸秆的81%。

3. 秸秆沼气池肥

将秸秆及人、畜粪尿等有机物投入沼气池进行厌氧发酵而产生沼气，沼气池换出来的沼渣和沼液称为池肥。发展秸秆产生沼气和池肥不仅可以减少秸秆的浪费，还可以减轻以焚烧秸秆造成的大气污染。利用秸秆生产沼气，可减少薪炭林的砍伐，保护生态环境。

4. 秸秆直接还田

秸秆不经过堆沤处理，科学地实行就地直接还田，既能有效地促进土壤肥力逐步提高，又能节约运输的劳动力。在贵州玉米秸秆通过直接还田的为22.9万t，占总玉米秸秆的4%，秸秆直接还田可采取以下几种方法：一是高留茬还田；二是机械粉碎还田；三是其他还田法，例如玉米秸秆整株深埋还田。

5.秸秆焚烧还田

据测定，玉米鲜秆含氮1.5%、磷0.95%、钾2.24%，由于玉米秸秆含养分丰富，所以在农村，农民就会将闲散的秸秆采用焚烧的方式就地还田，这样虽然可以为作物提供大量的氮、磷、钾等养分，特别是钾元素，但这些养分在土壤中，由于未能被土壤及时的固定，降雨将使其大量流失，造成养分的流失，且由于焚烧使得土地表面裸露，造成土壤流失。在贵州省，通过焚烧还田的玉米秸秆占总玉米秸秆的10%。秸秆以焚烧的方式还田，不但造成养分的损失，土壤的流失，且还造成环境的污染，所以，焚烧还田的方式是一种不可取的方法，应加强管理，减少秸秆的焚烧。

参考文献

陈传友.1992.西南地区水资源及其评价[J].自然资源学报，7（4）：312-328.

陈旭晖.2001.贵州土壤养分含量变化与施肥管理[J].植物营养与肥料学报，7（2）：121-128.

程根伟.2000.我国西南地区的水供应和粮食生产潜力[J].山地学报，18（5）408-414.

端木斌.1996.两饲—粮种植结构及效益[J].农业现代化研究，17（6）：361-364.

贵州统计局.1999.贵州五十年[M].北京：中国统计出版社.

国家统计局.1999—2009.中国统计年鉴（1999—2009）[M].北京：中国统计出版社.

贺一梅，杨子生，等.2009.山区粮食安全的耕地"红线"及其对策措施体系——以云南省为例[J].安徽农业科学，37（3）：1 345-1 349.

刘巽浩，陈阜.2005.中国农作制[M].北京：中国农业出版社.

刘巽浩.2005.农作学[M].北京：中国农业大学出版社.

牛芳兵，朱克西.2006.云南粮食安全问题探析[J].云南农业大学学报，21（5）：673-677.

彭燕，邓玉林.2002.果—草—兔生态农业模式的综合效益试验研究[J].四川农业大学学报，20（4）：340-343.

苏维词，朱文考.2000.贵州喀斯特地区生态农业发展模式与对策[M].农业系统科学与综合研究，16（1）：40-44.

王立祥，王龙昌.2009.中国旱区农业[M].南京：江苏科学技术出版社.

王龙昌，谢小玉，张臻，等.2010.论西南季节性干旱区节水型农作制度的构建[J].西南大学学报（自然科学版），32（2）：1-6.

王龙昌.2002.现代农业实用节水技术[M].北京：金盾出版社.

谢德体，魏朝富，等.1993.水田自然免耕对稻麦生长和产量的影响[J].西南农业学报，6

（1）：47-54.

徐洪明. 1993. 贵州人口对耕地、粮食的压力分析[J]. 中国人口、资源与环境，3（4）：73-75.

岳冬菊. 2001. 陕南秦巴山区农业持续发展问题探讨[J]. 咸阳师范学院学报，16（4）：72-74.

云南作物学会. 2005. 云南粮食安全问题研究[J]. 云南农业科技（3）：3-6.

邹超亚. 2003. 贵州粮食生产潜力与土地人口承载力的初步研究[J]. 耕作与栽培（1）：1-3.